DR.-ING. HERBERT GIEHLER

Die Chromlederfabrikation

Von

M. C. Lamb

Mitglied der „Chemical Society", Chemiker und Sachverständiger für das
Ledergewerbe, Direktor des „Light Leather Department" und des
„Leathersellers' Company's Technical College", London

Übersetzt und den
deutschen Verhältnissen angepaßt von

Dipl.-Ing. Ernst Mezey

Gerbereichemiker

Mit 105 Abbildungen

Berlin
Verlag von Julius Springer
1925

ISBN-13:978-3-642-89404-6   e-ISBN-13:978-3-642-91260-3
DOI: 10.1007/978-3-642-91260-3

Dem Institut für Gerbereichemie
der Technischen Hochschule, Darmstadt
in dankbarer Erinnerung an seine
Studienzeit gewidmet vom
Übersetzer

Vorwort des Verfassers.

Das vorliegende Werk, das auf das Ansuchen der „United Tanners'
Federation" und der „Federation of Curriers, Light Leather Tanners
and Dressers, Inc." verfaßt worden ist, will den Versuch unternehmen,
die der Chromgerbung zugrunde liegenden Prinzipien mit den Einzelheiten einiger modernen, praktischen Fabrikationsverfahren, im Rahmen
eines Buches, vereinigend darzustellen.

Der Verfasser, der Anspruch hat, als einer der frühesten Pioniere
der Chromlederfabrikation angesehen zu werden, hat bereits in einer
so fern liegenden Epoche, wie das Jahr 1895, Leder nach dem Chrom-
verfahren hergestellt, und betätigte sich seit dieser Zeit als technischer
Berater von vielen der bedeutendsten Chromlederfabriken.

Dieses Buch ist als ein Beitrag zu der Literatur des in Frage stehenden
Gegenstandes zu betrachten. Es ist sein Bestreben, die Beschreibung
der verschiedenen Prozesse in einer Sprache zu halten, die nicht nur
vom gebildeten Leser, sondern auch vom praktischen Arbeiter verstanden
werden soll.

Der Autor befand sich in der glücklichen Lage, die Hilfe mehrerer
Kollegen in Anspruch nehmen zu können, die ihn mit dem Durchlesen
der Korrekturbogen und mit ihren Ratschlägen beehrt haben, und
möchte er in erster Linie Herrn Prof. D. McCandlish wie auch den
Herren W. P. Cross und S. Page seinen Dank für ihre wertvolle Hilfe
aussprechen.

M. C. Lamb.

Vorwort des Übersetzers.

Die Gerbereikunst ist heute mit der Chemie und Technologie der
Lederbereitung auf das engste verknüpft. Unter den zahlreichen praktischen Werken, die über die Lederfabrikation erschienen sind, gibt es
wohl wenige, die obiger Aussage Rechnung tragen. Es sei deshalb in
erster Linie darauf hingewiesen, daß das vorliegende Werk die Herstellung von chromgarem Leder vom Gesichtspunkte des Chemikers,
unter gleichzeitiger Zuhilfenahme der praktischen Erfahrungen und
Beobachtungen behandelt, und zwar in einer solchen Form, daß in

diesem Werke sowohl der Chemiker als auch der chemisch ungebildete Praktiker alles auffinden kann, was für das Verständnis der Vorgänge in der Chromlederbereitung notwendig ist.

Das Buch behandelt erschöpfend die Chromgerberei und bringt eine Fülle von Vorschriften und wohlbegründeten Rezepten sowohl für die altbekannten wie auch für neuere, interessante Arbeitsweisen. Der maschinelle Teil ist auch einer sorgfältigen Bearbeitung unterworfen worden.

Die warme Empfehlung, die mein hochgeschätzter früherer Lehrer, Herr Prof. Dr. Edmund Stiasny in Darmstadt, diesem Werke zuteil werden ließ, hat mich dazu veranlaßt, das Buch auch dem deutschen Leserkreise zugänglich zu machen.

Die deutsche Auflage unterscheidet sich von dem Originalwerk nur in wenigen Punkten. Die englischen Maschinen sind — soweit dies möglich war — durch die entsprechenden Maschinen deutscher Fabrikation ersetzt worden. Ich bin für das diesbezügliche freundliche Entgegenkommen den Maschinenfabriken Moenus A.-G., Frankfurt a. M., Turner, Frankfurt a. M. und Badische, Durlach, zu aufrichtigem Danke verpflichtet. Auch habe ich die Farbstoffe englischer Fabrikation durch die gangbarsten und gebräuchlichsten Erzeugnisse der größten deutschen Farbstoffabriken ersetzt, wobei ich leider nicht alle Farbstofffirmen berücksichtigen konnte. Den betreffenden Farbenfabriken, die mir in der Zusammenstellung freundlichst behilflich waren, sei auch an dieser Stelle bestens gedankt.

Die Trockenanlagen, da sie zum Teil wenig bekannte und neuere Konstruktionen darstellen, habe ich unverändert in das Werk aufgenommen.

Neben der englischen Ausdrucksweise für die Basizität habe ich die in Deutschland übliche und auch in jeder Hinsicht passendste Schorlemmersche Ausdrucksweise eingefügt.

Im übrigen sind keine Änderungen gegenüber dem Originalwerke zu verzeichnen. Ich habe mich bemüht, dieses vortreffliche Werk sorgsam zu übersetzen und den deutschen Verhältnissen anzupassen.

Dem Verfasser, Herrn M. C. Lamb, und der Verlagsbuchhandlung Julius Springer sei für ihr freundliches Entgegenkommen auch an dieser Stelle bestens gedankt.

Lyon, Mai 1925.

Ernst Mezey.

Inhaltsverzeichnis.

                                                          Seite

I. Historisches und Allgemeines   1

II. Das Weichen   8

   Das Weichen der grünen Häute   8
   Das Weichen von naß gesalzener Ware   10
   Methoden des Weichens   11
   Das Weichen von getrockneten Fellen   11
   Die Fäulnisgefahr. Die faule Weiche   12
   Das Anwärmen der Weiche   13
   Die in der Weiche verwendeten Chemikalien.   14
   Säuren als Weichmittel   14
   Alkalische Weichmittel   15
   Das Weichen mit sauren Salzen   16
   Das Weichen mit Säuren in Verbindung mit Alkalien.   17
   Mechanische Weichmethoden   17

III. Das Äschern   20

   Der Kalk   20
   Schwefelarsen   22
   Schwefelnatrium   23
   Die Zubesserungsmethode   26
   Das Zweiäschersystem. Das Dreiäschersystem   27
   Die kontinuierliche Methode   28
   Die Haspelmethode   29
   Mechanische Methoden in der Ausführung des Äscher-
   prozesses   30
   Das Äschern im „Käfig"   32
   Das Grubenziehen mit der Rolle. Das Äschern nach dem
   „Forsare"-Verfahren   34
   Das Tilston-Melbourne-Verfahren. Das Äschern mittels
   der Schwödemethode   36
   Ein anderes Anschwödeverfahren   41
   Die allgemeinen Grundsätze des Äscherns   43
   Das Äschern von Kalbfellen   43
   Das Äschern von Häuten   45
   Das Äschern von Ziegenfellen   46
   Sulfidäscher für Ziegenfelle in der Haspel   47
   Das Äschern von Ziegenfellen in der Grube. Das Äschern
   von Schaffellen. Das Enthaaren und Entfleischen . . .   49
   Enthaar- und Entfleischmaschinen   51
   Leidgen-Enthaarmaschine. Vertikale Reihentisch-Ent-
   haarmaschine   52
   Trommel-Entfleisch- und -Enthaarmaschine. Pneuma-
   tische Entfleischmaschine   53

Seite

IV. Das Auswaschen und Entkälken 55

Das Auswaschen im Faß. Das Entkälken mit Säuren . 57
Die Borsäure. Die Salzsäure. Die Milchsäure 60
Die Ameisensäure. Die Essigsäure. Der Gebrauch von
Säuregemischen 61
Das Entkälken mit Ammonsalzen 62
Der Entkälkungsprozeß 63

V. Das Beizen 64

Die Hundekotbeize. Die Beizoperation mittels Hundekot 66
Das Beizen vermittels Vogelmist 68
Künstliche Beizmittel 69
Das Beizen vermittels künstlicher Beizmittel. Die
Kleienbeize 71

VI. Das Pickeln 72

Das „Einbadpickel"-Verfahren 73
Das „Zweibadpickel"-Verfahren 74
Das Pickeln vermittels anderer Säuren. Das Pickeln,
als Vorbereitung der Haut zum Spalten 75

VII. Das Gerben 76

Das Zweibad-Gerbverfahren 76
Das zweite oder Reduktionsbad 84
Das „Einbad"-Gerbverfahrens 90
Die Basizität von Chrombrühen 91
Ausdruck der Basizität 92
Herstellung der „Chromalaunbrühe" 94
Die Herstellung der „basischen Chromsulfatbrühe". Die
Herstellung der „Glukose-Brühe" 96
Die Reduktion mittels Sägespäne 98
Die Reduktion mittels Chromlederfalzspäne. Die Her-
stellung der mit Thiosulfat reduzierten Brühe 99
Die Herstellung der Schwefeldioxyd-Brühe 101
Herstellung der „Natriumsulfit-Brühe". Herstellung
der „Chromalaunthiosulfat-Brühe" 102
Die Gerbung nach dem Einbadverfahren 103
Gerbung vermittels Kombination des „Ein- und Zwei-
badverfahrens". Die Chromsulfat-Bleiazetat-Gerbmethode 107

VIII. Das Falzen, Waschen und Neutralisieren 108

Das Waschen 114
Das Neutralisieren 116
Das Waschen nach dem Neutralisieren 117

IX. Das Färben 119

Das Beizen vor dem Färben 120
Fixierungsmittel 122
Einteilung der künstlichen Farbstoffe 123
Basische Farbstoffe. Saure Farbstoffe 124
Direkte (substantive) Farbstoffe. Beizenfarbstoffe . . . 126
Das Lösen der Teerfarbstoffe 127

Inhaltsverzeichnis.

IX

Seite

Das Färben. Schwarze Färbungen 129
Braune Farbtöne 132

X. Das Fettlickern 135
    Sulfurierte und lösliche Öle 142
    Rezepte für Fettlicker. Bereitung des Fettlickers . . . 146
    Anwendung des Fettlickers 147
    Das Ausrecken 151
    Das Aussetzen 153

XI. Das Trocknen 154

XII. Das Anfeuchten und Stollen 168
    Das Anfeuchten. Das Stollen 171
    Das Stollen auf der Maschine 171

XIII. Das Reinigen der Narben und das Appretieren . . 179
    Das Appretieren 181
    Anwendung der Appretur 182
    Das Appretieren auf der Maschine 182
    Vorschriften für Appreturen 185

XIV. Zurichtprozesse 189
    Das Glanzstoßen 189
    Dolieren und Abbimsen 192
    Das Abbimsen der Narbenseite 194
    Entfernung der Narbenfehler durch Abbimsen 195
    Das Krispeln 196
    Das Chagrinieren oder Pressen 197
    Bügeln und Satinieren 199
    Das Abölen 200

XV. Glanzchevreauleder 203
    Weichen 204
    Anschwöden. Bereitung des Schwödebreies 205
    Äschern in der Haspel. Entkälken 206
    Beizen. Pickeln. Gerben — Erstes Bad 207
    Zweites Bad. Waschen und Neutralisieren 208
    Färben. Fettlickern. Anfeuchten und Stollen 209
    Reinigen des Narbens und Appretieren. Glanzstoßen. 210
    Fertigmachen 210

XVI. Chromgares Rindboxleder 212
    Weichen 212
    Das Weichen von trockenen Häuten 213
    Äschern 214
    Waschen und Entkälken 215
    Pickeln. Gerben 216
    Falzen. Waschen und Neutralisieren 217
    Färben. Fettlickern 218
    Reinigen des Narbens. Appretieren 219

Seite

XVII. Farbiges Boxkalbleder 221
    Weichen. Äschern 222
    Waschen. Entkälken 223
    Pickeln. Gerben 224
    Falzen. Waschen und Neutralisieren 225
    Beizen und Färben 226
    Fettlickern. Appretieren. 227

XVIII. Chromgares Schwedenleder aus Schaffellen 228
    Weichen 228
    Anschwöden. Äschern 230
    Entkälken. Beizen. Pickeln 231
    Gerben. Beizen vor dem Färben 232
    Färben 233
    Fettlickern 234

XIX. Die Gerbung von Häuten für Sohl-, Riemen- und
    technisches Leder 235
    Weichen. Äschern 235
    Entkälken. Gerben. Gerben mittels des Einbadverfahrens 236
    Gerbung von Croupons mittels des Zweibadverfahrens . 238
    Waschen 239
    Neutralisieren. Trocknen 240
    Imprägnieren von Sohlleder 241

XX. Chromlackleder 241
    Das Auftragen des Lackes 246

XXI. Das Spalten 249
    Spalten in geäschertem Zustande. Spalten in gepickeltem
    Zustande. 249
    Spalten in gegerbtem Zustande. Spalten auf der Band-
    messerspaltmaschine 250

Anhang A 253
Anhang B 257
Anhang C 261
Sachverzeichnis 264

I. Historisches und Allgemeines.

Der bedeutende wirtschaftliche Faktor, welcher die Verbreitung dieser Gerbmethode in allen Fällen bestimmt, wo das erzeugte Leder dem nach der alten Arbeitsweise hergestellten gegenüber einen günstigen Vergleich bietet, ist die Geschwindigkeit, mit welcher die Rohhaut mit Hilfe von Mineralsalzen, im Vergleich zu den vegetabilischen Gerbmaterialien, in Leder umgewandelt werden kann. Dort wo das fertige Leder dem nach dem vegetabilischen Gerbverfahren erhaltenen Produkte in bezug auf Qualität und Entstehungskosten überlegen ist, dürfte die allgemeine Anwendung dieses chemischen Prozesses nur eine Frage der Zeit sein.

Der erste Versuch über die Umwandlung von vorbereiteten Häuten in Leder durch ein Verfahren der Mineralgerbung ist allgemein dem Prof. F. L. Knapp zuerkannt, der für die Anwendung von normalen oder basischen Salzen des Chroms, Eisens, Mangans usw. in Verbindung mit Fettsäuren Patentrechte erhielt. Obwohl dieses Verfahren in seiner ursprünglichen Form keine technische Anwendung fand, vermöge der Tatsache, daß Knapp die Anwendbarkeit seiner Entdeckung eher mit den Salzen des Eisens als mit denjenigen des Chroms ermöglichen wollte, und daß er seine Energie hauptsächlich zugunsten der ersteren opferte, muß ihm das Recht, die gerbenden Eigenschaften besitzenden basischen Chromsalze entdeckt zu haben, unzweifelhaft zuerkannt werden.

Das erste wirtschaftlich verwertbare Mineralgerbverfahren ist von Christian Heinzerling im Jahre 1878 patentiert worden. Heinzerlings Methode bestand in der Anwendung eines Gemisches von Alaun und Kaliumbichromat und in einer nachfolgenden Behandlung der Haut mit albuminoiden Substanzen, wie z. B. Blut. Um das Jahr 1880 erwarb die „Eglinton Chemical Co. Glasgow‘‘ die Patentrechte Heinzerlings für Großbritannien und begann die Fabrikation in kleinem Maßstabe in seiner „Exhibition Tannery‘‘ in Glasgow. Die Durchführung des Verfahrens wurde nur von einem sehr beschränkten Erfolge begleitet. Die Hautsubstanz hat die Chromsäure nur sehr unvollkommen reduziert, und man bediente sich albuminoider Stoffe und Fette, um das „Leder‘‘ gegen Wasser widerstandsfähiger zu machen.

Im Laufe der Zeit, während die „Eglinton Chrome Tanning Co."
sich bemüht hat, diesem Verfahren den Weg zu bahnen, wurde Prof.
J. J. Hummel, vom Yorkshire College, zwecks Auffindung einer
Methode, die das Fixieren des Chromsalzes auf der Faser ermöglichen soll, zu Rate gezogen. Nach einigen Versuchen empfahl dieser
ein Verfahren, das im Beizprozeß der Wolle und Baumwolle im Gebrauche stand, nach welchem die vorbereiteten Häute einer Behandlung mit Chromsäure und einer nachfolgenden Reduktion mit Natriumbisulfit oder Natriumthiosulfat unterworfen werden. In der Tat
wurden einige Ledermuster nach diesem Verfahren hergestellt, doch
ist die Methode aus einem Grunde, die dem Verfasser nicht bekannt
ist, in wirtschaftlichem Maßstabe nicht ausgearbeitet worden, obwohl
es dem Verfahren von August Schulz, patentiert am 8. Januar 1884,
vorgeschritten ist.

August Schulz war nicht in der Lederindustrie beschäftigt, doch
wurde seine Aufmerksamkeit durch einen Freund darauf gelenkt, als
dieser ihn, in seiner Eigenschaft als Reisender einer Newyorker Farb-
stoffirma, um den Rat gebeten hatte, eine Ledersorte ausfindig zu machen,
die in Berührung mit Stahl — es handelte sich um das Überziehen der
Stahlfedern von Korsetten — zu keiner Rostbildung Anlaß geben soll,
einer Schwierigkeit, die man bei der Verwendung von Alaunleder begegnete.

Gerade um diese Zeit wurden die Alizarinfarbstoffe in die Textil-
industrie eingeführt. Für die erfolgreiche Anwendung dieser Farb-
klasse war eine Chrombeize erforderlich. Schultz folgte den Spuren
der Chrombeize in Verbindung mit Wolle und imprägnierte das Leder
mit angesäuerter Kaliumbichromatlösung, wonach er die Reduktion
der entstandenen Chromsäure mit Hilfe von Sulfiten besorgt hat.

Die auf diese Weise entdeckte Methode ist Gegenstand von Patent-
schriften in den Vereinigten Staaten geworden. Sie bestand in der
Behandlung der Blöße mit einer Lösung von Chromsäure und einer
nachfolgenden Reduktion im zweiten Bade mit angesäuerter Natriumthiosulfatlösung. Die Fabrikation von reinem Chromleder nach diesem
Verfahren ist in Amerika ausgebaut worden, und es war dies die erste
Methode, die in großem, wirtschaftlichem Maßstabe durchgeführt
worden ist. Es ist interessant zu bemerken, daß die Arbeitsmethode
vieler Gerber von heute diesem ursprünglichen Prozeß sehr ähnelt,
sowohl in bezug auf die Quantität der verwendeten Chemikalien als
auch in der Art ihrer Anwendung.

Die praktische Anwendung des Verfahrens begegnete in ihren ersten
Stadien vielen Schwierigkeiten, und beträchtliche Summen Geldes sind
dabei verlorengegangen. Diese Gerbmethode wird stets mit dem
Namen von Robert Foerderer und mit dem der Gebrüder Burk,

Oberlederfabrikanten in Philadelphia, verknüpft sein. Dieselben adoptierten die Schulzsche Methode, es gelang ihnen aber erst nach einem großen Aufwande an Kapital und Arbeit ein Handelsprodukt fabriksmäßig herzustellen.

Es ist eine merkwürdige Tatsache, daß man aus der chemischen Erforschung dieses rein chemischen Prozesses keinen vollen Nutzen zu ziehen gewußt hat. Dies ist zweifellos durch die Tatsache zu erklären, daß es zu Zeiten der Einführung dieses Verfahrens keine spezialisierten Gerbereichemiker gab, und es verfügte auch keiner der Chemiker über die erforderlichen theoretischen und praktischen Kenntnisse. Viele Probleme, die anfangs als fast unlösbar angesehen wurden, erscheinen uns heute äußerst einfach.

Bald darauf, als einige der gelegentlichen Schwierigkeiten, die sich im Verlaufe der Fabrikation gezeigt haben, überwunden werden konnten, unternahm man den Versuch, verschiedene Ledersorten herzustellen, wie z. B. Marokkoleder aus Ziegenfellen, Oberleder aus Kalbfellen, Sohlenleder, Riemenleder und mehrere andere noch. Es wurde rasch erkannt, daß diese Methode, vermöge der eigentümlichen Eigenschaften des chromgaren Leders, für die Fabrikation von Chevreauleder, als Schuhoberleder, sich ganz besonders eignete; dieses chromgare Ziegenleder wurde bald als eine Vervollkommnung des damals populären französischen Erzeugnisses, eines mit Alaun und Salz hergestellten Leders, beachtet. Das „Vici Kid“, erzeugt von der Firma Robert Foerderer, wurde zuerst im Jahre 1890 von England importiert, und diesem folgten die chromgaren Kalbleder, Fabrikate der Gebrüder Burk und der Gebrüder White.

Es wurden viele Versuche unternommen, das Schultzsche Patent zu umgehen, und erfolgreiche Anwendungen von angesäuertem Natriumsulfit, Natriumbisulfit, Natriumsulfid, Reduktionsmittel, die das Natriumthiosulfat zu ersetzen hatten, führten zur Verleihung von Patentrechten. Man fand jedoch, daß dieselben nicht annähernd so erfolgreich waren wie das ursprüngliche Reduktionsmittel, und ihre Anwendung hat keine Verbreitung erlangt.

Im Jahre 1893 nahm Martin Dennis Patentrechte für die Verwendung einer basischen Chromchloridlösung für Gerbzwecke, welche als Spezialprodukt unter dem Namen „Tanolin“ auf den Markt gebracht wurde. Der Martin-Dennis-Prozeß, der als Pionier der heute als „Einbadverfahren“ genannten, sehr verbreiteten Chromgerbemethode angesehen werden muß, besteht, wie gesagt, in dem Gebrauche einer basischen Chromsulfat- oder Chloridlösung und ist dem ursprünglichen, von Knapp verteidigten Verfahren sehr ähnlich.

Es ist von Interesse, zu bemerken, daß man die erste Einführung der Chromgerbung nach Europa und namentlich nach England dem Besuche des Prof. H. R. Procter in Amerika, im Jahre 1895, zu verdanken hat, der Gelegenheit hatte, die Arbeiten der Firmen Gebrüder Burk und Robert Foerderer besichtigen zu können. Diese erzeugten Chromleder nach dem Schultzschen Verfahren, während mehrere amerikanische Gerber um dieselbe Zeit mit dem Martin-Dennis-Prozeß experimentierten.

Diese beiden Methoden wurden durch einen öffentlichen Vortrag, den Prof. Procter nach seiner Rückkehr abgehalten hat, dem „Leeds Leather Trades' Association" zur Kenntnis gebracht, woselbst sie ein beträchtliches Interesse erweckt haben.

Mehrere der bedeutendsten Oberlederfabrikanten Englands, die Möglichkeiten der Chromgerbung ins Auge fassend, begannen nun zu experimentieren. Die ersten unter ihnen waren die Firmen J. J. Flitch & Sons, Leeds, und W. & H. Miers Ltd., Leeds. Diesen folgten bald darauf die Firmen Geo Whichelow, Ltd., R. Fawsitt & Sons und East, Kinsey & East, sämtliche in Bermondsey, London, ferner Ward & Co. in Worcester. Interessant ist es zu vermerken, daß diejenigen Firmen, die vorhergehend Kalbkidleder nach dem Alaunverfahren fabrizierten und im Gebrauche der Aluminiumsalze Erfahrung hatten, viel rascher vorwärts kamen als diejenigen, die nur mit dem vegetabilischen Gerbprozeß vertraut waren. Auch ist es interessant, daran zu erinnern, daß Schultz und Martin Dennis, deren Patente in England vorangegangen waren, nicht den Versuch unternahmen, gegen die britischen Gerber, die ohne Bezahlung von Gebühren Chromleder fabrizierten, zu protestieren.

Unter den Verfahren von Schultz und Martin Dennis überwog letzteres bei denjenigen Firmen, die hauptsächlich an der vegetabilischen Gerbung interessiert waren, da es dem Wege, den man in der vegetabilischen Gerbung verfolgt, etwas ähnlich ist. Die vorbereiteten Blößen wurden nach dem Martin-Dennis-Prozeß in eine schwache Chromchloridlösung gebracht, deren Konzentration mit fortschreitender Gerbung erhöht wurde; eine Handlungsweise, die der beim Arbeiten mit vegetabilischen Gerbextrakten üblichen sehr ähnelt.

Die Anwendung dieser „Einbadmethode" für die Fabrikation von Chromleder hat nach den Veröffentlichungen des Prof. Procter in den Jahren 1897 und 1898 eine allgemeinere Verbreitung erfahren. Derselbe verteidigte in erster Linie die Verwendung von organischen Substanzen, wie z. B. Glukose, Zucker usw., als Reduktionsmittel für die angesäuerte Kaliumbichromatlösung — eine Methode, die dem von Prof. Hummel im Kapitel über Chrombeizen seines im Jahre 1886 veröffentlichten Buches: „Das Färben von Textilfabrikaten" vertretenen Verfahren etwas ähnlich war —, zweitens empfahl er eine viel einfachere Methode für die Herstellung einer basischen Chrombrühe, welche in der

Zugabe von Alkalikarbonaten zu einer Chromalaunlösung bestand. Dieses letztere Salz konnte in großen Quantitäten als Nebenprodukt der Alizarinfabrikation aus Anthrazen erhalten werden, und da es damals nur einen kleinen Handelswert besaß, stand es zu einem sehr niedrigen Preise zur Verfügung.

Die Herstellungsmethode dieser Brühe war viel einfacher als das von Martin Dennis patentierte Herstellungsverfahren, auch war die Zusammensetzung der Lösung viel einheitlicher als diejenige, welche man bei der Reduktion der Chromsäure mittels organischer Reduktionsmittel erhielt. Man hat sich infolgedessen fast allgemein dieser Methode bedient und gebrauchte sie bis zum Jahre 1914, als die Fabrikanten, infolge der Schwierigkeiten der Materialbeschaffung, die Herstellung der Chrombrühen wieder durch Reduktion der Chromsäure mit organischen Reduktionsmitteln vornahmen.

Der Prozeß der Chromgerbung besteht offenbar in der Imprägnierung und Bedeckung einer jeden einzelnen Hautfaser durch ein basisches Chromsalz- oder -oxyd, welches das Verkleben der Fasern während des Trocknens verhütet und dieselben so weit schützt, daß das Leder imstande ist, der Einwirkung von kochendem Wasser und von anderen hydrolysierenden Mitteln zu widerstehen.

Eines der Hindernisse, das dem Fortschritte in der Fabrikation von Chromleder zu ersten Zeiten seiner Einführung entgegenstand, war die Unsicherheit, mit welcher man die sie umhüllenden chemischen Reaktionen betrachtete. Die Reaktionen des Zweibadverfahrens sind in der Tat kompliziert.

Im Jahre 1905 bewies Eitner nach einem sorgfältigen Studium, daß die Reaktionen, die beim Reduktionsprozeß im zweiten Bad zwischen der Dichromsäure und dem Thiosulfat unter gewissen Bedingungen sich abspielen, in der Bildung eines basischen Chromsulfates bestehen, wie es die folgende Gleichung veranschaulicht:

$$K_2Cr_2O_7 + 6\,HCl + 3\,Na_2S_2O_3 = 2\,KCl + 4\,NaCl + Na_2SO_4$$
$$+ 2\,Cr(OH)SO_4 + 2\,H_2O + 3\,S.$$

Diese Darstellung bestätigt die Aussage, daß die Gerbung durch die Bildung eines basischen Salzes bedingt ist.

Wie bereits erwähnt, besteht der Unterschied zwischen dem Einbadprozeß und dem Zweibadprozeß von Schultz darin, daß die Gerbung im ersten Falle durch die Behandlung der Blöße mit einem im voraus bereiteten basischen Salze ausgeführt wird, während man im Zweibadprozeß das basische Salz direkt auf der Faser entwickelt, und zwar im Laufe der Reaktion, die beim Einbringen der Haut in die reduzierende Lösung des zweiten Bades vor sich geht.

Der Schwefel, entstanden durch die Zersetzung des Natriumthiosulfates im zweiten Bad, ist in den Faserzwischenräumen in einer kolloiden Gestalt abgelagert und wirkt daselbst wie ein Schmiermittel, indem er dem Leder einen Griff von größerer Geschmeidigkeit erteilt, als dies bei dem nach der Einbadmethode gegerbten Leder der Fall ist.

Diese Schwefelablagerung ist auch aus dem Grunde von Bedeutung, weil sich ein Leder, welches einen großen Schwefelgehalt aufweist, höheren Temperaturen gegenüber widerstandsfähiger verhält als ein Leder mit kleineren Quantitäten von Schwefel; man fand es in bestimmten Fällen, namentlich für Motorriemenleder, als vorteilhaft, diesen Schwefelniederschlag zu erhöhen, wobei man dasselbe einer Behandlung der Vulkanisation in Verbindung mit Kautschuk unterwarf.

Die hauptsächlichen Punkte der Fortschritte, die in Verbindung mit der Chromlederfabrikation in England eine Erwähnung verdienen, sind die folgenden:

1. Die ursprüngliche Formel von Schultz verwendet 5 Teile Kaliumbichromat und $2\frac{1}{2}$ Teile Handelssalzsäure; man fand, daß nur etwa zwei Drittel der gesamten Menge des Bichromates in Chromsäure umgewandelt wird, und daß das nicht umgesetzte Bichromat weder absorbiert, noch darauffolgend reduziert wird. Man kann folglich zu einer beträchtlichen Ökonomie gelangen, wenn man dem ersten Bade eine hinreichende Menge an Säure zusetzt, um eine fast völlige Umsetzung des Bichromats in Chromsäure herbeizuführen. Die von Schultz empfohlenen Quantitäten von Thiosulfat und Säure wurden bald als ungenügend befunden, und man bediente sich wesentlich höherer Quantitäten.

2. Während es, bis vor einigen Jahren, üblich war, eine frische Lösung von Thiosulfat und Säure für jede Hautpartie zu verwenden, bedient man sich heute üblicherweise eines beständigen Bades und ist allgemein der Meinung, daß dies zu der Vervollkommnung des fertigen Leders beiträgt.

3. Im Laufe der letzten Jahre hat man die Bedeutung des Basizitätsgrades der Einbadchrombrühe besonders ins Auge gefaßt und lenkte seine Aufmerksamkeit der Notwendigkeit zu, denselben der zu erzeugenden Ware entsprechend anzupassen.

Der Einfluß des Basizitätsgrades der Chromsulfat- oder Chloridlösung auf das resultierende Leder wird vielleicht besser verstanden werden, wenn man darauf hinweist, daß die normalen Lösungen dieser beiden Salze nur in einem sehr geringen Betrage von der Haut absorbiert werden, während eine basische Lösung in einem viel größeren Grade aufgenommen wird; je basischer die Lösung, um so größer die Ablagerung von Chromhydroxyd auf der Faser. Der Effekt der Basizität ist ferner dadurch gekennzeichnet, daß die Gerbung im Falle einer allzu basischen Brühe äußerst langsam vor sich geht, wobei man der großen Gefahr läuft, ein Narbenziehen und ein Übergerben der Narbenoberfläche herbeizuführen, dessen wahrscheinliche Folge ein sprödes und narbenbrüchiges Erzeugnis ist. Führt man die Gerbung in der Einbadbrühe aus, so ist es im allgemeinen ratsam, den Prozeß in einer saureren Brühe zu beginnen und in einer basischeren zu beendigen; in dieser Hinsicht ist der Prozeß der vegetabilischen Gerbung etwas ähnlich.

Zu ersten Zeiten der Einführung des Chromleders in die Öffentlichkeit mußte viel Konservatismus bekämpft werden. Eine erwähnungswürdige, besondere Schwierigkeit bot die Annahme, daß das Chromleder als Schuhoberleder im Tragen unangenehm sei; es solle im Gebrauch die Füße „ziehen", und es sei im Winter kälter, im Sommer wärmer als das vegetabilisch gegerbte Leder.

Diese Fragen wurden in den Gewerbe- und anderen Zeitungen lang und breit auseinandergesetzt, und es besteht kein Zweifel, daß diese Angriffe gegen das Chromleder, obwohl sie verschiedentlich beeinflußt waren, manchmal berechtigt erschienen. Das „Ziehen" der Füße war zweifellos einem nach der Gerbung im Leder verbliebenen Säureüberschuß zuzuschreiben, und das kalte Feuchtigkeitsgefühl entsprang der Gegenwart von löslichen Salzen, die im Zurichtungsprozesse nicht zufriedenstellend entfernt worden sind.

Diesen Schwierigkeiten ist man seit langer Zeit Herr geworden, und man darf mit Sicherheit behaupten, daß heute mindestens $75^0/_0$ der Schuhwaren aus chromgarem Oberleder angefertigt werden. Das frühere Mißbehagen des Verbrauchers besteht heute dank den besseren Fabrikationsmethoden nicht mehr.

II. Das Weichen.

Das Weichen ist die erste wesentliche Operation, welche die Fabrikation aller Ledersorten einleitet; man darf wohl sagen, daß es die Grundlage darstellt, auf welcher sich ein gutes Leder aufbaut, denn wird es vernachlässigt, so leidet das fertige Produkt darunter.

Man zitiert oft den Spruch von Lord Allerton, dem zeitgemäßesten Gerber Englands vor etwa 30 Jahren, nach welchem das ,,gute Leder im Äscher gemacht wird‘‘; er wollte damit ausdrücklich betonen, welche Bedeutung er einer sauberen Enthaarung vor dem Beginn der Gerbung zuschreibt. Mit gleichem Rechte darf man behaupten, daß ,,das gute Leder in der Weiche erzeugt wird‘‘. Das saubere Weichen ist eine höchst wichtige Einleitung des Äscherprozesses; wenn die Häute ungenügend geweicht sind, kann das Äschern nie richtig vollendet werden.

Der Hauptzweck des Weichens besteht in der Trennung der Fasern, welche durch die partielle Verflüssigung der gelatinösen Hautsubstanz, namentlich bei getrockneten und ,,trocken gesalzenen‘‘ Fellen, im Laufe des Trocknens miteinander verkittet sind. Wenn diese Fasern während des Weichens nicht in beinahe denselben Zustand von Weichheit und Geschmeidigkeit zurückversetzt werden, die sie besaßen, als sie noch warm vom geschlachteten Tiere abgezogen wurden, muß der Prozeß des Äscherns entweder durch ein nachträgliches Weichen unangemessen verlängert werden, oder verbleibt die Ware in einem unvollkommen geäscherten Zustande.

Das Weichen ist zweifellos die vernachlässigteste aller Operationen, die für die Überführung der Rohhaut in Leder erforderlich sind, sei es infolge einer mangelhaften oder gleichgültigen Beaufsichtigung oder einer ungeeigneten Arbeitsmethode.

Die Häute und Felle, mit welchen der Gerber zu tun hat, mögen wie folgt eingeteilt werden:

1. Frisch gehandelte Ware (grüne Häute).
2. Naß gesalzene Ware.
3. Trockengesalzene Ware.
4. Auf der Sonne getrocknete Ware.

Das Weichen der grünen Häute. Diese Ware, die der Gerber entweder direkt vom Schlächter oder durch den Häutemarkt bezieht, ist

Abb. 1. Weichen und Äschern von Ziegenfellen.

gewöhnlich leicht auf der Fleischseite mit Salz bestreut, um dieselbe —
für eine sehr kurze Zeit — in einem angemessen frischen Zustande zu
erhalten.

Das Weichen dieser Ware bezweckt die Entfernung von Salz, Blut
und dem anhaftenden Schmutz und Kot. Der Prozeß ist verhältnismäßig einfach. Man muß nur darauf bedacht sein, daß eine vollständige
Entfernung von Blut und Kot unerläßlich ist, wie auch die Befreiung
vom Salz, falls dieses in warmem Wetter als vorübergehendes Konservierungsmittel Anwendung fand.

Wenn das in der Haut verbliebene Blut in den Äscher gelangt,
wird es leicht die Ursache von Flecken auf dem fertigen Leder; außerdem erhöht es die Bakterientätigkeit des Äschers in einem unerwünschten Grade, indem es deren Entwicklung als passendes Medium
befördert.

Kot und Schmutz müssen so sorgfältig, wie es nur möglich ist, bei
dieser Gelegenheit entfernt werden, da sie den Äscher noch in höherem
Maße mit Bakterien anstecken, die der Schwellung der Häute entgegen-
wirken, die Hautsubstanz verflüssigen und einen Gewichtsverlust an
Hautsubstanz im gegerbten Leder zur Folge haben. Das Weichen soll
so rasch und wirksam, wie nur möglich, ausgeführt werden. Man verfährt
am besten auf die Weise, daß man die Häute in ein mit Gittertür ver-
sehenes Faß bringt, welches mit höchstens 5—6 Umdrehungen in der
Minute rotiert, und sorgt für reichlichen Zufluß von reinem, fließendem
Wasser; man walkt so die Ware ungefähr eine Stunde lang, oder bis sie
völlig sauber ist, legt sie dann für einige Stunden in eine Grube, die reines
frisches Weichwasser enthält, bevor man sie dem Äscher vorbereitend
herausholt und abtropfen läßt.

Ist der Kot oder sonstiges fremdes Material mit Hilfe des Walkens
nicht zufriedenstellend entfernt worden, so muß es auf dem Baume
verarbeitet werden; eine gute Methode besteht auch darin, die Häute
durch eine Walzenausreckmaschine zu ziehen.

Das Weichen von naß gesalzener Ware. Die naß gesalzenen Felle,
welche mit einem reichlichen Zuschuß an Salz behandelt worden sind,
um der Fäulnisgefahr für eine längere Zeitdauer, wenn nötig, für mehrere
Monate ausweichen zu können, verlangen eine sorgfältigere Behandlung
im Weichprozeß, insbesondere, was die sichere Entfernung der größten
Menge des Salzes anbetrifft. Diese Ware ist bei Verwendung einer
großen Menge Salzes auf der Fleischseite eines jeden einzelnen Felles
gründlich mit Salz eingerieben oder eingebürstet worden und ist, nachdem man sie mit Haar auf Fleisch in Haufen gelegt hat und gut abtropfen ließ, einem nochmaligen Salzen unterworfen worden. Sie ist
folglich in einem verhältnismäßig trockenen Zustande und benötigt
eine längere Behandlung in der Weiche.

Die trocken gesalzenen Häute konserviert man durch ein gründliches Salzen und ein nachfolgendes Trocknen, um eine Gewichtsverminderung und folglich eine Frachtersparnis zu erzielen. Diese Warensorte wird gewöhnlich durch Importation bezogen, und sie ist auf die Weise konserviert, daß sie, wenn nötig, ohne Gefahr und länger auf Lager gehalten werden kann als die naß gesalzene Ware.

Das Salz wirkt hauptsächlich als Konservierungsmittel vermöge seiner partiell entwässernden Wirkung auf die Haut; die Entfernung des Wassers aus der Haut beschränkt die bakterielle Fäulnis.

Das Wesentliche im Weichprozeß dieser Warensorte ist die Wiederherstellung der Feuchtigkeit, die aus der Faser durch die Salzbehandlung entfernt worden ist.

Methoden des Weichens. Nach dem Gesagten wird es klar erscheinen, daß das Weichen von gesalzener Ware so rasch wie nur möglich ausgeführt werden muß, und zwar unter vollständiger Entfernung des Salzes. Die beste Methode besteht in dem Einlegen der Ware in eine mit fließendem, reinem Wasser gefüllte Weichgrube für 2—3 Stunden. Es ist von Vorteil, die Grube mit einem Gitterdoppelboden zu versehen und dafür zu sorgen, daß eine reichliche Menge von Wasser durch den Boden eintreten und oben abfließen kann, damit ein rasches Auswaschen des Salzes ermöglicht wird.

Man kann das Weichen im Falle von naß gesalzener Ware mit gleichem Effekt in einem mit Gittertür versehenen Walkfaß ausführen, wie es oben angedeutet wurde. Trockene Ware weicht man bestens in der Grube, wie zuerst beschrieben, und will man sich nötigenfalls einen vollen Erfolg sichern, so walkt man sie nachher im Faß und legt sie darauffolgend für einige Stunden in die reines Wasser enthaltende Grube zurück. Die Sparsamkeit in dem Verbrauche von reinem Wasser ist eine schlechte Politik; je größer der Wasserverbrauch — innerhalb der vernünftigen Grenzen natürlich —, um so wirkungsvoller die Operation. Das Salz ist, im Gegensatz zu der allgemein verbreiteten Meinung, kein sehr leicht löslicher Körper, und man benötigt erhebliche Quantitäten an Wasser zu seiner Auflösung. 100 Teile Wasser lösen z. B .197 Teile Zucker, während sie nur 36 Teile Salz aufzulösen vermögen.

Das Weichen von getrockneten Fellen. Das Weichen der scharf getrockneten oder auf der Sonne getrockneten Felle ist viel schwieriger so wirksam zu vollziehen, wie das im Falle der vorhergehend erwähnten Warensorte der Fall war.

Das im Orient verfolgte Trocknungsverfahren kann dem Gerber stets Schwierigkeiten bereiten infolge der gelatinösen Substanz der Haut, die durch partielle Verflüssigung derselben entsteht, wenn das Fell der Wirkung der tropischen Sonne ausgesetzt wird. Wenn man die Haut bei der Temperatur des siedenden Wassers erhitzt, so wird sie praktisch unlöslich. Während diese Temperatur für das Trocknen nicht anempfohlen werden kann, zeigt uns dieses Beispiel passend die Tendenz, die beim Trocknen der Häute für Exportzwecke in China, Indien und anderen Orientgebieten zu einem Unlöslichwerden der Hautsubstanz führt, falls die Felle einer zu hohen Temperatur ausgesetzt werden.

Die unter der Wirkung der Hitze partiell verflüssigte gelatinöse Hautsubstanz führt günstigenfalls zu einer Verkittung der Fasern; in extremen Fällen erfolgt natürlich die Entartung derselben.

Die Fäulnisgefahr. Eine weitere Schwierigkeit in der Verarbeitung aller Sorten getrockneter Ware besteht darin, daß dieselben während des Trocknungsprozesses infolge Sorglosigkeit — insbesondere, wenn sie aus mehreren Landesbezirken durch die Landwirte in einer sehr gleichgültigen Weise gesammelt und getrocknet wurden — einer Fäulnis in höherem oder niedrigerem Grade ausgesetzt sind.

Wenn die Fäulnis nur in einer milden Form vorhanden ist, besteht keine Möglichkeit, dieselbe in dem trocken importierten Fell mit irgendeinem Grade von Gewißheit zu erkennen, und der Schaden wird erst in der Weiche sichtbar.

Unglücklicherweise scheint die aus tropischen Ländern stammende, getrocknete Ware in den Augen des Beobachters völlig gesund zu sein, zeigt aber im Laufe des Weich- und Äscherprozesses Blasenbildung und kann in vorgeschrittenen Fällen selbst in Stücke zerfallen. Die Ursache dieser Erscheinung besteht darin, daß die äußere Narben- und Fleischschicht rasch getrocknet worden ist, während das Innere vermöge der Hitze und der Fäulnis ernsthaften Schaden erlitt, der nur beim völligen Durchfeuchten der Ware sichtbar wird.

Die Haut in ihren ursprünglichen Zustand so rasch wie möglich zurückzuversetzen mit dem geringsten Verlust an Hautsubstanz und unter Ausschaltung der Fäulnis: das ist das Problem, das der praktische Gerber in der Weichoperation zu lösen hat.

Die faule Weiche. Um ein schnelles Weichen von getrockneter Ware, namentlich von ostindischen Kipsen und Kalbfellen, zu erwirken, bedienten sich die in der Aufarbeitung dieser Warensorte spezialisierten Gerber vor einiger Zeit gewöhnlich einer Methode, die darin bestand, daß eine und dieselbe Weichbrühe für eine beträchtliche Anzahl von Hautpartien einer stets wiederholten Verwendung unterworfen wurde. In einigen extremen Fällen wurden diese Brühen selbst jahrelang aufbewahrt und benutzt. Die soeben beschriebene faule Weichbrühe besitzt zweifellos einen beträchtlichen Weicheffekt, doch wirkt sie unvorteilhaft auf das fertige Leder, da dasselbe trotz des raschen Verlaufes des Weichprozesses einen großen Verlust an Hautsubstanz erleidet und folglich einen Mangel an Gewicht und Fülle aufweist, abgesehen davon, daß die fertig gegerbte Ware im Falle eines längeren Verweilens der Rohhaut in der Weichbrühe infolge bakterieller Wirkung auch auf der Narbe beschädigt sein wird.

Dieses letztere Resultat wurde im allgemeinen verkannt, und die erst auf der fertigen Ware sichtbaren Beschädigungen wurden gewöhnlich der Fäulnis zugeschrieben, welche die Rohhaut vor dem Weichprozeß bereits enthalten haben soll. Die rasche Wirkung der faulen Weiche ist durch die Gegenwart von Gelatine verflüssigenden Organismen bedingt. Diese wirken verflüssigend auf die vorhergehend getrocknete, partiell gelöste gelatinöse Hautsubstanz und legen dadurch die Fasern frei. Wenn die Ware nur für eine hinreichend kurze Periode und bei Anwesenheit der richtigen Art von Organismen in einer solchen Weiche belassen wird, muß das Weichen mit einem minimalen Verlust vor sich gehen; wenn man sie aber allzulang der lösenden Wirkung der Gelatine verflüssigenden Organismen aussetzt, so ist es klar, daß dieselben mit der bloßen Auflösung der gelatinösen Substanz, in welche die Fasern eingebettet sind, sich nicht begnügen und eine beträchtliche Menge der gelatinösen Fasersubstanz selbst verflüssigen.

Der Schaden kann zwei Formen annehmen: die Entstehung einer offenen oder befleckten Narbe, im Falle die äußerste oder Papillarschicht derselben angegriffen wird, oder ein sogenanntes „Stippigsein", d. h. eine Durchbohrung der Ware von kleinen Löchern.

Der Gebrauch der faulen Weiche ist heute mit Ausnahme einiger altmodischen und konservativen Gerber allgemein verlassen worden, indem man diese gefährliche Methode durch die Anwendung gewisser Chemikalien, die den Prozeß beschleunigen, ersetzt hat.

Das Anwärmen der Weiche. Man kann das Weichen bei kaltem Wetter dadurch erleichtern, daß man die Weichflüssigkeit auf eine Temperatur von etwa 24° C erwärmt — eine höhere Temperatur ist nicht zu empfehlen. Der Gebrauch von frischem Wasser für eine jede Hautpartie ist unerläßlich. Das Weichen ist nur dann vollendet, wenn die Ware ganz weich, geschmeidig und salzfrei ist.

Von der letzteren Bedingung kann man sich auf die Weise überzeugen, daß man eine kleine Menge des Weichwassers in ein Reagensrohr bringt, mit Salpetersäure ansäuert und einige Tropfen einer Silbernitratlösung zusetzt; eine weiße Fällung weist auf die Gegenwart von Chloriden hin. Diese Prüfung ergibt selbst bei Spuren von Salz eine positive Reaktion vermöge der außerordentlichen Empfindlichkeit, mit welcher es in sehr verdünnten Lösungen, wie z. B. in gewöhnlich vorkommenden salzhaltigen Wässern schon den Nachweis von Salz liefert. Nichtsdestoweniger kann sich der Praktiker dieser nützlichen Reaktion bedienen, wenn er nach einiger Übung die annähernd vorhandene Quantität des Salzes durch die Menge des erhaltenen Niederschlages abschätzt, indem er eine bestimmte Quantität der Silbernitratlösung (sagen wir 5 Tropfen einer 1%igen Lösung) der in ein Reagensrohr gefüllten, mit einigen Tropfen Salpetersäure versetzten Weichflüssigkeit zusetzt.

Um die Weichoperation noch weiter abzukürzen, bediente man sich oft eines Verfahrens, das im Walken der Ware in warmem Wasser von etwa 37—38° C bestand. Obwohl diese Behandlung für die Erzielung eines raschen Weicheffektes von getrockneter Ware von Erfolg begleitet ist, soll sie im allgemeinen aus dem Grunde nicht empfohlen werden, weil der Schaden, den sie im Laufe des Trocknens durch partielle Fäulnis erlitt, nur erhöht werden kann.

Die in der Weiche verwendeten Chemikalien. Die Anzahl der im Weichprozeß anwendbaren Chemikalien ist eine große, entsprechend ihrer Wirkung, die namentlich in der Schwellung der Fasern durch saure oder alkalische Agentien sich kundgibt und mit mechanischen Methoden kombiniert zu einer Freilegung der Fasern führt.

Säuren als Weichmittel. Die schwachen organischen Säuren erfreuen sich einer ausgedehnten Verwendung für diesen Zweck; Butter-, Milch-, Ameisen- und Essigsäure sind erfolgreich angewandt worden, während man sich auch anorganischer Säuren, wie Schwefel-, schweflige und Salzsäure bedient hat.

Eine gewöhnliche Methode, die gute Resultate liefert, besteht darin, daß man die Ware für 24—48 Stunden in einer reinen Wasserweiche beläßt, bis sie zu einem gewissen Grade erweicht ist, worauf man sie in eine frische Weiche verlegt, der man eine angemessene Menge einer der obenerwähnten Säuren zusetzt.

Es ist schwierig, eine bestimmte Quantität der zu verwendenden Säure anzugeben, da die für den Zweck erwünschenswerte Menge abhängig ist von a) der temporären Härte des Wassers, b) der Stärke der Säure und c) dem nötigen Schwellungsrad, die für eine besondere Warensorte erzielt werden soll. Man soll aber jedenfalls trachten, mit der möglichst geringsten Menge auszukommen. 1 l 40%iger Ameisensäure per 1000 l Wasser ist gewöhnlich genügend, um einen merklichen Grad von Schwellung herbeizuführen.

Die Ware soll etwa 24 Stunden oder so lange geweicht werden, bis sie leicht geschwollen und genügend erweicht ist, um ein Falten ohne Zurückspringen zu ertragen. Will man das Weichen noch weiter erleichtern, so unterwirft man die Felle einem sorgfältigen Walken. Man soll aber sehr darauf sehen, daß das Walken nicht eher versucht wird, bis die Ware nicht genügend erweicht ist, da sie sonst einem Brüchigwerden der Narbe ausgesetzt ist. Wenn die Felle eine angemessene Weichheit erlangt haben, können sie auf die Dauer von ungefähr einer Stunde vorteilhaft in einem mit Gittertür versehenen Fasse trocken gewalkt werden, worauf man sie in eine frische Weiche bringt, die etwa mit derselben Quantität von Säure, wie die ursprüngliche Weichbrühe, leicht angesäuert ist. Man fährt auf diese Weise sukzessive fort, bis die Ware die genügende Weichheit und Schlaffheit erlangt hat.

Die Verwendung von schwefliger Säure ist ursprünglich von Procter, zunächst für das Weichen von ostindischen Kipsen, anempfohlen worden; sie bestand in einer 24—48 stündigen Behandlung der Ware mit einer Lösung von schwefliger Säure von 0,1—0,2% SO_2-Gehalt. Dieses Mittel besitzt eine höchst bemerkenswerte Wirkung auf die Haut bezüglich der Erzeugung einer beträchtlichen Schwellung, und ihre Verwendung ist auch aus den Gründen von Vorteil, daß sie die Lösung sterilisiert und praktisch keine lösende Wirkung auf die Hautfasern ausübt. Die praktische Schwierigkeit, welche der Gebrauch dieser Lösung nach sich zieht, besteht in ihrer Kontrolle, die abgesehen von wiederholten chemischen Analysen keineswegs leicht die zu verwendende Lösung auf eine genaue Stärke einzustellen gestattet, da die schweflige Säure durch Einleiten von Schwefeldioxydgas in Wasser hergestellt wird. Der Gebrauch von schwefliger Säure verleiht der Haut eine partielle Sterilität und erfordert für die Erlangung einer zufriedenstellenden Enthaarung die Verwendung von etwas starken Schwefelnatriumlösungen oder von altem Kalkäscher.

Es wird nicht empfohlen, Schwefel- oder Salzsäure zu gebrauchen, da diese Agentien für diesen Zweck allzu gefährlich sind.

Alkalische Weichmittel. Die alkalischen Weichmittel finden eine viel ausgedehntere Verwendung als die sauren, und man kann ihren Gebrauch allgemein als einen sicheren und sparsamen bezeichnen.

Die gewöhnlichst gebrauchten Weichmittel sind das Ätznatron oder Ätzkali, das Schwefelnatrium und das Ammoniumkarbonat. Ätznatron und Ätzkali besitzen einen sehr raschen Schwelleffekt, selbst wenn sie in äußerst verdünnter Form Anwendung finden. Die Wirkung des Schwefelnatriums ist deren Wirkung gleichlautend, da es in wässeriger Lösung in Ätznatron und Natriumsulfhydrat dissoziiert, deren ersteres die Schwellung veranlaßt.

Die vorerwähnten Mittel eignen sich besonders für Häute, Kalb- und Ziegenfelle, sind aber für wollhaarige Felle ungeeignet, da das kaustische Alkali zerstörend auf die Wolle einwirken würde. Die durch das Ätzkali hervorgerufene Schwellung ist ähnlich derjenigen, welche man beim Behandeln der Ware mit Kalk erhält. Eine übermäßige Schwellung in diesem Stadium ist jedenfalls unerwünscht; die Schwellung soll bloß bei den mechanischen Operationen, wie beim Walken oder dem Ausstrecken, die Freilegung der Fasern ermöglichen.

Wie im Falle der Säuren ist es auch für die Alkalien schwierig, die Stärke der Lösungen festzulegen; eine etwa 0,1% ige Lösung von Ätznatron oder eine etwas stärkere (0,15% ige) von Schwefelnatrium stellen das Maximum dar.

Die Verwendung von Ätznatron als Weichmittel kann bestens empfohlen werden. Weder Ätznatron noch Schwefelnatrium besitzen irgendeine wesentliche lösende Wirkung auf die Hautsubstanz, und ihre Gegenwart unterbindet die Weiterentwicklung der Fäulnis, welche beim Einbringen der Ware in die Weiche stattgefunden hat. Es ist in der Tat praktisch, dieselbe Lösung für 2—3 Hautpartien zu verwenden und die Brühe durch Zugabe einer weiteren Menge von Ätznatron oder Schwefelnatrium auf seine ursprüngliche Stärke zu bringen. Wenn man aber über reichliche Mengen von Wasser verfügt, ist diese Methode im allgemeinen nicht zu empfehlen, da die Lösung durch Kot und andere fremde Stoffe, die dem in Behandlung stehenden Gut anhaften, sehr verunreinigt wird.

In einem bereits so fern liegenden Jahre wie 1899 hat Eitner vergleichende Weichversuche mit Ätznatron und Wasser ausgeführt und gefunden, daß derselbe Weicheffekt, welcher durch ein viertägiges Verbleiben der Haut in einer Wasserweiche hervorgerufen wurde, mit Hilfe von Ätznatron in zwei Tagen erzielt werden konnte, und daß im ersteren Falle 1,9% Hautsubstanz in Lösung gegangen ist, während die 0,1%ige Ätznatronlösung nur 0,6% an Hautsubstanz aufzulösen vermocht hat.

Ammoniumkarbonat ist kostspieliger als die vorhin erwähnten Chemikalien, doch kann es, im Gegensatz zu Ätznatron, zum Weichen von wollhaarigen Fellen in schwacher Lösung angewendet werden. Es ist nicht nur etwas teuer, sondern vermindert auch das Gewichtsrendement der nach dem Entwollprozeß erhaltenen Wolle, indem es die natürlichen Fette derselben verseift. Wenn man das Salz in größeren Quantitäten gebraucht, läuft man auch Gefahr, Kalkschattenflecke zu bekommen, welche durch die Bildung von Kalziumkarbonat im darauffolgenden Äscherprozeß entstehen können.

Das Weichen mit sauren Salzen. Mehrere saure Salze sind von besonderer Anwendbarkeit für den Weichprozeß. Kalium- oder Natriumbisulfit sind billig, wirkungsvoll und besonders für das Weichen von wollhaarigen Fellen geeignet, da sie in verhältnismäßig großen Quantitäten gebraucht werden können, ohne die Wolle der Gefahr einer Beschädigung auszusetzen.

Diese nur schwach sauer reagierenden Salze besitzen ein hinlängliches Schwellvermögen, um die Fasern im Laufe der Weiche freizulegen, ohne sie jedoch — wie die Säuren — einem übermäßigen Anschwellen auszusetzen, dessen Folge im extremen Falle ein sofortiges Zerspringen der Fasern wäre, was eine Verminderung der Festigkeit im fertigen Leder nach sich ziehen würde.

Im Falle von scharf getrockneten Häuten oder Ziegenfellen wäre eine 0,1—0,2%ige Lösung angemessen und sollten die Häute nicht scharf getrocknet sein, so verwende man noch schwächere Lösungen. Das Bisulfitsalz kann auch für das Weichen von Schaffellen mit bedeutendem Vorteil angewandt werden. Es erleichtert das Weichen von getrockneten oder trocken gesalzenen Fellen, wie z. B. von Kap-, australischen und arabischen Fellen und ergibt eine reine und hellfarbige Wolle, ohne deren Rendement oder Gewicht zu vermindern.

Die Bisulfate sind billiger als die Bisulfite, während sie ungefähr denselben Weicheffekt ausüben. Man soll mit ihnen sparsamer umgehen und soll die Ware vor dem Äschern womöglichst mit Wasser spülen, damit ein jeder Überschuß des Salzes entfernt wird; man ist sonst der Gefahr ausgesetzt, in der darauffolgenden Äscheroperation eine Kalziumsulfatbildung zu bekommen, die infolge ihrer Schwerlöslichkeit leicht die fertige Ware, ähnlich den Kalkflecken, beschädigen kann.

Das Weichen mit Säuren in Verbindung mit Alkalien. Eine weitere Weichmethode, die wegen Mangel eines besseren Ausdruckes als die „Conzertina-Methode" bezeichnet werden soll, eignet sich für die Behandlung von sehr harter, scharf getrockneter Ware.

Man legt die Ware zunächst in eine schwach saure Weiche und bringt sie, nachdem sie gut geschwollen ist, in eine schwach alkalische Lösung. Die zwei passendsten Chemikalien sind Ameisensäure für die erste Lösung und Ätznatron für die zweite. Der Vorteil dieses Verfahrens besteht darin, daß die durch die Einwirkung der Säure gut geschwollenen Fasern in der alkalischen Lösung, die die von der Haut zurückgehaltene Säure neutralisiert, eine Kontraktion erleiden, um durch das überschüssige Alkali wieder geschwellt zu werden.

Der Verdienst dieser einigermaßen drastischen Behandlung besteht in dem sich abwechselnden Schwellen und Verfallen der Fasern, die dadurch voneinander getrennt werden und der Haut den nötigen Grad an Geschmeidigkeit verleihen — ein Resultat, welches mit anderen Mitteln schwer zu erzielen ist.

Mechanische Weichmethoden. Als mechanisches Hilfsmittel für die Weiche, insbesondere im Falle von ostindischen Kipsen, diente vor einigen Jahren ganz allgemein das Bearbeiten der Felle in der Kurbelwalke. Nach einem kurzen Verweilen in der Weiche wurde die Ware zwecks Beschleunigung des Prozesses etwa eine Stunde lang gewalkt oder so ähnlich behandelt. Die bedeutendsten Gerber haben heute dieses Verfahren aus dem Grunde verlassen, weil die Felle, insofern sie vor dem Walken nicht hinreichend erweicht worden sind, einem Brüchigwerden der Narbe ausgesetzt sind, wobei die Strenge des Prozesses auch einen Verlust an Hautsubstanz herbeiführen kann.

Die gewöhnlichsten mechanischen Mittel sind a) das Walken und b) das Strecken.

a) Man bedient sich bestens eines Waschfasses mit seitlichem Einwurf oder eines mit Gittertür versehenen Walkfasses (Abb. 2). Die Operation verlangt Sorgfalt und eine vorausgehende Überprüfung der Ware. Wenn

Abb. 2. Weichfaß.

die Felle ungenügend geweicht sind, kann leicht eine Beschädigung derselben erfolgen; man soll für alle Fälle nicht allzulange die Operation ausdehnen. Es ist auch von Wichtigkeit, im Falle man in einem verschlossenen Walkfaß arbeitet, dieses zu lüften, um die Felle infolge zu

Abb. 3. „Sorella", Ausreck- und Abwelkmaschine.

langer Bearbeitung nicht heiß werden zu lassen. Es ist im allgemeinen ratsam, die Ware etwa 10 Minuten lang zu walken und dann während 10—15 Minuten der Ruhe zu überlassen, bevor man wieder mit dem

Walken beginnt. Ein auf Rollen laufendes Walkfaß ist für diesen Zweck wirksamer als ein auf Ständern gelagertes Walkfaß, doch muß man hierbei auch sorgfältig darauf sehen, daß die Felle genügend schlaff und erweicht sein sollen, damit man durch diese etwas starke Beanspruchung die Gefahr des Brüchigwerdens der Narbe verhütet. Im Falle von wollhaarigen Fellen erleichtert man das Weichwerden durch das Strecken mit der Hand oder auf der Walzenstreckmaschine — oder aber durch die obenerwähnte Walkoperation.

b) Das Ausstrecken mit der Hand auf dem Baum mittels eines stumpfen Enthaarmessers besitzt einen beträchtlichen Weicheffekt, und das Bearbeiten des Felles mit dem Messer auf der Fleischseite trägt zur Freilegung der Fasern bei. Der Verfasser gebrauchte mit gutem Erfolge für diesen Zweck eine Gummiwalzen-Ausstreckmaschine, und obwohl die Resultate weit nicht so befriedigend waren wie diejenigen der Handarbeit, waren sie den durch das Walken erhaltenen doch überlegen.

Das Ziel einer jeden Weichoperation richtet sich darauf, die Haut so weit wie nur möglich in den Zustand zurückzuversetzen, in dem sie verharrte, als sie vom Tier abgezogen wurde. Die Ware muß nach einem guten Weichen weich und geschmeidig sein und sich in jeder Richtung ausstrecken lassen, insbesondere in den Partien des Schildes und der Schultern. Andererseits ist es unerwünscht, das Weichen länger, als in der Tat nötig, auszudehnen, und die Operation soll nach der völligen Separation der Fasern alsbald beendet werden. Die leicht schwellende Wirkung der schwachen Säuren und Alkalien erleichtert dies beträchtlich, und erst in den außergewöhnlichen Fällen, wo es unmöglich erscheint, die Ware mit anderen Mitteln in einem vernünftigen Zeitverlauf weich zu bekommen, nehme man Zuflucht zur Verwendung von stärkeren Lösungen einer jener Chemikalien, die früher erwähnt worden sind.

Wenn man auf chemische Hilfsstoffe zurückgreifen muß, so ist nach des Verfassers Meinung Ätznatron bei weitem das beste Mittel. Die Häute können in eine Ätznatronlösung getaucht werden, deren Konzentration stufenweise zunimmt, bis sie auf den 4—5fachen Betrag ihrer ursprünglichen Dicke angeschwollen sind und die Tendenz zeigen, sich an den Rändern zu winden, worauf man sie in — womöglichst fließendes — Wasser legt, um jeden Überschuß des Weichmittels zu entfernen. Die Wirkung auf die Ware ist derjenigen ähnlich, die bei abwechselndem Gebrauch von Säure und Alkali erzielt wird. Das Auswaschen des Überschusses an Ätznatron ist von guter Wirkung, da es das Schwellmittel entfernt und damit die Separation der Fasern herbeiführt.

Es ist notwendig, eine so drastische Behandlung vorzunehmen, wenn man mit Fellen zu tun hat, die bei sehr hohen Temperaturen getrocknet worden sind und deren Fasern durch die partiell gelöste Hautsubstanz miteinander verkittet sind.

2*

Der Betrag der zum Weichen gebrauchten chemischen Hilfsmittel
soll nach dem Gewicht der zu weichenden Ware kalkuliert werden,
doch muß man auch der Konzentration der Lösung selbst Rechnung
tragen. Es ist nie anzuraten, stärkere Lösungen, als für die Erreichung
des gewünschten Resultates unbedingt notwendig, zu verwenden, und
sollte der Gerber in der Behandlung der betreffenden Ware noch keine
Erfahrung besitzen, verfährt er am besten auf die Weise, daß er die
Konzentration der Lösung im Laufe des Weichens allmählich erhöht,
und aufhört, weitere Mengen zuzusetzen, sobald der erforderliche
Schwellungsgrad erreicht worden ist.

III. Das Äschern.

Das Äschern bezweckt das Auflösen der Epidermisschicht, damit
die Haardecke gelockert und mit mechanischen Hilfsmitteln leicht ent-
fernbar wird, ferner das Anschwellen der Hautfasern bis zu einem erwünschten Grade, der dem zu erzeugenden Leder in bezug auf Fülle,
Festigkeit oder Zügigkeit entspricht.

Die Epidermis ist aus Keratin gebildet, das in verdünntem Alkali
löslich ist. Die erforderliche Auflösung der Epidermisschicht erzielt
man infolgedessen durch das Einlegen der Haut in eine Kalklösung. Die
elastischen Fasern, welche die das wirkliche Korium bildenden Hautfasern miteinander verbinden, lösen sich auch in schwachem Alkali
und befähigen die Hautfasern durch ihre Auflösung zu einer Schwellung
in der alkalischen Brühe.

1. Der Kalk.

Der gewöhnliche Kalk wird in großen Brennöfen aus verschiedenen,
natürlich vorkommenden Formen des Kalziumkarbonates gebrannt,
wie z. B. aus Kalkstein, Kreide, Marmor, Muscheln, Korallen usw.
Während des Brennens entweicht Kohlensäure, und es bleibt ein mehr
oder weniger reines Kalziumoxyd zurück. Der gewöhnlichste Handels-
kalk wird aus Kalkstein oder Kreide hergestellt.

Ein Kalk guter Qualität soll mindestens 95% Kalziumoxyd enthalten; die vorhandenen Verunreinigungen bestehen aus den Oxyden
von Magnesium, Eisen und Silizium. Die Gegenwart von großen Mengen
an Magnesia vermindert etwas die Schwellwirkung des Kalkes, wodurch
dieser „milder" wird. Im allgemeinen ist der aus Kreide hergestellte
Kalk reicher an diesen Verunreinigungen als der aus Kalkstein gebrannte
Kalk, weshalb viele Gerber den letzteren bevorzugen, wenn eine kräftige
Schwellwirkung erlangt werden soll.

Es ist sehr wesentlich, daß der Kalk vor dem Gebrauche gut gelöscht
wird. Dies ist eine leichte Operation, doch muß sie mit großer Sorgfalt

durchgeführt werden, da sonst
leicht beträchtlicher Schaden
entstehen kann. Es ist ratsam,
die im Äscherprozeß gebrauchte Lösung nur mittels abge-
löschten Kalkes zu ver-
stärken.

Nach einer heute noch
verbreiteten Methode ver-
stärkt man die Äscherbrühe
in der Grube durch Zugabe
von ungelöschtem oder Ätz-
kalk, den man mit der Kalklösung selbst sich ablöschen
läßt. Nach einer anderen Methode bringt man den ungelöschten Kalk in eine trockene
Grube, löscht ihn durch Zugabe
kleiner Mengen Wassers ab und
verdünnt nachher mit Wasser
bis zum erwünschten Grade.
Beide Verfahren verursachen
leicht einen Schaden, das sogenannte „Verbrennen" der
Ware. Das Löschen von verschiedenen Kalksorten vollzieht sich mit großer Verschiedenheit, und es kommt
oft vor, daß mehrere Stunden
verfließen, bis der Kalk vollständig gelöscht ist. Werden die
Felle in eine Lösung getaucht,
die ungelöschte Kalkpartikeln
enthält, so sind sie der großen
Gefahr ausgesetzt, mit nur teilweise gelöschten Teilchen in
direkte Berührung zu kommen;
die durch das Löschen entwickelte Wärme genügt, um
die Hautsubstanz zu verflüssigen oder zu „verbrennen".

Es ist anzuraten, den Kalk
in einem besonderen Gefäße

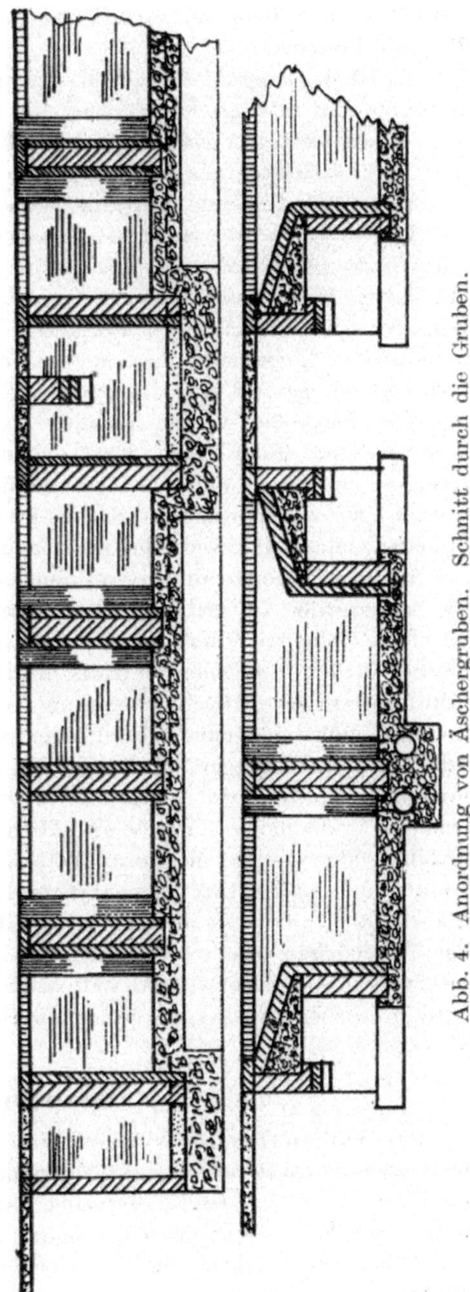

Abb. 4. Anordnung von Äschergruben. Schnitt durch die Gruben.

abzulöschen, bevor man ihn in Form von einer dicken Paste oder als „Brei" dem Inhalt der Grube zusetzt, wenn eine Verstärkung der Brühe erforderlich ist.

Es ist denjenigen, die den Kalkbrei für Bauzwecke bereiten, wohl bekannt, daß man an Stelle einer dicken, etwas gelatinösen Mischung auch einen körnigen Brei bekommen kann, sollte man beim Löschen nicht mit äußerster Sorgfalt vorgehen.

Es sei die folgende Handlungsweise empfohlen:

Der zu löschende Kalk soll gewogen und in ein passendes Gefäß oder Grube gelegt werden. Man bespritze ihn mittels eines Schlauches mit kaltem Wasser und lasse eine kurze Zeit verfließen, bis das Löschen beginnt und die Mischung sich erhitzt. In dem Maße, wie das Löschen fortschreitet, gebe man noch mehr Wasser zu, so daß die Mischung während der ganzen Löschdauer stets heiß bleibt.

Die Menge des anzuwendenden Wassers soll ungefähr gleich sein dem Gewichte des Kalkes. Diese Quantität soll das nötige Ablöschen besorgen, und es soll dann noch die nämliche Menge an Wasser zugegeben werden; die so erhaltene Kalklösung ist etwa $33^0/_0$ ig. Das Gemisch soll vor dem Gebrauche zwei oder drei Tage sich selbst überlassen werden.

Um das Hineingelangen von ungelöschtem Kalk oder von Sand in die Äschergrube zu verhüten, kann man sich mit Vorteil einer Mischmaschine bedienen; diese wird am geeignetsten etwas höher montiert als die Grube, in welche der Kalk einfließen soll. Eine passende Einrichtung besteht in der Verwendung von rotierenden Armen, die sich in einem hölzernen oder, vorteilhafter, eisernen, mit Doppelboden versehenen Gefäß bewegen. Man legt den ungelöschten Kalk auf den gelochten Boden und gibt genügend Wasser zu, um das Ablöschen sicherzustellen. Sobald das Gemisch gründlich gelöscht ist, gibt man, wie oben erwähnt, eine weitere Menge an Wasser zu und läßt gut durchrühren, worauf man es in Form einer starken Lösung direkt in die Grube abfließen läßt. Der geschieferte Doppelboden des Gefäßes verhindert das Durchgehen von ungelöschten Kalkteilchen, Sand und sonstigem unerwünschten Material und hält auch ungebrannten Kalkstein und Gestein zurück, welche gewöhnlich in beträchtlichen Quantitäten zugegen sind.

2. Schwefelarsen.

Das Schwefelarsen oder der rote Arsenik findet seit langer Zeit in Verbindung mit Kalk Anwendung, insbesondere für die Enthaarung von leichten Fellen, wie Schaf- und Ziegenfellen, die eine sehr feine Narbe aufweisen sollen; auch wird es zur Beschleunigung des Äscherprozesses verwendet.

Wenn roter Arsenik mit ungelöschtem Kalk vermischt und diese Mischung dann abgelöscht wird, entsteht eine Verbindung von Kalk und Kalziumsulfhydrat. Dieses letztere übt eine sehr energische Wirkung auf die Epidermisschicht und auf die Haare aus, welche bei Verwendung von hinreichend starken Lösungen bis in einen Brei verwandelt werden können. Die durch das Ablöschen des Kalkes entstehende Wärme ist wesentlich, um den Zerfall des Schwefelarsens herbeizuführen und die Reaktion für die Bildung des vorhin erwähnten Kalziumsulfhydrates einzuleiten. Man verfährt infolgedessen bei Verwendung dieses Enthaarungsmittels auf die Weise, daß man den Kalk und roten Arsenik abwechselnd aufeinander schichtet, bevor man das Löschwasser hinzugibt, und daß man während der Löschoperation mechanisch durchmischen oder umrühren läßt.

Ob der Prozeß richtig durchgeführt ist, wird durch die Farbe angezeigt. Wenn die ursprünglich rote Farbe des Schwefelarsens noch sichtbar ist, so ist es klar, daß die Temperatur nicht genügend hoch war, um den erwünschten Zerfall herbeizuführen; die Mischung ist in diesem Falle ganz oder teilweise unbrauchbar, entsprechend dem Betrage des Zerfalles. Die richtig hergestellte Mischung darf in verdünnter Lösung keine Spur von roter Farbe enthalten, sie muß blaßgrün gefärbt sein.

3. Schwefelnatrium.

Das Schwefelnatrium als Enthaarungsmittel ist ursprünglich von Eitner bereits im Jahre 1871 empfohlen worden, seit welcher Zeit seine Verwendung für sich allein oder als Zusatz zur Äscherbrühe in beständigem Wachsen begriffen ist. Schwefelnatrium ist, ähnlich dem Schwefelarsen, imstande, das Epidermisgewebe aufzulösen und mit Kalk unter Bildung von Kalziumsulfhydrat in Reaktion zu treten, weshalb es heute als Beschleuniger des Äscherprozesses ausgedehnte Verwendung findet.

Das Schwefelnatrium wird in zwei Formen gehandelt: „konzentriert" und „kristallisiert", deren ersteres doppelt so stark als das letztere ist, welches 30—40 % an wasserfreiem Natriumsulfid enthält. Wenn Schwefelnatrium mit Kalk vermischt wird, findet eine doppelte Umsetzung statt unter Bildung von Kalziumsulfhydrat und Ätznatron:

$$2\,Na_2S + Ca(OH)_2 + 2\,H_2O = Ca(SH)_2 + 4\,NaOH\,.$$

Schwefelnatrium + Kalkhydrat + Wasser = Kalziumsulfhydrat + Natriumhydroxyd (Ätznatron)

Die Anwesenheit von Ätznatron als Nebenprodukt ist von Vorteil, im Falle eine Schwellung verlangt wird, doch ist sie im entgegengesetzten Falle in der Tat unerwünscht, und hierin liegt die Differenz der Resultate, die man beim Arbeiten mit Schwefelarsen und Kalk einerseits und Schwefelnatrium und Kalk andererseits erhält. Das Ätznatron verursacht außer der Schwellung ein leichtes Rauhwerden der Narbenschicht — was bei der Verwendung von Schwefelarsen nicht der Fall ist.

Diese letztere Erscheinung kann durch eine sorgfältigere Behandlung der Ware nach dem Äschern mit Kalk und Schwefelnatrium überwunden werden, so auch durch Zugabe von Kalzium- oder Magnesiumchlorid zum Äscher, wobei folgende Reaktionen auftreten:

$$2\,NaOH \;+\; CaCl_2 \;=\; Ca(OH)_2 + \; 2\,NaCl\,,$$
Natriumhydroxid + Kalziumchlorid = Kalkhydrat + Natriumchlorid
(Ätznatron)   (Kochsalz)

$$2\,NaOH \;+\; MgCl_2 \;=\; Mg(OH)_2 \;+\; 2\,NaCl\,.$$
Natriumhydroxyd + Magnesiumchlorid = Magnesiumhydroxyd + Natriumchlorid
(Ätznatron)   (Kochsalz)

Infolge der energischen und praktisch genommen augenblicklichen Einwirkung einer starken Schwefelnatrium-, oder Kalziumsulfhydrat- und Kalklösung auf die Epidermis vollzieht sich das Äschern in viel kürzerer Zeit als bei alleiniger Verwendung von Kalk. Gebraucht man eine allzu starke Lösung, so wird das Haar angegriffen. Die Festigkeit der Haare wird sogar durch eine schwache Lösung bedeutend herabgesetzt, während eine 10 %ige Lösung von kristallisiertem Schwefelnatrium die Haare im Laufe weniger Minuten vollständig auflöst. Die gewöhnliche Handlungsweise besteht in der Zugabe wechselnder Mengen an Schwefelnatrium zu der Kalkbrühe, um das Äschern zu beschleunigen, womit eine beträchtliche Abkürzung des bisherigen langen Äscherprozesses erzielt wird.

Während beim gewöhnlichen Kälken ein Verlust an Hautsubstanz nicht zu vermeiden war, da die Lockerung der Oberhaut und der Haarbalge hauptsächlich infolge bakterieller Einwirkung zustande kam — frischer Kalk ist praktisch ohne Wirkung auf die Haarwurzeln —, findet dieser Verlust bei Verwendung eines Gemisches von Schwefelnatrium und Kalk nicht statt und kann der Enthaarungsprozeß, der Stärke der angewendeten Lösung gemäß, bereits nach wenigen Stunden oder nach wenigen Tagen vorgenommen werden. Infolgedessen ist heute der Gebrauch von Schwefelnatrium für die Vorbereitung der Felle, die mit Chrom ausgegerbt werden sollen, allgemein eingeführt. Der Fehler, der ferner bei Verwendung von Kalk ohne Schwefelnatrium, infolge des Hautsubstanzverlustes, in der Erzeugung einer losen Narbe sich geäußert hat, ist durch die Anwendung von Sulfiden auf ein Minimum herabgedrückt worden.

Ein wesentlicher Verlust an Hautsubstanz im Laufe des Äscherns ist beim vegetabilischen Gerbprozeß, wobei die vegetabilischen Gerbstoffe dem Leder Gewicht zuführen, bei weitem nicht von der Bedeutung, wie im Falle der Chromgerbung, wo keine abschätzbare Zunahme an Gewicht verzeichnet werden kann.

Die gewöhnliche Kälkungsmethode besteht in dem Einlegen der Ware in ein Gemisch von Kalk und Wasser für verschiedene Zeitabstände.

Die Ware wird im Laufe des Prozesses der Lösung zeitweise entzogen, in Haufen gelegt und eine Zeitlang abtropfen gelassen, während die Brühe gründlich aufgerührt wird, damit der Kalk sich vollständig durchmischt, bevor die Ware in das Bad zurückgelangt.

Die Ausführung des Äscherprozesses kann verschiedenerweise erfolgen und soll wie folgt eingeteilt werden:

1. Das Äschern in der Grube.
2. Die Haspelmethode.
3. Andere mechanische Methoden.

Die ersterwähnte Methode ist die älteste von allen dreien und wird in einer quadratförmigen, ausgemauerten Grube ausgeführt, deren Dimensionen mit der zu behandelnden Warensorte variieren und deren Kapazität 1300—5500 l betragen kann.

Die Gruben sind allgemein in ebenem Boden versenkt und mit einem schrägen Herd versehen, welcher das Zurückziehen der Ware bedeutend erleichtert.

Kalk ist in Wasser sehr spärlich löslich, da 1000 Teile Wasser nur etwa $1^1/_4$ Teile Kalk aufzulösen vermögen. Man verwendet gewöhnlich einen viel größeren Überschuß an Kalk, als es dieser Löslichkeit entspricht, und ist folglich der größte Teil des Kalkes in Form von Suspension in der Lösung vorhanden. Obwohl die Menge des in Lösung sich befindenden Kalkes eine konstante ist, übt der gesamte ungelöste Anteil einen bedeutenden Einfluß auf den Gang des Äscherprozesses aus.

Die Ware, die einzeln in die Brühe gelegt wird, bedeckt sich auf der obersten Seite eines jeden einzelnen Felles, sobald dieses in die Brühe taucht, mit einer dünnen Haut von ungelöstem Kalk. In dem Maße, wie die Ware den Kalk absorbiert, geht aus der der Ware anhaftenden dünnen Kalkhaut eine entsprechende Menge in Lösung, so daß die ursprüngliche Stärke der Brühe erhalten bleibt. Je größere Mengen von Kalk sich in unmittelbarer Nähe der dem Äscherprozeß unterworfenen Felle und Häute befinden, um so rascher erreicht die Lösung den Grad der Sättigung.

Die zu verwendende Menge an Kalk ist in jedem Äscherverfahren verschieden. Während einige Gerber mit einer verhältnismäßig kleinen Menge gut auskommen, gebrauchen andere eine sehr große Quantität mit gleich gutem Erfolge.

Mit seiner begrenzten Löslichkeit schützt sich der Kalk selbst gegen die Gefahr, der er die Haut aussetzen würde, falls er, als starkes Alkali, eine viel größere Löslichkeit besäße.

Für das Äschern in der Grube kann man verschiedene Wege einschlagen, wie z. B.:

1. Das Einäschersystem oder die „Zubesserungsmethode".
2. Das Zweiäschersystem.

3. Das Dreiäschersystem.

4. Das Mehräschersystem oder die „Kontinuierliche Methode".

Die Zubesserungsmethode. Nach diesem Verfahren legt man die Ware in eine vorhergehend bereits für mehrere Partien gebrauchte Kalkbrühe, die folglich, wie man gewöhnlich sagt, „mild" geworden ist. Nachdem man die Brühe gründlich durchmischt und den Kalk-

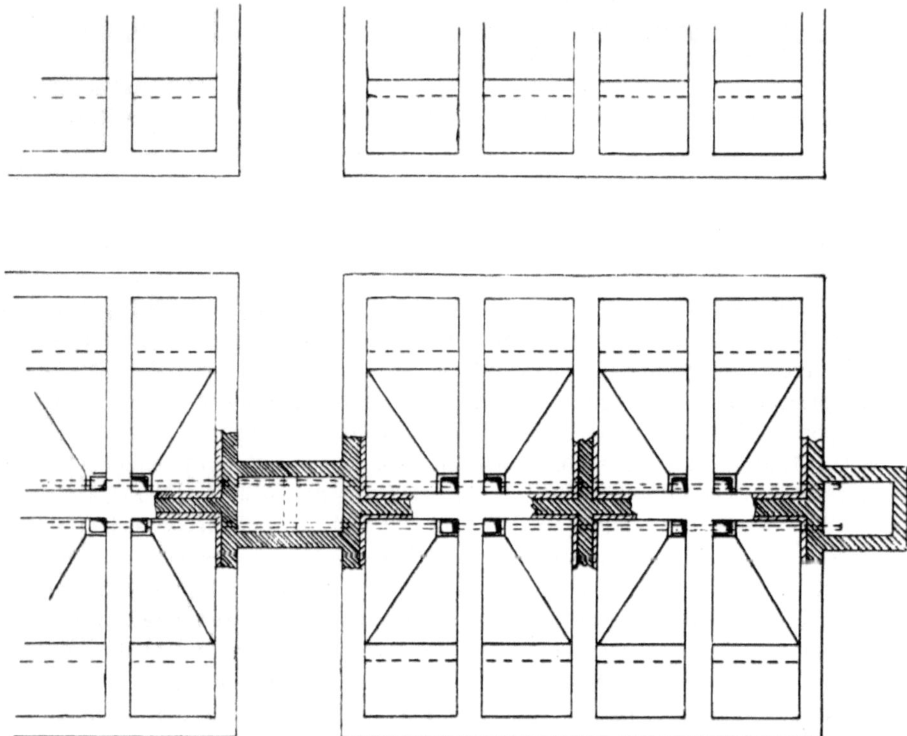

Abb. 5. Anordnung von Weich- und Äschergruben.

absatz in Form einer Suspension gut verteilt hat, werden die Häute, vorteilhaft mit der Haarseite nach oben, in die Grube eingelegt.

Eine jede in die Brühe gelegte Haut wird mit einer Rührstange sorgsam unter die Oberfläche getaucht, bis die erwünschte Anzahl der Häute versenkt ist; man läßt sie für eine Dauer von 24—48 Stunden in der Grube, zieht sie dann heraus und legt sie neben der Grube in Haufen für mehrere Stunden, damit sie abtropfen.

Daraufhin verstärkt man die Kalkbrühe durch Zugabe einer Quantität gelöschten Kalkes, rührt den Inhalt der Grube gut durch und legt die Häute wieder hinein.

Diese Operation wird aufeinanderfolgend öftere Male wiederholt und die Kalkbrühe durch Zugabe von mehr gelöschtem Kalk, als nötig erachtet, zugebessert, bis die Ware dem erforderlichen Zweck entsprechend eine genügende Prallheit erlangt hat, oder bis sie genügend haarlässig geworden ist, um dem Enthaarungsprozeß zugeführt werden zu können.

Ist die Ware für die Enthaarung reif geworden, so wird sie aus der Grube entfernt, und man wiederholt die Operation mit einer frischen Warenpartie.

Eine solche Brühe kann eine sehr beträchtliche Zeitlang für eine große Anzahl von Warenpartien verwendet werden, bevor sie durch eine vollständig frische Lösung ersetzt wird. Es ist aber unerwünscht, aus Gründen, die weiter unten auseinandergesetzt werden, die Brühe einem allzu langen Gebrauch zu unterwerfen.

Das Zweiäschersystem. Man bedient sich mit Vorteil dieses Verfahrens, wenn man die Ware nicht durch eine Reihe von Gruben wandern lassen will. Es wird auf die Weise ausgeführt, daß man die Häute in eine Kalkbrühe legt, die bereits für die vorangegangene Partie gedient hat, und beläßt sie in dieser Lösung auf etwa ein Drittel der gesamten Äscherdauer, worauf man sie entfernt und die Brühe abfließen läßt. Man legt sie sodann in eine frisch bereitete Kalklösung und beläßt sie in der Grube bis zum Ende der Operation, wonach man sie herausholt und durch eine andere Partie im selben Bade ersetzt.

Obwohl diese Methode, namentlich bei Verwendung von starken Lösungen, etwas verschwenderisch ist, liefert sie sehr einheitliche und zufriedenstellende Resultate, indem sie die gleichmäßige Behandlung einer jeden Partie verbürgt und die Möglichkeit des Hautsubstanzverlustes durch bakterielle Einwirkung ausschließt, da die Äscherbrühe während der ganzen Operation praktisch genommen frisch bleibt.

Das Dreiäschersystem. Nach dieser Methode werden die Häute durch drei Lösungen behandelt, die man mit den Namen „alt“, „mittel“ und „neu“ bezeichnen kann.

Die Ware wird zuerst in eine bereits zweimal verwendete „milde“ Kalkbrühe gebracht, dann in eine Brühe verlegt, die einer Partie schon gedient hat, und schließlich in eine frisch bereitete Kalklösung gebracht. Die folgenden Figuren verbildlichen den Prozeß (s. S. 28).

Die Ware verweilt in jeder Grube während ein Drittel der gesamten Äscherdauer; beträgt diese z. B. sechs Tage, so verbleibt die Ware je zwei Tage lang in jeder Grube.

Der Vorteil dieser Methode ist augenfällig, denn eine jede Brühe findet nur dreimal Anwendung, bevor sie verworfen wird; auch sorgt sie dafür, daß die Ware in eine bereits für zwei vorangehende Partien verwendete „milde“ Brühe gelangt und in eine andere, einmal gebrauchte übergeht, die größere Schwellwirkung besitzt als die erste Lösung:

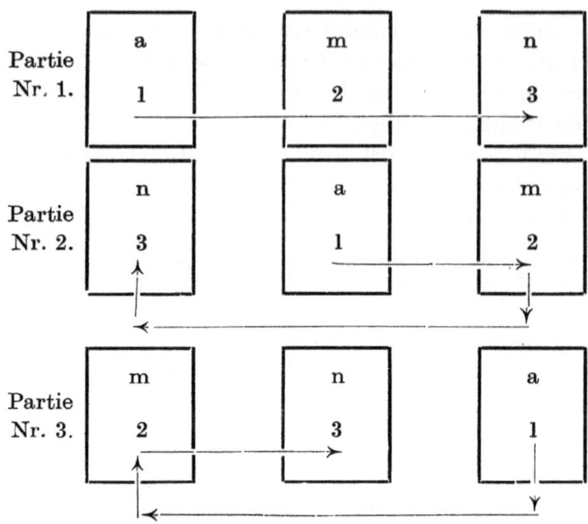

schließlich gelangt die Ware in eine starke, frische Lösung, in der sie
gut schwillt und fertig geäschert wird.

Die kontinuierliche Methode. Nach dieser Methode werden die
Häute in einer Reihe von Gruben dem Äschern unterworfen; die Anzahl
der Gruben hängt in jedem einzelnen Falle von der Anzahl der Tage ab,
die zum Äschern notwendig sind, ferner von der Anzahl der Entleerungen
der Gruben.

Die Prinzipien des Verfahrens sollen, wie folgt, klargelegt werden.
Wenn die gesamte Dauer des Äscherns sechs Tage beträgt, und jede
Partie täglich eine Grube wechselt, sind sechs Gruben erforderlich.
Man verfolgt praktisch dieselbe Arbeitsweise, die im Falle der Hänge-
farben in der Sohlledergerberei üblich ist.

Die sechs Gruben werden durch die Figuren A—F unten dargestellt.
Partie Nr. 1 wird in die frische starke Lösung der Grube F gelegt;
Partie 6 kommt eben aus der Weiche und findet in der Grube A ihren
Platz, welche schon für fünf vorangegangene Partien gedient hat.

Die Arbeitsmethode ist dann die folgende:

Partie 1 wird der Grube F entzogen und der Enthaarung zugeführt;
Partie 6 wird auch herausgeholt, der Inhalt der Grube A abfließen

gelassen und durch eine frische Kalklösung ersetzt, in welche nun Partie 2 versenkt wird; Partie 3 geht in Grube F; Partie 4 in Grube E; Partie 5 in Grube D; Partie 6 in Grube C, und eine neue Partie 7 beginnt mit der schwächsten Brühe in Grube B. Man erhält dann die folgende Lage:

A	B	C
2	7	6

F	E	D
3	4	5

Jede Partie wechselt also jeden Tag ihren Platz und schreitet in die zweitfolgende Grube vorwärts; für den letzten Äschertag wird in der Grube, deren Inhalt bereits für fünf Partien gedient hat und infolge Abschwächung verworfen wird, eine frische, starke Kalklösung bereitet. Auf diese Weise geht eine jede Partie durch sechs Brühen und sechs verschiedene Gruben; Partie 7 beginnt z. B. in Grube B, gelangt dann

Abb. 6. Treibhaspel.

in Grube D, in Grube F und geht so weiter durch dieselben drei Gruben, zuletzt durch Grube F; Partie 6 läuft inzwischen nacheinander zweimal durch die drei anderen Gruben A, C und E.

Die Haspelmethode. Für das Äschern von leichten Fellen, wie Kalb-, Schaf- und Ziegenfellen, kann die Verwendung einer Treibhaspel, die entweder in den Boden eingelassen oder frei auf der Erde stehend gebaut wird, als für vorteilhaft angesprochen werden. Die Haspelmethode besitzt gegenüber der gewöhnlichen Äschermethode den Vorteil, daß die Ware jederzeit für eine erwünschte Zeitdauer in Bewegung gehalten werden kann. Es ist seit langer Zeit erkannt worden, daß eine häufige

Bewegung der Ware den Äscherprozeß erheblich beschleunigt, weshalb man heute für das Äschern von Schaf-, Ziegen- und Kalbfellen die Gruben allgemein durch Haspelgeschirre ersetzt hat.

Werden Haspelgeschirre benötigt, so macht es verhältnismäßig keine großen Ausgaben, den Boden der vorhandenen Gruben halbrund umzubauen und entweder mit Zement zu verputzen oder einen hölzernen, aus Dauben zusammengesetzten Boden einzusetzen. Man kann eine Serie von sechs oder mehr Haspelrädern in den oberen Rand der Grube einlagern, die durch eine gemeinschaftliche Drehscheibe ihren Antrieb erhalten.

Eine sinnreiche Einrichtung, die aus Amerika stammt, besteht in einem beweglichen, elektrisch betriebenen Haspelrad, welches je nach Bedarf von einer Grube in die andere übersetzt werden kann.

Durch das tägliche Haspeln der Felle während 20—30 Minuten — und zwar in 2—3 verschiedenen Zeitabständen während je 10 Minuten — wird eine viel intensivere Bewegung der Ware erreicht, als dies beim Aufschlagen von Hand der Fall ist. Dieses Mittel beschleunigt also bedeutend den Äscherprozeß.

Diese Bewegungsmethode ist indessen von Nachteil, wenn die Felle allzulange gehaspelt werden. Vermöge der Tatsache, daß die Kalkteilchen von einer körnigen und scharfkantigen Beschaffenheit sind, wird die Haut durch ein unnötig verlängertes Haspeln einer beträchtlichen Abnutzung unterworfen und infolgedessen einer ernsthaften Beschädigung in der Narbe ausgesetzt.

Wird dieses Verfahren mit genügender Sorgfalt und den nötigen Vorsichtsmaßregeln gegen ein zu langwieriges Haspeln in der Praxis durchgeführt, so ist es bei weitem die beste und billigste mechanische Bewegungsmethode im Äscherprozeß von leichten Fellen.

Mechanische Methoden in der Ausführung des Äscherprozesses. Um die Handarbeit, mit welcher das Herausziehen der Ware aus der Grube während des Äscherns verbunden ist, auf ein Minimum herabzudrücken, hat man mehrere mechanische Hilfsmittel erfunden, die heute im gewöhnlichen Gebrauche stehen.

Das Verfahren besteht darin, daß die Ware in eine Grube eingehängt wird, auf deren Boden ein Rührer irgendwelcher Form angebracht ist.

Abb. 7 zeigt uns eine Anlage mit rotierenden Rührarmen, die unter dem Doppelboden der Grube das Durchmischen der Brühe besorgen. Abb. 8 stellt einen mechanischen Rühräscher dar, der aus einer von oben durch Kettenantrieb drehbaren Rührwelle besteht, die in eine Grube eingebaut ist.

Diese beiden Methoden verkürzen die Dauer des Äscherns und erzielen einen viel einheitlicheren Effekt, während sie auch das lästige Herausholen der Ware aus der Grube während der ganzen Äscherperiode

überflüssig machen. Die Kosten der Triebkraft sind gering, doch ist das
Verfahren mit einigem Arbeitsaufwand verbunden, da die Ware in die
Grube eingehängt werden muß.

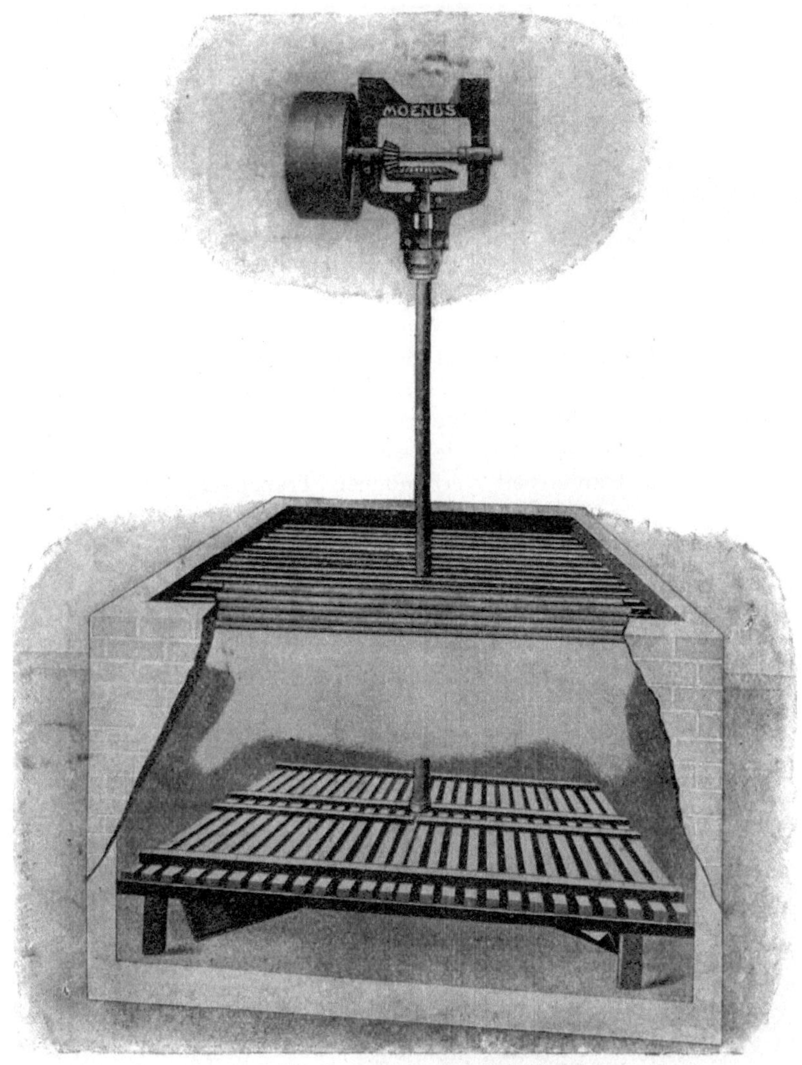

Abb. 7. Äscherrührwerk.

Abb. 9 stellt eine andere Rühräschermethode dar. Die Felle werden
in eine aus Holzleisten zusammengesetzte Trommel gelegt, die gelegentlich durch irgendeine passende Vorrichtung in Drehung versetzt wird.

Die Grube ist so weit mit einer Kalkbrühe gefüllt, daß die Ware vollständig bedeckt wird.

Das Äschern im „Käfig". Diese Methode fand in einigen Gerbereien praktische Anwendung zu dem Zwecke, den Transport der Felle von einer Grube zur anderen oder zu der Entfleischmaschine, an Stelle von Handarbeit, mittels eines in die Grube eingelassenen „Käfigs" zu besorgen.

Abb. 8. Rühräscher „Agitator".

Man verschafft sich einen aus Holzleisten gitterförmig zusammengesetzten „Käfig", der den Dimensionen der Grube entspricht. Derselbe kann mit den darin befindlichen Fellen mittels eines beweglichen, oberhalb der Gruben konstruierten Kranes nach Bedarf in die gewünschte Lage verlegt werden.

Der Vorteil dieser Methode besteht darin, daß man den mit einer beträchtlichen Handarbeit verbundenen Transport von einer großen Anzahl von Fellen mit Hilfe dieser mechanischen Vorrichtung vermeidet. Nachteilig ist es aber, daß die Ware einer etwas unregelmäßigen Einwirkung seitens der Äscherflüssigkeit ausgesetzt ist und leicht Falten bekommt, wenn man nicht dafür sorgt, daß der Käfig während der Operation entleert und wieder gefüllt wird, damit die Felle im Käfig eine andere Lage einnehmen. Aus dem Standpunkte der Handarbeitsersparnis ist die Methode sehr vorteilhaft, obwohl die Installation der Apparatur etwas kostspielig ist.

Abb. 10 u. 13 zeigen den in die Kalkgrube versenkten Käfig; in den Abb. 11 u. 21 ist der Käfig herausgehoben, um mit

Abb. 9. Äschertrommel.

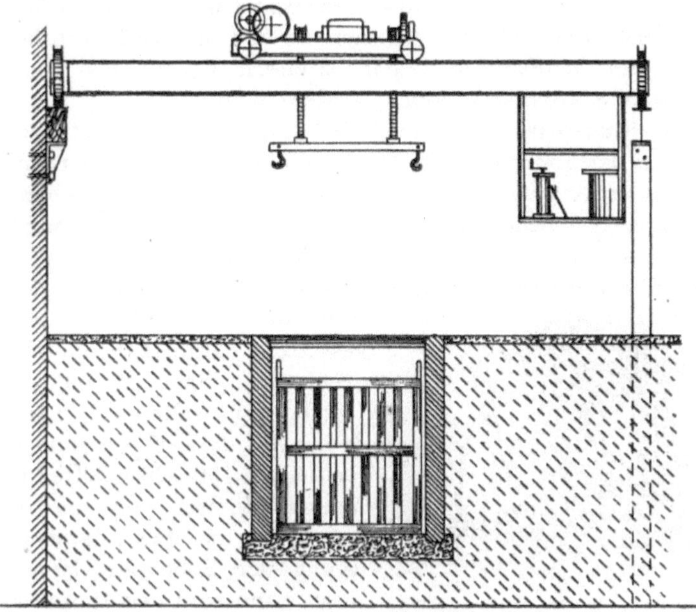

Abb. 10. Äschern im „Käfig". (Käfig versenkt.)

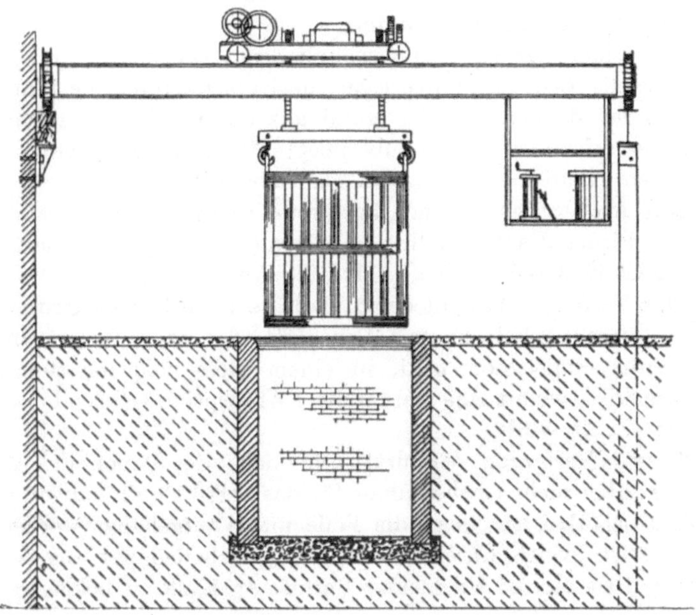

Abb. 11. Äschern im „Käfig". (Käfig herausgehoben.)

der Ware in eine andere Grube versenkt zu werden. Der Käfig ist mit
einem verrückbaren Boden versehen, so daß die Ware nach beendetem
Äschern für die Entfleisch- oder anderen Operationen an der gewünschten Stelle herabgesetzt werden kann.

Das Grubenziehen mit der Rolle. Die einfachste Methode für den
Transport der Felle von einer Grube in die andere mit einem minimalen
Aufwand an Arbeit besteht in der Verwendung einer tragbaren Rolle.
Die Ware, bestehend aus Hälften oder schmalen Fellen, wird mittels
einer Kordel zu einer langen Kette aneinander gebunden. Wenn man
die Ware aus einer Grube in die andere übersetzen will, legt man das
Ende der aus den Fellen zusammen-
gesetzten Kette auf die Rolle und
dreht die ganze Partie durch die
Handkurbel in die nächste Grube hin-
über. Auf diese Weise kann man eine
Partie von 150—200 Hälften innerhalb
weniger Minuten von einer Grube in
die andere umsetzen; da man die Um-
legung der Felle mit der Hand besorgt, kann man den Prozeß so leiten,
daß die Ware durch eine langsame
Übersetzung ziemlich flach in der

Abb. 12. Rollentransport von
Hälften.

Flüssigkeit ihren Platz einnimmt.

Diese Methode ist dem gewöhnlichen Grubenziehen in bezug auf
Zeitersparnis bedeutend überlegen, da beim letzteren die Ware mittels
Haken oder Zangen mit der Hand aus der Grube geholt und neben
diese oder auf eine über die Grube gelegte Planke aufgeschichtet wird und
aus diesem Haufen einzelweise in das nächste Bad überlegt werden muß.

Das Äschern nach dem „Forsare"-Verfahren. Diese Methode ist
von der Firma Walker & Sons, Bolton (England), patentiert worden,
und findet in deren Betrieb praktische Anwendung.

Das Verfahren besteht darin, daß die Felle in eine Grube gehängt
werden, deren Inhalt mittels Druckluft, die nach Bedarf am Boden
der Grube eingelassen wird, in einem stets suspendierten Zustand
gehalten wird, womit eine viel raschere Absorption während der Arbeits-
periode erzielt wird.

Dieses Verfahren verkürzt erheblich die Dauer des Äscherns,
erfordert aber mehr Grubeninhalt für das vertikale Einhängen der Felle,
als dies der Fall ist, wenn die Felle nicht aufgehängt werden; dieser
Nachteil ist jedoch durch die verkürzte Arbeitsdauer ausgeglichen.

Auch ist hierbei ein kleiner Verlust an Kalk zu beklagen, der da-

----

[1]) Britisches Patent Nr. 124992, 1918.

Abb. 13. Äschern im „Käfig“. (Der Käfig ist in die Grube eingesenkt.)

durch entsteht, daß der Kohlensäuregehalt der eingepreßten Luft einen Teil des Kalkes in unwirksames Kalziumkarbonat umsetzt. Die Abb. 14 bis 17 zeigen uns die Einzelheiten des Verfahrens. Ein Vorteil der Methode besteht darin, daß die Gruben mit Hilfe von komprimierter Luft entleert werden können, und daß die Flüssigkeit, welche in Rinnen eine ganze Reihe von ähnlich konstruierten Gruben durchlaufen kann, je nach Bedarf verstärkt oder ersetzt wird, ohne daß man die Ware aus der Grube entfernt.

Das Tilston-Melbourne - Verfahren. Diese Methode[1]), dargestellt durch die

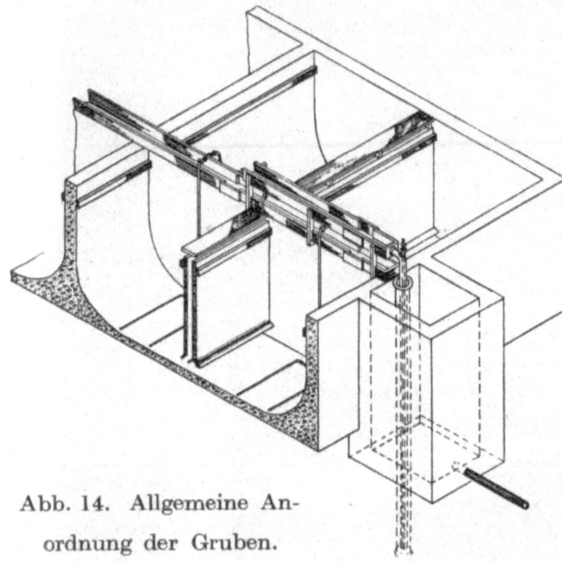

Abb. 14. Allgemeine Anordnung der Gruben.

Abb. 18 und 19, besteht in der Verwendung einer verbesserten mechanischen Rührvorrichtung, die es gestattet, außer der Äscherbrühe auch den Rahmen in Bewegung zu setzen, an dem die Häute aufgehängt sind, und folglich eine gleichzeitige Bewegung von Ware und Brühe herbeizuführen.

Die Anlage nimmt nur eine sehr kleine Betriebskraft in Anspruch; sie verbraucht für den Betrieb einer Grube mit einer wöchentlichen Produktion von etwa 500 Häuten nur 5 P.S.

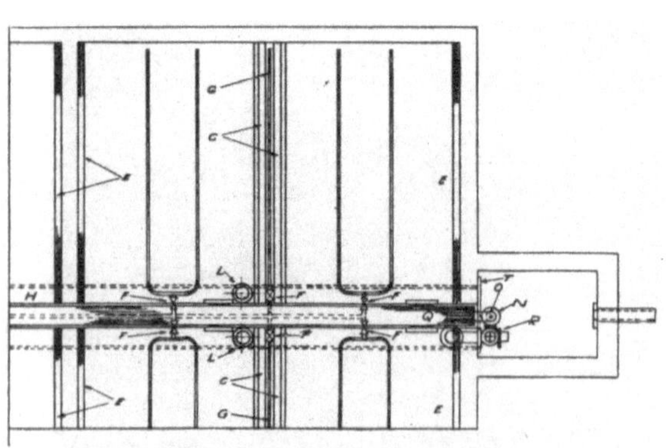

Abb. 15. Grundriß der Gruben.

Das Äschern mittels der Schwödemethode. Die Methode stammt ursprünglich von den Kürschnern her, die sie für das Entwollen der

---

[1]) Britisches Patent Nr. 117581, 1918.

Schaffelle angewendet haben, indem sie die Fleischseite des Felles mit einem Gemisch von Schwefelnatrium und Kalk oder von Schwefelarsen und Kalk beschmierten und die Ware in Haufen legten, bis die Wolle genügend locker war, um leicht entfernt werden zu können. Das Verfahren findet seit den letzten Jahren eine sehr verbreitete Verwendung für die Enthaarung von allen Fellsorten, die darauffolgend mit Chrom ausgegerbt werden sollen.

Die am meisten verfolgte Arbeitsmethode besteht darin, daß man

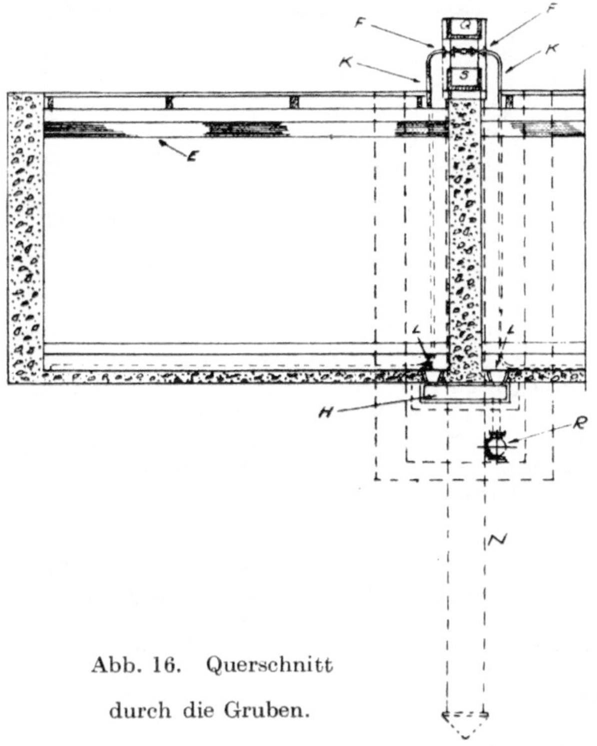

Abb. 16. Querschnitt durch die Gruben.

die geweichte Ware, mit der Fleischseite nach oben, in einen Haufen legt und mittels einer aus vegetabilischer Faser hergestellten Bürste eine Lösung von Schwefelnatrium aufträgt, die vorher durch Zugabe einer gewissen Quantität von gelöschtem Kalk auf eine angemessen dicke Konsistenz gebracht worden ist. Das Sulfidkalkgemisch wird auf die Fleischseite mittels der erwähnten Bürste von Hand aufgetragen und die Felle entweder einzeln über den Rückgrat gefaltet oder zu zweit, Fleisch auf Fleisch, aufeinandergelegt und in einem 2—3 Fuß hohen Haufen sich selbst überlassen, wobei man sie, um den Kalkflecken vorzubeugen, vorteilhaft mit einem Sackleinen bedeckt und während einer Dauer von 6—24 Stunden liegen läßt, bis eine befriedigende Haarlockerung erreicht ist.

Die Zeitdauer, welche bis zur Erreichung einer genügenden Lockerung der Haarbalge verfließen muß, ist von der Wirkung des Kalziumsulf-hydrates, also von der angewandten Menge Schwefelnatriums ab-

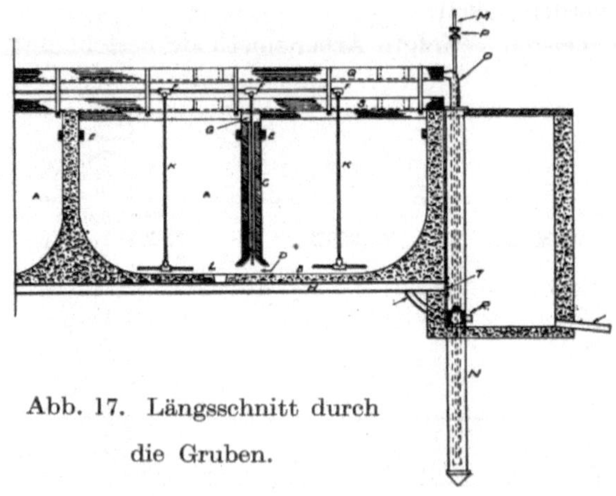

Abb. 17. Längsschnitt durch

die Gruben.

Erklärungen zu Abb. 14—17 („Forsare" mechanisches Äschersystem).

A. Gruben.
B. Grubenboden.
C. Mittlere Trennwände der Gruben.
D. Öffnung und Sockel der Trennwände.
E. Die Latten tragenden Schienen.
F. Kontrollventile für die Brühenzirkulation.
G. Luftrohr zwischen den Trennwänden.
H. Hauptablauf.
K. Luftrohr zu jeder Grubenabteilung.

L. Abfluß zum Hauptablauf.
M. Luftrohr zum Flüssigkeits-Ejektor.
N. Flüssigkeitsrezipient und Preß-luft-Ejektor.
O. Flüssigkeitsrohr im Ejektor.
P. Luftventil am Ejektor.
Q. Kanal für die aus dem Ejektor strömende Brühe.
R. Doppelventil zum Ejektor oder zum Ablauf.
S. Kanal für die Hauptwasserleitung.
T. Tür für die Reinigung.

hängig, welches mit dem Kalk das Sulfhydrat bildet, und hängt erst in zweiter Linie von der Weichdauer der Felle ab.

Ein passender Schwödebrei für die Enthaarung der Felle wird wie folgt bereitet:

Man löse 40 kg kristallisiertes Schwefelnatrium in 50 l heißem Wasser auf. Man lösche gesondert 50 kg Kalk, verdünne den Kalkbrei mit einer angemessenen Menge von Wasser und lasse ihn über Nacht stehen. Man gieße den gelöschten Kalk dann durch ein Drahtnetz von

0,5 cm Siebweite, damit der ungelöschte Anteil und der Sand zurück-
gehalten werden, gebe die Schwefelnatriumlösung zu und bringe das
Ganze auf etwa 200 l, worauf die Mischung entweder von Hand oder
mechanisch gut durchgerührt wird, bis sie fertig für den Gebrauch ist.
Die angegebene Quantität des zu verwendenden Kalkes ist nicht sehr
genau zu nehmen, man richtet sich hierbei nach der Konsistenz, die man
dem Schwödebrei erteilen will. Der fertige Schwödebrei soll eine solche
Dichte besitzen, daß er auf der Fleischseite des Felles haftenbleibt und
an den Enden nicht abfließt.

Nachdem man die Felle mit diesem Gemisch beschmiert und sie

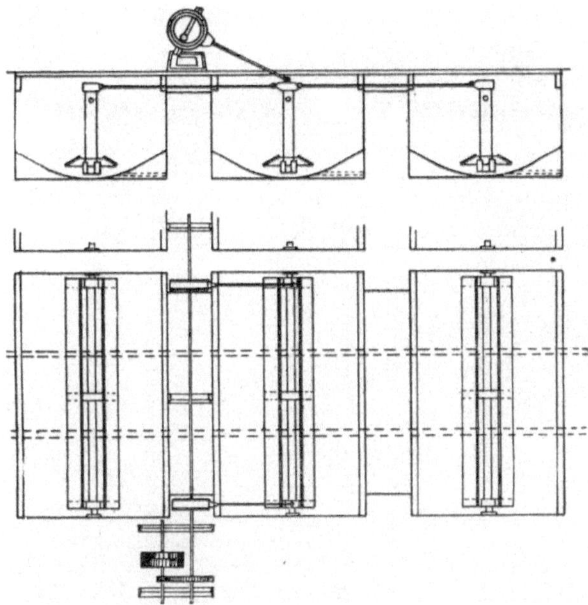

Abb. 18. Die Tilston-Melbourne-Anlage. Allgemeine Anordnung.

während 6—8 Stunden sich überlassen hat, dürfte das Haar genügend
gelockert sein, um die Enthaarungsoperation vorzunehmen.

Es muß sorgfältig darauf geachtet werden, daß der Brei ein jedes
Fell bis zum Rande richtig bedeckt, sonst kann rings um die Enden der
Haut eine Franse von Haar verbleiben, die dann im Enthaarungsprozeß
nicht richtig entfernt werden kann.

Man kann, wenn es als wünschenswert erscheint, eine kleine Menge
von Kalziumchlorid dem Schwödegemisch zusetzen, damit die aus
Schwefelnatrium und Kalk sich bildende Natronlauge durch das Chlorkalzium abgestumpft wird; diese Zugabe wirkt der Schwellung entgegen
und verhindert das Grobwerden der Narbe, das durch die Einwirkung

der Natronlauge, die dem Gemisch von Kalk, Schwefelnatrium und Wasser entstammt, hervorgerufen wird.

Wenn die Entfernung der Haare etwas schwierig vor sich geht, oder wenn man die Enthaarungsoperation beschleunigen will, so taucht

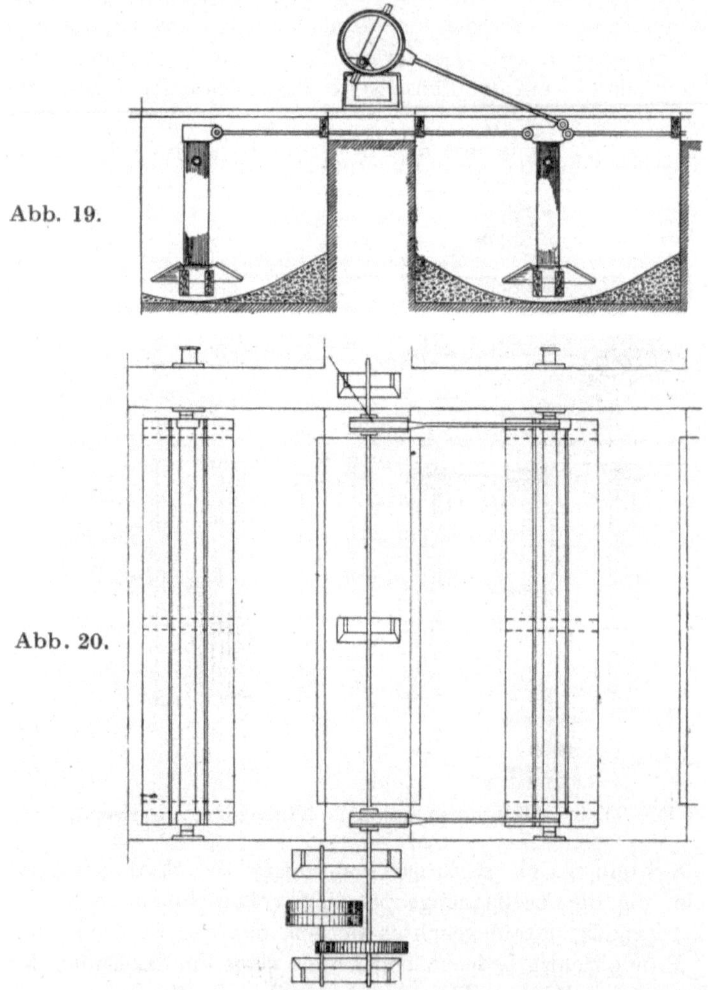

Abb. 19.

Abb. 20.

Der Tilston Melbourne mechanische Rühräscher.
Abb. 19. Seitenriß. Abb. 20. Grundriß.

man die Ware in lauwarmes Wasser von 35⁰ C, bevor man sie der Enthaarmaschine zuführt; die Enthaarung wird dadurch bedeutend leichter ausgeführt werden können. Nach vollendeter Enthaarung werden die Felle nach irgendeiner der früher besprochenen Methoden weiter geäschert. Die Entfernung der Haare und der Epidermisschicht zu Beginn des Äscherprozesses bringt den Vorteil mit sich, daß der Kalk sowohl an der Narben- wie auch an der Fleischseite freien Zugang zum Fell besitzt und folglich den Prozeß beschleunigt, während die Einwirkung des Kalkes beim gewöhnlichen Äscherverfahren hauptsächlich von der Fleischseite aus erfolgt, da die Narbenseite durch die Haare geschützt ist.

Ein anderes Anschwödeverfahren. Diese Modifikation der Anschwödemethode verdankt ebenfalls den Kürschnern ihren Ursprung, die sie seit langer Zeit für die Enthaarung von Schaffellen anwenden. Sie besteht darin, daß man die Fleischseite der Ware mit dem Sulfidkalkbrei belegt und das Fell doppelt faltet (man faltet es zunächst mit der Bauchseite nach oben und dann nochmals um den Rückgrat, mit der Haarseite nach außen) oder, daß man sie mit Fleisch auf Fleisch aufeinanderlegt — oder auch, daß man sie einzeln, Fleischseite nach innen, um den Rückgrat faltet. Die so behandelten Felle werden dann auf den Boden einer leeren Grube gelegt. Ist die Grube bis auf ein bis zwei Drittel ihres Inhaltes mit der Ware gefüllt, so bedeckt man die Felle mit hölzernen Brettern und beschwert die letzteren mit schweren Gewichten. Daraufhin füllt man die Grube mit reinem Wasser auf, so daß die Felle vollständig untertauchen. Die auf den Fellen lastenden Gewichte verfolgen ersichtlich den Zweck, das Heraufschwimmen der Ware auf die Oberfläche zu verhüten. Die Ware verbleibt in diesem Zustande des „Überschwemmens" je nach der Arbeitsweise 2—4 Tage lang. Einige Fabrikanten belassen sie sogar eine Woche lang in der Grube. Nach Ablauf der nötigen Zeit wird die Brühe abgelassen, die Ware herausgezogen, abgewaschen und die Äscheroperation in der Haspel oder in der Grube zu Ende geführt.

Die hauptsächlichen Vorteile dieser Methode bestehen darin, daß der Prozeß viel regelmäßiger vor sich geht, als wenn die Ware einfach in eine Kalkschwefelnatriumlösung getaucht wird, und daß die Haare nicht beschädigt werden. Ferner vermeidet man die Gefahr des Selbsterhitzens, welche eintreten kann, wenn man die Ware anschwödet und einfach in einem Haufen liegenläßt. Außerdem schließt die Methode die Möglichkeit der Bildung von Kalkflecken aus.

Die beiden erwähnten Methoden des Anschwödens sind etwas mühsam, da sie einen beträchtlichen Aufwand an Handarbeit benötigen. Diese kann aber in einem erheblichen Grade vermieden werden, wenn man anstatt mit der Bürste oder dem Lappen den Brei durch eine Maschine aufträgt oder die Ware mit demselben bespritzt. Eine Druckspritzvorrichtung, ähnlich der, die man zum Abwaschen von Wänden mit Kalk benutzt, doch mit etwas breiterem Ausfluß, ist diesem Zwecke sehr gut dienlich.

Abb. 21. Äschern im „Käfig". (Das Herausziehen der Ware. Zu S. 32.)

Bei Anwendung einer dieser Schwödemethoden ist es anzuraten, die Felle noch vor dem Belegen mit der Kalksulfidmischung zu entfleischen; das der Fleischseite der Haut anhaftende Fett verhindert nämlich das Eindringen des Schwödebreies zu den Haaren und soll infolgedessen vor dem Anschwöden entfernt werden.

Die allgemeinen Grundsätze des Äscherns. Es ist nicht tunlich, irgendeiner speziellen Äschermethode das Recht zuzuschreiben, daß sie, für irgendeine besondere Sorte von Rohmaterial angewendet, die besten Resultate liefert. Die zu verfolgende Arbeitsweise muß notwendigerweise dem Urteile und der Erfahrung des Praktikers anheimgestellt werden. Wenn ein bestimmtes Verfahren mit einer bestimmten Warensorte die besten Resultate zu liefern vermag, so ist es durchaus keine notwendige Folgerung, daß dieselbe Methode mit einer anderen Sorte von Rohmaterial die gleich guten Ergebnisse erzielen wird. Es soll daher unterstrichen werden, daß eine Abweichung von den weiter unten skizzierten Methoden zulässig und selbst nötig ist, da die zu verfolgende Arbeitsweise von mehreren Faktoren abhängt, wie vom Zustande, in welchem die Felle die Weiche verlassen, von dem zu erzielenden Grad an Schwellung, von der Art der angewandten Materialien, von der Geschmeidigkeit oder Festigkeit, die das fertige Produkt aufweisen soll. Es ist eher anzuraten, die zum Äschern nötige Menge von Kalk und Schwefelnatrium auf das Trockengewicht der Ware zu beziehen, als das Enthaarungsmittel nach dem in der Grube oder in der Haspel sich befindenden Hautgewicht zu bemessen, da dies letztere in weiten Grenzen variieren kann.

Die Bedeutung des Äscherns ist bereits mit genügender Deutlichkeit hervorgehoben worden, ebenso die Notwendigkeit einer möglichst einheitlichen Ausführungsweise, damit man ein gleichförmiges Leder erhält. Infolgedessen sind saubere Arbeitsweise und geschlossene Aufmerksamkeit am Platze nötig.

Das Äschern von Kalbfellen. Die allgemein gebrauchten Methoden, die für Zahmhäute oder naß gesalzene Ware in Anwendung stehen, sind die folgenden:

1. Anschwöden.

2. Anschwöden mit darauffolgendem Grubenäschern.

3. Grubenäschern mit einem Gemisch von Kalk und Schwefelnatrium.

Ein gutes Resultat kann durch folgende Verfahren erzielt werden:

1. Anschwöden von Kalbfellen.

Nachdem die Felle vollständig geweicht und grün entfleischt worden sind, bekommen sie einen Schwödebrei nach der früher geschilderten Art. Ein passender Schwödebrei wird hergestellt, indem man auflöst:

25 kg kristallisiertes Schwefelnatrium in etwa 90 l Wasser, gibt 36 kg Kalk, den man gesondert löscht, zu und bringt das ganze Gemisch auf etwa 180 l.

Die Felle werden auf der Fleischseite mit dem gründlich durchmischten Brei mäßig dick bestrichen. Man legt sie dann flach, völlig ausgebreitet auf den Boden einer trockenen Grube, Fleisch auf Fleischseite. Man legt etwa 15—20 Dutzend Felle in eine Grube, beschwert sie, wie früher beschrieben, damit sie nicht aufsteigen, und füllt die Grube mit Wasser auf. Man beläßt so die Ware etwa 4 oder 5 Tage lang, worauf sie herausgeholt und enthaart wird. Man vervollständigt den Äscherprozeß entweder durch die „Zubesserungsmethode", oder indem man die Felle durch eine Grubenserie von steigender Stärke wandern läßt. Das letzte Kalkbad soll etwa 10—12% Kalk enthalten, bezogen auf das Weichgewicht der Ware.

Wenn man sich der „Zubesserungsmethode" bedient, legt man die Felle in ein Bad, welches die vorausgehende Partie eben verlassen hat und verstärkt es, durch Zugabe der obengenannten Menge an Kalk, in 3 Portionen; man beginnt mit 2% nach dem ersten Tage, bessert dann mit 4% nach dem dritten, mit 6% nach dem fünften Tage zu und äschert im ganzen 7—8 Tage lang.

2. Anschwöde und Grubenäscher für Kalbfelle.

Die gut geweichte Ware wird mit einem Schwödebrei belegt, welcher einen etwas größeren Anteil an Schwefelnatrium enthalten soll als im vorhergehenden Falle, wo die Felle in der Grube „überschwemmt" wurden.

Einen passenden Schwödebrei für diesen Zweck bereitet man durch Auflösen von 33,7 kg kristallisiertem Schwefelnatrium in 90 l Wasser, dem man 45 kg vorhergehend gelöschten Kalk zusetzt und das Ganze auf das Volum von 180 l bringt.

Man bestreicht die Fleischseite eines jeden Felles mittels einer Bürste, legt die Ware völlig ausgebreitet in Haufen, vorteilhaft auf eine Holzunterlage, die mit 25—50 cm über dem Boden steht, mit Fleischauf Fleischseite oder auch mit Haar- auf Fleischseite, falls das Haar keinen großen Handelswert besitzt. In 24 Stunden dürfte dann eine genügende Haarlockerung erfolgt sein, um die Haare leicht entfernen zu können. Nach dem Enthaaren führt man den Äscherprozeß in einer Grube zu Ende, die mit einer schon einmal gebrauchten, milden Kalkbrühe beschickt ist. Man bessert das Bad zeitweise zu durch Verstärkung mit Kalk, dem man vorteilhaft auch eine kleine Menge von Schwefelnatrium hinzufügt. Die Gesamtmenge des angewandten Kalkes soll, auf das annähernde Gewicht der geweichten Ware bezogen, etwa 10—12% betragen.

Arbeitet man nach der „Zubesserungsmethode", so beginnt man mit 5% Kalk und 3% Schwefelnatrium, auf das Weichgewicht bezogen; nach Ablauf von 2 Tagen verstärkt man die Brühe mit $2\frac{1}{2}\%$ Kalk und setzt den Rest von im ganzen 10% betragender Kalkmenge, d. h. $2\frac{1}{2}\%$, nach Ablauf von 4 Tagen zu; die Ware verbleibt 6—7 Tage oder so lange in der Grube, bis sie völlig durchgeäschert ist.

Wenn man das Äschern in einer Reihe von Gruben ausführt, setzt man der schwächsten Lösung 2% Sulfid zu; die letzte Grube soll so viel Kalk enthalten, die dem Betrag von etwa 10% vom Hautgewicht entspricht.

3. Grubenäscher für Kalbfelle.

Nachdem die Ware geweicht und vorteilhaft grün entfleischt worden ist, wird sie in eine schwache, milde Kalkbrühe gebracht, der man 1% Schwefelnatrium zusetzt. Nach Ablauf von 2 Tagen verstärkt man das Bad mit 5% Kalk und 1% Schwefelnatrium und bessert nach weiteren 2 Tagen wiederholt mit $2\frac{1}{2}\%$ Kalk und 1% Sulfid zu; man läßt dann die Felle noch 3—4 Tage in der Grube, nachdem man eine erneute Menge von Kalk ($2\frac{1}{2}$—5%) zugesetzt hat; das macht im ganzen 10—$12\frac{1}{2}\%$ Kalk und 3% Schwefelnatrium aus. Nach 8—10tägigem Äschern zieht man die Felle, die genügend prall sein dürften, heraus und führt sie der Enthaar- und Entfleischoperation zu.

Wenn man das Äschern in mehreren Brühen von steigender Stärke vor sich gehen läßt, gibt man das Schwefelnatrium den ersten 3 Lösungen zu und beendet die Operation in einem Bade, das mindestens 10% Kalk enthalten soll, und welchem man kein Schwefelnatrium zusetzt.

Das Äschern von Häuten. Die Häute, die man für chromgares Rindbox verarbeitet, stammen der Hauptsache nach aus Ostindien, Westafrika oder China. Diese besitzen ein sehr kompaktes Gewebe und vertragen eine viel energischere Behandlung im Äscher als die anderen Hautsorten, sowohl in bezug auf die Einwirkungsdauer und die angewandte Menge von Schwefelnatrium wie auch den Grad der Schwellung betreffend, die man ihnen erteilt, um die erforderliche Weichheit und Geschmeidigkeit dem fertigen Produkt beizubringen.

Man lege die Häute in eine Kalkbrühe, aus der man die vorausgehende Partie entfernt hat. Zu dieser etwas milden Lösung setze man das Schwefelnatrium zu und verfahre, wie allgemein üblich, derart, daß der größere Anteil des Schwefelnatriums in den ersten Stadien des Prozesses Anwendung findet und seine Zugabe in dem Maße abnimmt, wie der Prozeß fortschreitet.

Das Schwefelnatrium, von dem man fand, daß es die besten Resultate liefert, soll in einer Menge von 3—5%, bezogen auf das Weichgewicht der abgetropften Ware, verwendet werden. Diese Quantität soll sich auf den ganzen Prozeß verteilen, beginnend mit etwa 2 oder 3% in der ersten Grube.

Man lege die Ware in die Kalksulfidmischung, belasse sie dort 24 Stunden lang, schlage sie auf und lege sie für weitere 24 Stunden in die Brühe zurück, ohne dieselbe zu verstärken. Will man die Zubesserung in derselben Grube vornehmen, so verstärkt man die Lösung nach Ablauf von 2 Tagen mit 1% Schwefelnatrium und etwa 5% vorhergehend gelöschten Kalkes, beide auf das Weichgewicht, d. h. das Gewicht der abgetropften Ware nach der Weiche, bezogen. Die Ware verbleibt weitere 2 Tage in dieser Brühe, wird aber nach je 24 Stunden aufgeschlagen und während einiger Stunden abtropfen gelassen, bevor sie in die Grube zurückgelegt wird. Nach einer solchen viertägigen Behandlung führt man den Prozeß am besten so zu Ende, daß man die Häute in ein frisches Bad bringt, welches 10% Kalk und 1% Schwefelnatrium, vom Weichgewicht, enthält. Die Häute verbleiben in dieser Flüssigkeit etwa 2 Tage lang oder bis sie genügend durchgeäschert sind.

Falls die Häute nicht durch Anschwöden vorher enthaart worden sind, ist es wünschenswert, sie nach dem ersten Bade zu enthaaren, da die empfohlene Menge von Schwefelnatrium nach einer Behandlung der Ware von 48 Stunden genügt, die erwünschte Haarlockerung herbeizuführen.

Das Äschern von Ziegenfellen. Das Äschern von Ziegenfellen, die als Glanzchevreauleder zugerichtet werden sollen, kann auf mannigfaltige Weise ausgeführt werden und besteht in den Modifikationen der bereits beschriebenen Prozesse.

Nach der vielleicht am meisten angewandten Methode erfolgt das Äschern in der Haspel unter Verwendung einer verhältnismäßig starken Lösung von Kalk und Schwefelnatrium oder von Kalk und Schwefelarsen.

Man arbeitet auf die folgende Weise: Die Felle werden auf der Fleischseite mit einem Gemisch von Kalk und Schwefelnatrium oder Kalk und Schwefelarsen belegt und dann entweder in einer Grube mit Wasser überschichtet, wie das im Falle der Kalbfelle beschrieben worden ist oder in einen Haufen gelegt; nach dem Enthaaren wird die Ware in der Haspel fertiggeäschert mit Hilfe einer starken Lösung von Schwefelnatrium (oder Schwefelarsen) und Kalk, wie bereits oben erwähnt; man verfährt so im Falle von grobnarbigen Fellen, die eine harte Struktur besitzen, wie die Kap-, Natal-, westafrikanischen usw. Ziegenfelle, und wenn man den Äscherprozeß in der möglichst kürzesten Zeit beendigen will; im Falle von feinnarbigen Fellen, wie chinesische,

Patnas-, brasilische Felle, verlängert man die Operation unter Verwendung von schwächeren Lösungen.

Das Äschern mit starken Lösungen von Schwefelnatrium und Kalk ist allen anderen Methoden überlegen, wenn ein rasches Arbeiten die erste Forderung darstellt; falls die darauffolgenden Operationen des Beizens und Gerbens passend geleitet werden, so ist ein feinnarbiges, volles Leder mit einem Minimum von Aufwand an Zeit, Kosten und Arbeit erhältlich. Das Äschern kann auf diese Weise infolge der energischeren Einwirkung einer starken Sulfidlösung, wenn erwünscht, selbst in 24 Stunden vollendet werden.

Die Ware wird nach dem Weichen während 1—2 Stunden abtropfen gelassen und gewogen. Die zu verwendende Menge von Kalk und Schwefelnatrium wird nach diesem Weichgewicht bemessen. Nach dem Abwägen legt man die Ware in Haufen, Fleischseite nach oben, und schwödet sie mit folgender Mischung an, die für die meisten Sorten von Ziegenfellen anwendbar ist:

36 kg kristallisiertes Schwefelnatrium werden in 90 l Wasser gelöst und durch Zugabe von 45 kg Kalk und Auffüllen des ganzen Gemisches zu 180 l auf eine passende Konsistenz verdickt.

Die Ware wird auf der Fleischseite mit dem Brei belegt und entweder in Haufen gelassen oder mit Wasser überschichtet, wie das im Falle der Kalbfelle näher beschrieben worden ist, wobei die Felle 2—4 Tage lang in der Grube verbleiben. Der Verfasser zieht es vor, auf Grund gleich guter Resultate und einer rascheren Arbeitsweise, die Felle über Nacht in Haufen liegenzulassen, mit der Fleischseite nach innen, über den Rückgrat gefaltet oder mit Fleisch auf Fleisch paarweise zusammengelegt, je nachdem, ob man das eine günstiger findet als das andere. Nach Ablauf dieser Zeit ist das Haar genügend gelockert, um beim Enthaaren richtig entfernt werden zu können, und die Ware ist für die weiteren Operationen bereit.

Will man das Anschwöden mit einer Mischung von Kalk und Schwefelarsen ausführen, so bedient man sich der folgenden Zusammensetzung:

13,5 kg roter Arsenik und 45 kg Kalk werden zu 180 l mit Wasser verdünnt. Der Kalk und der rote Arsenik müssen notwendigerweise zusammen gelöscht werden.

Wie oben erwähnt, erfolgt das Äschern in der Grube oder in der Haspel. Letztere ist nach Meinung des Verfassers vorzuziehen.

Sulfidäscher für Ziegenfelle in der Haspel. Für die Herstellung der erforderlichen starken Äscherlösung nehme man 12% Kalk vom Weichgewicht, lösche es ab und füge 12% Schwefelnatrium zu, das man vorhergehend in einer kleinen Menge von Wasser auflöst. Man rühre das Gemisch gründlich durch und lasse es vor Gebrauch 24 Stunden

stehen. Ein Drittel dieser Lösung wird in der Haspel mit einer genügenden
Menge Wassers verdünnt und die Ware hineingelegt. Nach Ablauf von
2 Stunden füge man das zweite Drittel der obigen Mischung zu und
versetze das Bad mit dem restlichen Drittel nach einer Gesamtdauer
von etwa 6 Stunden, worauf die Felle über Nacht in dieser Flüssigkeit
verbleiben; man lasse die Haspel nicht kontinuierlich laufen, sondern
betreibe sie vorteilhaft periodenweise, im ganzen etwa 15 Minuten pro
Stunde.

Am nächsten Tag haspelt man die Felle etwa 1 Stunde lang, worauf
die Äscheroperation beendet ist. Man haspelt sie noch 1—2 Stunden
in reinem fließenden Wasser, zieht sie heraus und führt sie dem Entfleischen zu.

Die Lösung kann für mehrere aufeinanderfolgende Partien verwendet werden, unter Zubesserung von 8% Kalk und 8% Schwefelnatrium für je eine Partie. Es ist aber unerwünscht, die Lösung für mehr
als 6—7 Partien zu verwenden, d. h. nicht länger als eine Woche — eine
Partie täglich — damit zu arbeiten. Die Zugabe einer kleinen Quantität
von milder, bereits gebrauchter Kalklösung zu einem frisch angestellten
Bade ist von Vorteil.

Wenn man das Schwefelnatrium durch Schwefelarsen ersetzt, so
ist es anzuraten, die Operation in der Haspel auf wenigstens 48 Stunden
auszudehnen.

Es können folgende Quantitäten von Kalk und Schwefelarsen für
diesen Zweck empfohlen werden:

$$12^0/_0 \text{ Kalk,}$$
$$3^0/_0 \text{ roter Arsenik.}$$

Eine Modifikation dieses Prozesses, die gleich gute Resultate liefert,
besteht darin, daß man die Felle in einer Schwefelnatriumlösung während
24 Stunden haspelt und dann für weitere 24 Stunden in einer Haspel
oder Grube beläßt, die mit reiner Kalklösung beschickt ist.

Wenn man sich dieser Methode bedient, legt man die Felle in eine
Lösung, enthaltend 10% kristallisiertes Schwefelnatrium vom Weichgewicht der Ware. Die vorhergehend enthaarten Felle werden periodenweise während eines Tages gehaspelt; man zieht dann die Ware heraus,
legt sie in ein Bad, enthaltend 15% Kalk vom Weichgewicht, und
haspelt sie gelegentlich während einer weiteren Dauer von 24 Stunden,
wonach sie genügend prall sein dürften, und zwecks Entfleischen aus
dem Bade entfernt und, wie oben, gewaschen werden können.

Die einmal angestellte Lösung kann für mehrere Partien Anwendung
finden, indem man für je eine Partie (man gebraucht die Lösung acht-
bis zehnmal) etwa den Zweidrittelteil der ursprünglichen Menge an
Chemikalien zusetzt.

Das Äschern von Ziegenfellen in der Grube. Nachdem die Felle nach einer der oben beschriebenen Schwödemethoden behandelt und enthaart worden sind, werden sie in eine Grube gelegt, enthaltend eine Lösung von 5% Kalk und 1% Schwefelarsen oder 2% Schwefelnatrium. Wenn man sich des roten Arseniks bedient, so muß dieser natürlich mit dem Kalk zusammen abgelöscht werden. Nach Ablauf von 3 Tagen bessert man durch Zugabe von 5% Kalk und 0,5% rotem Arsenik oder 1% Schwefelnatrium zu und wiederholt die Verstärkung mit 5% Kalk nach weiteren 3 Tagen; die Ware verbleibt so 9—12 Tage, bis eine vollkommene Schwellung erreicht ist, in der Grube. Arbeitet man in einem Grubengang oder nach der „Zubesserungsmethode", so muß die gesamte Menge zugegebenen Kalkes im Laufe der ganzen Operation etwa 15% betragen, zuzüglich der obenerwähnten Menge von Schwefelnatrium oder rotem Arsenik.

Das Äschern von Schaffellen. Die zu Chromleder zu verarbeitenden Schaffelle müssen so rasch wie möglich geäschert werden, um eine Losnarbigkeit durch Überkälken zu verhüten. Der Prozeß kann am besten, wenn man ihn hinreichend sorgfältig ausführt, mit Hilfe der Haspelmethode bewerkstelligt werden. Vermöge ihrer zarteren Struktur und empfindlicherer Narbe sind die Schaffelle der Gefahr ausgesetzt, daß sie durch das Aneinanderreiben während des Haspelns Schaden erleiden. Es ist deswegen wesentlich darauf zu achten, daß die Ware nicht allzu lange Zeit gehaspelt wird.

Es ist vorteilhaft, die Wolle durch Anschwöden mit Kalk und Schwefelnatrium zunächst zu entfernen. Der Gehalt des Schwödebreies an Schwefelnatrium soll möglichst gering sein, denn eine zu starke Lösung würde nur die von Natur aus bereits vorhandene Lockerheit des Hautgefüges begünstigen. Eine passende Mischung für die Enthaarung dieser Hautsorte wird erhalten, indem man 27 kg kristallisiertes Schwefelnatrium in 90 l Wasser auflöst, diese Lösung mit 36 kg vorhergehend gelöschten Kalkes verdickt und das Ganze zu 180 l verdünnt.

Man schwödet die Felle an, legt sie, über den Rückgrat gefaltet, mit Fleisch auf Fleisch in Haufen und beläßt sie so etwa 12 Stunden, wonach die Wolle genügend gelockert sein dürfte, um die Enthaarung ohne Schwierigkeiten vornehmen zu können. Man bringt die Felle daraufhin in eine Grube oder in die Haspel und äschert sie mit gewöhnlichem Kalk ohne Zugabe von Schwefelnatrium etwa 3 Tage lang. Für das Arbeiten in der Haspel dürften 3 Tage reichen, doch ist für die Behandlung in der Grube eine Periode von 6 Tagen erforderlich. Man wird die Erfahrung machen, daß nach dem Entwollen ein Zusatz von etwa 12% Kalk vom Gewicht der Ware genügt.

Das Enthaaren und Entfleischen. Die Operationen für das Enthaaren und das Entfleischen können entweder von Hand oder mit Hilfe von

Maschinen bewerkstelligt werden. Das Enthaaren von Hand besteht darin, daß das Fell oder die Haut, mit der Haarseite nach oben, auf einen geneigten, hölzernen oder verzinkten, konvexen Baum gelegt und mittels eines konkaven Stahlmessers, das an beiden Händen einen

Abb. 22. „Diminua" Entfleisch- und Enthaarmaschine.

Handgriff besitzt, von Hand bearbeitet wird, indem das Fell sukzessive mit seiner ganzen Oberfläche über den Baum gezogen wird; die Operation wird auf die Weise vollendet, daß man das Fell oder die Haut mit einer

Abb. 23. „Divina" Entfleisch-, Enthaar- und Glättmaschine.

scharfen Messerklinge abrasiert, damit alle die feinen Haare, die dem Abhaareisen entschlüpft sind, entfernt werden.

Das Entfleischen geschieht in etwas ähnlicher Weise, doch besitzt das hier benutzte Messer eine konvexe Schneide und ist scharf; man

entfernt jeden anhaftenden Fleischfetzen und ebnet, wenn nötig, die
Haut oder das Fell, indem man von den dickeren Partien dünne Scheiben
abschneidet.

Enthaar- und Entfleischmaschinen. Das Enthaaren und Entfleischen

Abb. 24. Enthaar-, Entfleisch- und Glättmaschine Nr. 205.

der meisten Felle wird heute allgemein mit Hilfe von Maschinen ausgeführt. Wenn auch die Resultate nicht ganz so zufriedenstellend ausfallen wie bei der viel geschickteren Handarbeit, können die Vorteile
der maschinellen Arbeit in bezug auf Zeit- und Kostenersparnis und
gleichförmige Arbeitsweise nicht bestritten werden.

Maschinen von dem Typus, der für Schaf-, Ziegen-, Kalb- und

Abb. 25. Leidgen-Enthaarmaschine.

Kipsfelle am meisten verwendet wird, sind in Abb. 22, 23 und 24
dargestellt.

Diese Maschinen sind nach dem Walzensystem konstruiert, indem
das Fell, das mittels einer Gummiwalze der Maschine zugeführt wird,

seitens einer spiralen Messerwalze der Bearbeitung unterliegt. Die
Werkzeugwalze ist in diesen Maschinen auswechselbar, so daß die Maschine außer für das Entfleischen auch für das Enthaaren und Glätten
der Felle benutzt werden kann.

Die Handhabung dieser Maschinen ist außerordentlich einfach, und
sie erfordert keine besonders geschulten Arbeitskräfte.

Die Messerwalze kann durch einen eingebauten Schleifapparat,
wenn abgenutzt, stets wieder neu geschliffen werden. Das Messer läuft
hierbei gegen einen Kar-
borundumblock, dessen
Entfernung vom Messer
mit der Hand nach
Wunsch eingestellt und
somit das Schleifen bis
zum gewünschten Grade
bewerkstelligt werden
kann.

**Leidgen - Enthaar-
maschine.** Diese Maschi-
ne unterscheidet sich im
Prinzip von den oben be-
schriebenen Maschinen
(Abb. 25). Das Arbeits-
gut, das von einer Klampe
festgehalten wird, ruht
hierbei auf einer elasti-
schen Unterlage und wird
von einer rotierenden
Spiralmesserwalze der
ganzen Breite nach bear-
beitet. Diese Operation
ist am ehesten der Hand-
arbeit nachgebildet, die

Abb. 26. Vertikale Reihentisch-Enthaarmaschine. auf dem Baume erfolgt;
die Werkzeugwalze läßt
man so oft über die Haut gleiten, bis der gewünschte Effekt erreicht ist.

Vertikale Reihentisch-Enthaarmaschine. Für das Enthaaren von
Ziegen- und leichten Kalbfellen bedienen sich manche Fabrikanten
vorzugsweise der vertikalen Reihentisch-Enthaarmaschine, die in der
Abb. 26 dargestellt ist.

Die Arbeitsweise ist praktisch kontinuierlich; das Fell wird über
die Kante des einen vertikalen Tisches gelegt; der Tisch wird mittels
einer Kettenvorrichtung gegen zwei rotierende Messerwalzen gezogen,

die auf den beiden Seiten des Tisches angebracht sind; hierauf passiert
der Tisch ein zweites Walzenpaar, währenddessen das Fell völlig selbsttätig auf dem Tisch verhängt wird, so daß die Hautpartie, die auf der
Tischkante auflag und folglich vom ersten Walzenpaar nicht bearbeitet
werden konnte, nun vom zweiten Walzenpaar abgestrichen wird. Diese
Maschinen werden mit einer verschiedenen Anzahl von Tischen konstruiert, deren Anzahl 1—5 betragen kann.

Trommel-Entfleisch- und Enthaarmaschine. Ein weiterer Typus
dieser Maschinen ist die Trommel-Entfleisch- und Enthaarmaschine,
die in Abb. 27 dargestellt ist. Diese besitzt ebenfalls eine spirale Messerwalze.

Das zu enthaarende oder entfleischende Fell wird über die Trommel

Abb. 27. Trommel-Entfleisch- und Enthaarmaschine.

gelegt; durch einen Hebel wird diese in Rotation gebracht, und während
eine Zange die Haut in ihrer Lage festhält, wird diese durch die rasch
rotierende Messerwalze auf ihrer Außenfläche bearbeitet; hierauf wird
die Maschine abgestellt, die Haut in eine neue Lage verlegt, so daß
die unbearbeitete Hälfte nach außen zu liegen kommt, und die Trommel
wiederum in Drehung versetzt.

Der wesentlichste Unterschied in der Arbeitsweise mit dieser Maschine, im Vergleich zu den bisher beschriebenen Maschinen, ist der,
daß die Haut oder das Fell hierbei auf einem Zylinder aufliegt, während
es die Messerwalze passiert, ähnlich der Haut, die auf dem konvexen
Baum aufliegt, wenn sie von Hand bearbeitet wird.

Pneumatische Entfleischmaschine. Eine der gelegentlichen Schwierigkeiten, die in der Konstruktion von Entfleisch- und Enthaarmaschinen
zutage treten, ist die Beschaffung einer hinreichend elastischen Unter-

lagswalze, die den Ungleichförmigkeiten der zu behandelnden Haut Rechnung tragen und einen gleichförmigen Druck ermöglichen soll, wenn die Haut oder das Fell von der Werkzeugwalze bearbeitet wird.

Wie vorhin beschrieben, besitzen alle anderen Maschinen, mit Ausnahme der Leidgen-Maschine, eine feste Gummiwalze, auf welcher die Häute im Laufe des Entfleischens aufliegen.

In den letzten Jahren ist in bezug auf die Konstruktion einer geeigneten Unterlagswalze eine neue Erfindung auf den Markt gekommen, die den Namen „Pneumatische Entfleischmaschine" trägt und in Abb. 28 dargestellt ist.

Wie der Name andeutet, wird hierbei die Haut mittels einer pneumatischen Walze dem Messerzylinder zugeführt. Mit Hilfe eines Druckgefäßes, automatischer Ventilen und einer stetig laufenden Luftpumpe kann man der Gummiwalze jeden erforderlichen Druck verleihen; der Druck kann ohne Abstellung der Maschine nach Belieben reguliert

Abb. 28. Pneumatische Entfleischmaschine

werden. Diese Maschine ist hauptsächlich für das Entfleischen von schweren Häuten dienlich. Soweit es dem Verfasser bekannt ist, ist das Prinzip der pneumatischen Auflagswalze für die Bearbeitung von leichteren Warensorten, deren Dicke bei weitem nicht so verschieden ist als die der schweren Häute, noch nicht in einem merklichen Grade verwertet worden.

Welche Maschine man auch benutzen mag, besteht die Operation stets eher in einem Scharren als in einem Schneiden, und sind folglich die so erhaltenen Resultate nicht annähernd so befriedigend wie beim Arbeiten mit dem Entfleischmesser auf dem Baume; wenn aber die Maschinen in gutem Zustande gehalten und die Messer stets scharf geschliffen werden, können die erhaltenen Resultate alle Anforderungen befriedigen.

Maschinen dieser Art, die kontinuierlich nasse Ware zu bearbeiten haben, verlangen für ihre Instandhaltung viel größere Aufmerksamkeit als die Maschinen, die nur für trockene Leder verwendet werden; man muß folglich sorgfältig darauf achten, daß die Maschine stets gut geölt wird und daß die nötigen Einstellungen sauber ausgeführt werden.

Es ist nutzlos, von einer Maschine, die fortwährend nasse Ware bearbeitet, gute Resultate zu erwarten, falls man nicht sorgfältig mit ihr umgeht. Nicht einwandfreie Arbeit im Enthaaren und Entfleischen hat oft darin seinen Ursprung, daß der Praktiker die perfekte Instandhaltung seiner Maschinen vernachlässigt.

IV. Das Auswaschen und Entkälken.

Auf die Operation des Äscherns folgt unmittelbar diejenige des Auswaschens. Das Waschen bezweckt die Entfernung, soweit dies durch Behandlung mit Wasser möglich ist, des vom Äscherprozeß herrührenden Kalkes, Schwefelnatriums, Ätznatrons und der löslichen Seife. Die Waschoperation wird am besten im Falle von Schaf-, Ziegen- und leichten Kalbfellen in der Haspel ausgeführt, während schwerere Kalbfelle, Kipse und Häute vorteilhaft im Walkfaß ausgewaschen werden.

Man füllt die Haspel mit einer hinreichenden Menge von Wasser, dessen Temperatur man, falls nötig, auf 18—21°C erhöht. Meistenfalls ist es erwünscht, eine kleine Menge von Kalkmilch der Lösung zuzusetzen, bis zur beginnenden Trübung, bevor man die Ware in die Haspel bringt.

Dieser Kalkzusatz bezweckt die Vermeidung der Bildung von sogenannten „Kalkflecken", die infolge Karbonatisation des Kalkes durch die temporäre Härte oder durch den Kohlensäuregehalt des Wassers auf der Narben- oder Fleischseite der Haut entstehen können. Es ist danach nicht möglich, dem Leder eine gleichmäßige Farbe zu erteilen, auch wird die Narbe eine unerwünschte, rohe Beschaffenheit zeigen.

Um eine vollständige Fällung der temporären Härte des Wassers herbeizuführen, gibt man so lange eine Lösung von Kalkmilch zu, bis einige Tropfen einer 1%igen, alkoholischen Lösung von Phenolphtalein eine leichte Rötung in der Flüssigkeit hervorrufen.

Man legt dann die Felle in das Haspelgeschirr und läßt während dem Haspeln Wasser zufließen.

Die passendste Form eines Haspelgeschirrs ist eine solche, bei welcher das Wasser unten durch den Boden einströmen kann, trotzdem man im allgemeinen eine Vorrichtung gebraucht, nach welcher das Wasser von oben aus einem Rohr direkt auf die Ware zufließt.

Abb. 29 zeigt den Seitenriß einer Haspel, die speziell für diesen Zweck dient.

Abb. 30 zeigt einen Schnitt durch dasselbe Gefäß, von oben aus betrachtet. Es soll bemerkt werden, daß die Haspel mit einem Rohr versehen ist, das unter einem Gitterboden endet und dessen Einlauf sowohl mit der Wasser- wie auch mit der Dampfleitung verbunden ist; man kann infolgedessen das Gefäß mit kaltem oder warmem Wasser füllen oder auch die in der Haspel befindliche Flüssigkeit durch Einblasen von Dampf nach Belieben erhitzen.

Man kann folglich die Operation mit kaltem Wasser beginnen und in dem Maße, wie der Prozeß fortschreitet, die Temperatur auf den erwünschten Grad erhöhen, durch Zufließenlassen von heißem Wasser, dessen Temperatur man mittels der angebrachten Ventile nach Wunsch

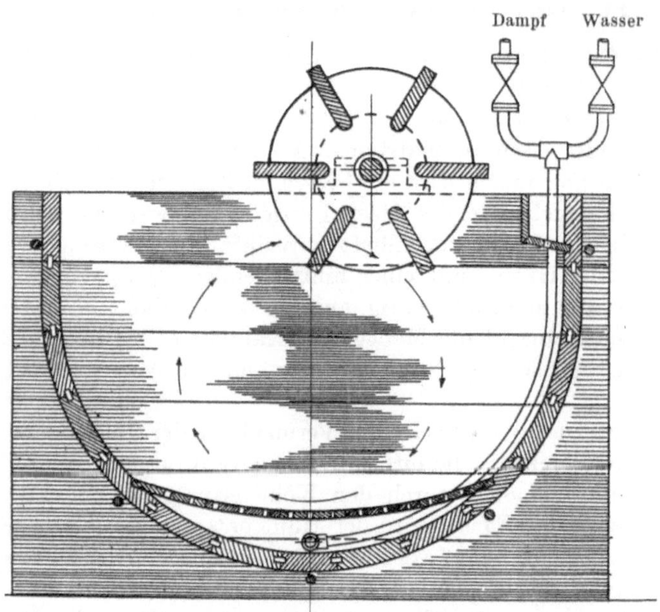

Abb. 29. Waschhaspel. Seitenriß.

regulieren oder einstellen kann. Das Waschwasser fließt also durch einen gelochten Boden von unten zu, und der Überschuß an Wasser wird durch ein Abflußrohr von etwa 7,5 cm Durchmesser abgeleitet; damit ist einem Überfließen des Wassers in den Waschraum vorgebeugt, was ohne diese Vorrichtung leicht erfolgen kann.

Die Ware soll mindestens eine Stunde lang gehaspelt werden, unter reichlichem Zufluß von Wasser, das durch ein Rohr von mindestens 3,75 cm Durchmesser eingelassen wird. Wenn das Wasser nach Ablauf dieser Zeit beinahe klar ist, was darauf hinweist, daß die größte Menge des Kalkes entfernt worden ist, läßt man warmes Wasser zufließen, dessen Temperatur man gradweise steigert bis zu einem Maximum von

32—33⁰ C, und fährt mit dem Waschen noch etwa eine halbe Stunde lang fort.

Das Auswaschen im Faß. Soll das Auswaschen im Faß ausgeführt werden, so bedient man sich gewöhnlich eines Walkfasses (Abb. 31), das mit einer Gittertür oder mit einem durchlochten, hölzernen Verschluß versehen ist, und läßt das Wasser durch die hohle Achse einlaufen.

Die Operation wird am besten wie folgt ausgeführt: Man füllt das Faß auf etwa ein Drittel seines Inhaltes mit Wasser, dem man aus dem

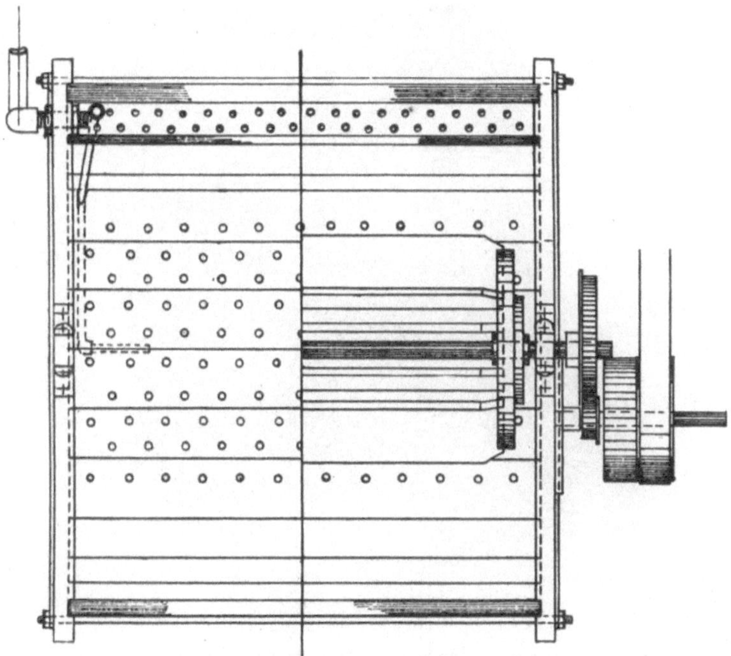

Abb. 30. Waschhaspel. Grundriß.

obenerwähnten Grunde etwas Kalkmilch zusetzt. Man legt die Felle ein und läßt das Faß unter Zufluß von Wasser durch die hohle Achse etwa eine Stunde lang laufen. Es ist üblich, die Temperatur des Waschwassers durch Zufließenlassen von warmem Wasser bis auf 32⁰ C zu erhöhen und das Faß noch eine halbe Stunde lang laufen zu lassen.

Das Entkälken mit Säuren. Der Zweck des Entkälkens mit einer Lösung einer Säure besteht in der Entfernung des Kalkes, der nach dem Auswaschen mit Wasser noch in der Haut verblieben ist — insofern dies erwünscht wird. Das Entkälken muß mit einer Säure ausgeführt werden, die ein lösliches Kalksalz bildet.

Die erforderliche Menge an Säure richtet sich nach dem Kalkgehalt der Haut und nach der Vollständigkeit der vorausgehenden Waschoperation. Man verfolgt das Ziel, die Haut in einen beinahe neutralen Zustand zu bringen, da die darauffolgende Beizoperation, die entweder mit Hilfe von Fermenten oder mittels einer Kotbeize angestellt wird, am besten in einem schwach alkalischen Medium vonstatten geht. Es ist daher klar, daß man der Ware eine schwach alkalische Reaktion

Abb. 31. Waschfaß.

belassen muß, wenn man sie im günstigsten Zustande der Beize zuführen will.

Man findet unten das Verzeichnis der für das Entkälken gewöhnlichst verwendeten Säuren nebst den Quantitäten, die für die Neutralisation von 100 kg Kalk erforderlich sind.

Säure	kg 100% Säure erforderlich für die Auflösung von 100 kg Kalk (CaO)	Handelsstärke der Säure	kg der Handelssäure, erforderlich für die Auflösung von 100 kg Kalk (CaO)
Borsäure	221,2	99,0%	223,4
Salzsäure	130,4	31,5%	413,9
Milchsäure	321,4	49,7%	646,6
Ameisensäure	164,3	87,4%	187,9
Essigsäure	214,3	40,0%	535,7

Verschiedene Gerber verfolgen eine sehr verschiedene Arbeitsweise, sowohl hinsichtlich der angewandten Säure wie auch des Grades der Entkälkung oder der Neutralisation der Haut. Variationen in der Arbeitsweise sind aber auch notwendig und wünschenswert, wenn man mit verschiedenen Hautsorten zu tun hat. Wenn z. B. keine besonders große Zügigkeit vom Leder verlangt wird, genügt es, den größten Teil des Kalkes zu entfernen, und die Beizoperation kann eventuell unterlassen werden.

Will man aber anderseits ein sehr zügiges Leder herstellen, wie z. B. Handschuhleder, so wird die Entkälkungsoperation nicht so weitgehend durchgeführt, es werden aber dafür bestimmte Bestandteile der Haut mit Hilfe der Bakterien oder Fermente der Beize später entfernt. Dagegen werden Kalbfelle, Kipse und Häute von manchen Gerbern entkälkt, aber gar keinem Beizprozeß unterworfen. In diesem Falle muß die Entkälkung so vollständig wie nur möglich durchgeführt werden, da die in der Haut verbleibende Kalkmenge das gerbende Chromsalz basischer stellt, dessen wahrscheinliche Folge eine „gezogene" Narbe und eine gummiartige Konsistenz des fertigen Leders ist.

Die Auswahl der zu verwendenden Säure ist auch von Bedeutung hinsichtlich der Kosten des Entkälkungsprozesses und der Wirkung, die die Säure auf die Narbe des Leders ausübt. Z. B. ist es seit langer Zeit bekannt, daß die Borsäure als Entkälkungsmittel von einer bestimmten, charakteristischen Wirkung auf die Narbe ist, indem sie ihr eine besondere Weichheit und Zartheit verleiht, die während des ganzen Gerbprozesses und im fertigen Leder bis zu einem großen Grade bewahrt bleibt.

Die Verwendung von Schwefelsäure als Entkälkungsmittel ist unerwünscht, nicht nur wegen der Schwerlöslichkeit des mit dem Kalk entstehenden Kalziumsulfates, womit die Befreiung der Haut vom Kalk erschwert wird, sondern auch, weil sie imstande ist, der Narbe eine rauhe Beschaffenheit zu verleihen.

Die oben aufgezählten Säuren gehören zu den am meisten gebrauchten. Von Zeit zu Zeit sind andere Entkälkungsmittel aufgetaucht, auch sind verschiedene Mischungen der angeführten Säuren verwendet worden.

Es wird darauf hingezielt, den Kalk durch einen langsamen Lösungsvorgang von der Hautoberfläche zu entfernen. Die Operation soll hinreichend lang ausgedehnt werden, damit der im Innern der Haut befindliche Kalk genügend Zeit hat, auf die Oberfläche zu diffundieren, wo er von der schwachen Säurelösung, die die Blöße umgibt, neutralisiert wird.

Die meisten Säuren besitzen einen Schwelleffekt auf die Blöße und auf die Hautfasern, weshalb man sorgfältig mit ihnen umgehen muß. Ein Überschuß an Säure ruft eine Schwellung hervor, die so weit gehen kann, daß die Hautstruktur ernsthaften Schaden erleidet und das resultierende Leder infolge der partiellen Zerstörung der Fasern an Festigkeit einbüßt.

Die Borsäure. Die Borsäure ist eigentlich einzig in ihrer Art als Entkälkungsmittel, denn sie entbehrt die starken schwellenden Eigenschaften, die den Mineralsäuren oder organischen Säuren, wie Essig-, Ameisen- oder Milchsäure eigen sind. Ihre Verwendung ist viel sicherer als die irgendeiner anderen Säure, denn wenn sie auch in beträchtlichem Überschuß angewendet wird, kann sie der Haut keinen ernsthaften Schaden zufügen.

Die Säure wird in Form von Pulver oder Kristallen auf den Markt gebracht, und ist folglich ihre Handhabung bequemer, als die der in Ballons verladenen starken Säuren. Der Kaufpreis ist aber etwas erhöht im Vergleich mit dem der Salzsäure.

Ein weiterer Vorteil der Borsäure liegt in ihrem außerordentlich milden Säurecharakter. Die Entkälkungsoperation geht viel langsamer und regelmäßiger vor sich als im Falle mit Salz-, Milch-, Ameisen- oder Essigsäure, und es ist folglich möglich, mit ihrer Hilfe jede Haut beinahe vollständig zu entkälken. Das aus der Borsäure und aus dem in der Haut enthaltenen Kalk entstehende Kalziumborat ist sehr leicht löslich.

Es besteht kein Zweifel, daß für die besonderen Fälle, wo eine vollständige Entkälkung gewünscht wird, die Borsäure die größten Vorteile bietet, deren Gegenwart in der Haut — falls nicht ein allzu erheblicher Überschuß angewendet worden ist — keine namhafte hemmende Wirkung auf die Bakterien- oder Enzymbeize ausüben wird, obwohl diese letztere Operation, wie bereits oben erwähnt, am besten in neutralem oder schwach alkalischem Zustande der Haut durchgeführt werden kann.

Die Salzsäure. Der hauptsächliche Vorteil dieser Säure als Entkälkungsmittel beruht auf der außerordentlichen Leichtlöslichkeit ihres Kalksalzes, des Kalziumchlorids. Sie ist billig und leicht zu beschaffen, doch enthält die Handelssäure gewöhnlich einen großen Prozentsatz an Eisen — und dies ist ihr hauptsächlichster Nachteil. Für den Zweck des Chromgerbprozesses ist dieser Eisengehalt bei weitem nicht so gefährlich wie im Falle des vegetabilischen Gerbprozesses, wo eine ungleichförmige Farbe des Leders resultieren kann. Salzsäure besitzt eine sehr starke Schwell- und Prallwirkung, weshalb man nur mit großer Sorgfalt an sie herangehen darf.

Die Milchsäure. Die Anwendung der Milchsäure als Entkälkungsmittel ist eine sehr verbreitete, da sie die billigste der organischen Säuren ist. Sie besitzt aber, ähnlich der Salzsäure, sehr starke schwellende und prall machende Eigenschaften, weshalb in ihrem Gebrauche Vorsicht geboten ist. Ihre Wirkung ist trotzdem viel milder als diejenige der stärkeren Salzsäure, und sie liefert eine viel zartere Narbe als die anderen organischen Säuren, wie Ameisensäure oder Essigsäure. Ihr mit dem Kalk sich bildendes Salz, das Kalziumlaktat, ist in Wasser sehr leicht löslich.

Die Ameisensäure. Infolge einer neuen Herstellungsmethode steht die Ameisensäure heute in großen Quantitäten und zu einem verhältnismäßig billigen Preise zur Verfügung; die Handelssäure ist sehr rein. Ihre Anwendung für Entkälkungszwecke hat in den letzten Jahren bedeutende Verbreitung erlangt. Ähnlich der Milch- und Salzsäure erzeugt die Ameisensäure mit dem Kalk ein sehr leicht lösliches Salz, das Kalziumformiat. Ihr Entkälkungseffekt gleicht in vielen Punkten dem der Essigsäure. Sie besitzt beträchtliche Schwell- und Prallwirkung und ist ein mildes Antiseptikum. Entgegen der Salz- und Milchsäure enthält die Handelssäure kein Eisen.

Die Essigsäure. Diese Säure wird nicht in dem Maßstabe für die Entkälkung benutzt wie die oben angeführten Säuren, obwohl sie sehr wirkungsvoll für diesen Zweck ist. Der hauptsächlichste Grund dafür ist durch den Preisunterschied der Säure im Vergleich zur Ameisensäure bedingt, da diese letztere für die Entkälkung praktisch von derselben Wirkung ist wie die erstere.

Sowohl die Ameisen- wie die Essigsäure verleihen der Narbe eine viel rauhere Beschaffenheit als die Borsäure, insbesondere wenn sie in zu großer Menge verwendet werden. Beide Säuren wirken viel kräftiger auf die Haut ein als die Milch- oder die Borsäure.

Der Gebrauch von Säuregemischen. Unter Umständen ist es vorteilhaft, ein Gemisch von Säuren zu verwenden, wobei man sich der Borsäure in Verbindung mit Salz-, Ameisen- oder Essigsäure bedient, und das Gemisch aus ein Viertel Borsäure und drei Viertel einer der anderen obenerwähnten Säuren zusammensetzt.

Dies ist besonders vorteilhaft, wenn man eine vollständige Entkälkung herbeiführen will.

Eine beinahe vollständige Entkälkung kann sicher erzielt werden, wenn man die Quantität der verwendeten Salz-, Ameisen- oder Essigsäure so bemißt, daß dieselbe für die Neutralisation von etwa 75% des in der Haut befindlichen gesamten Kalkes ausreicht und eine hinreichende Menge an Borsäure zusetzt, um den verbleibenden Rest von 25% zu neutralisieren.

Auf diese Weise wird nicht nur ein fast völliges Entkälken erreicht, sondern auch die zarte Beschaffenheit der Narbe hervorgerufen, die, wie oben bereits erwähnt, bei alleiniger Verwendung von Borsäure entsteht. Überdies stellt sich der Prozeß bei Gebrauch von Salzsäure auch viel billiger, als wenn man nur mit Borsäure arbeitet, und die Entkälkung geht infolge der energischeren Einwirkung von Salz-, Ameisenoder Essigsäure viel rascher vor sich.

Man soll es sich vergegenwärtigen, daß die anzuwendende Quantität an Säure von derjenigen Menge an Kalk abhängt, die die Blöße beim Einlegen in das Entkälkungsbad enthält, oder mit anderen Worten, von der gesamten Menge während des Äscherns absorbierten Kalkes, abzüglich der Menge des darauffolgend ausgewaschenen Kalkes.

Das Entkälken mit Ammonsalzen. Die Entfernung des Kalkes aus der Haut ist seit langer Zeit auch durch die Behandlung mit passenden Ammoniumsalzen bewerkstelligt worden. Zu Zeiten der Fabrikation von Kalbkidleder mit Hilfe von Alaun und Kochsalz diente gewöhnlich das Chlorammonium als Entkälkungsmittel.

Der Vorteil in der Verwendung von Ammoniumsalzen, wie Ammoniumchlorid, -laktat, -formiat, -butyrat, für die vollständige oder partielle Befreiung der Haut von Kalk, besteht — im Vergleich zum Gebrauch von Säuren — darin, daß der Prozeß sicher verläuft und die Nachteile, die bei Verwendung eines Säureüberschusses entstehen, vermeidet. Ein Überschuß an Ammonsalzen kann der Haut keinen besonderen Schaden zufügen, obwohl die neuesten Forschungen darauf hingewiesen haben, daß ihr Vorhandensein, von einer bestimmten Grenze ab, störend auf den Beizprozeß einwirkt.

Die Reaktion, die bei der Behandlung der gekälkten Blöße mit einer Lösung von Chlorammonium vor sich geht, wird durch die folgende chemische Gleichung veranschaulicht:

$$2\,NH_4Cl + Ca(OH)_2 = 2\,NH_4OH + CaCl_2$$

Chlorammonium   Kalkhydrat   Ammoniak   Chlorkalzium

Das Ammoniak ist flüchtig, so daß ein Anteil während der Operation entweicht und keine abschätzbare Menge von der Haut absorbiert wird. Das sich bildende Chlorkalzium ist außerordentlich leicht löslich und wird durch Waschen aus der Ware entfernt.

Die Ammonsalze finden heute ausgedehnte Verwendung, in Verbindung mit pankreatischen Enzymen, für die Herstellung von künstlichen Beizmitteln.

Obwohl der Gebrauch dieser Salze etwas teuer kommt, können sie doch bestens empfohlen werden, vermöge der Tatsache, daß das Entkälken mit ihrer Hilfe in einer perfekten Weise und ohne jedes Risiko vor sich geht.

Der Verfasser möchte noch darauf hinweisen, daß man mit den Ammonsalzen am besten in einem offenen Haspelgeschirr arbeitet, damit das entstandene Ammoniakgas frei entweichen kann und weniger ausgesetzt sei, von der Haut absorbiert zu werden.

Die erforderliche Quantität an Ammonsalz hängt natürlich vom Kalkgehalt der behandelten Ware ab. Im allgemeinen wird eine Menge von 380—500 g genügen, um 100 kg Blößen von Kalk zu befreien.

Der Entkälkungsprozeß. Die Operation des Entkälkens kann entweder im Faß oder in der Haspel ausgeführt werden; dies letztere ist nach des Verfassers Meinung vorzuziehen, da ein übermäßiges Walken im Faß leicht einen Schaden anrichten kann.

Man läßt das Auswaschen und das Entkälken am besten in einem und demselben Gefäß, Haspel oder Walkfaß vor sich gehen, indem man die Blöße durch Waschen soweit wie möglich vom Kalk befreit und daraufhin das Entkälkungsmittel der reinen Waschflüssigkeit zusetzt. Die Temperatur des Bades, sowohl beim Auswaschen wie auch beim Entkälken, soll 33⁰ C nicht übersteigen.

Die Menge der anzuwendenden Säure hängt von folgenden Faktoren ab:

a) Die Menge des nach dem Auswaschen in der Haut verbliebenen Kalkes.

b) Die Alkalität (die temporäre Härte) des verwendeten Wassers.

c) Die Stärke und Art der gewählten Säure.

d) Die Temperatur.

Das Fortschreiten der Operation kann mit Hilfe einer Phenolphtaleinlösung als Indikator verfolgt werden. Man bereitet dieselbe durch Auflösen von 1 Teil Phenolphtalein in 100 Teilen Spiritus. Einige Tropfen dieser Lösung erzeugen, auf einen Schnitt der Blöße gebracht, eine Rotfärbung, falls kaustischer Kalk vorhanden ist.

Wenn die Menge der Säure, die zum Entkälken einer Partie von Ware verwendet werden soll, nicht angenähert bekannt ist, verfährt man bestens nach folgender Methode: Man gebe eine kleine Menge von Säure zu, die man vorher mit Wasser verdünnt; man lasse die Haspel oder das Faß 10—15 Minuten lang laufen und prüfe die Lösung durch Zugabe einiger Tropfen der Phenolphtaleinlösung. Eine Rotfärbung der Lösung zeigt an, daß die gesamte Säure vom Kalk neutralisiert wurde und daß der Kalk im Überschuß vorhanden ist. Eine weitere Zugabe von Säure kann dann mit Sicherheit erfolgen.

Wenn die Lösung sich nicht mehr rötet, so ist dies ein Zeichen dafür, daß sie sauer ist, und muß dann die weitere Prüfung an der Haut vorgenommen werden. Wenn die Hautoberfläche vom Phenolphtalein nicht mehr gerötet wird, so kann man darauf schließen, daß der Kalk in der Haut neutralisiert ist.

Gibt man einige Tropfen der Phenolphthaleinlösung auf einen Schnitt, den man an der dicksten Partie der Blöße vornimmt, so wird man gewöhnlich finden, daß die Schnittfläche nur in der Mitte gerötet wird. Man muß nun mit großer Vorsicht die weitere Zugabe von Säure bemessen, sollte man auf eine vollständige Entkälkung hinzielen, indem man nur in kleinen Mengen und in leidlich langen Zeitabständen Säure hinzufügt, bis zur vollständigen Neutralisation des Kalkes.

Wenn man für eine gewisse Partie von Ware die für das Entkälken erforderliche Säuremenge bestimmt hat, kann man bei den folgenden Partien viel rascher vorgehen, indem man die vorher verdünnte Säure in kürzeren Intervallen und in größeren Portionen zusetzt; man muß aber in jedem Falle sorgfältig darauf achten, daß die Blößen nicht sauer werden, da man sonst unheilvollen Resultaten entgegengeht.

Die folgende Tabelle gibt die angenäherten Quantitäten der Säuren — von handelsüblicher Stärke — an, die für die Entkälkung von 1000 kg gut gewaschener Blöße empfohlen werden können, falls man auf eine hinreichende, oberflächliche Entkälkung hinzielt und kein vollständiges Entkälken bewirken will:

Säure	Handelsstärke der Säure	kg Säure, erforderlich für die Entkälkung von 1000 kg gewaschener Blöße
Borsäure	99,0%	9,7
Salzsäure	31,5%	18,0
Milchsäure	49,7%	28,1
Ameisensäure . . .	87,4%	8,2
Essigsäure	40,0%	23,2

Wie bereits beschrieben, besteht die gewöhnliche Arbeitsweise darin, daß man nach durchgeführtem Waschen die Säure dem klaren Waschwasser zugibt und das Entkälken noch etwa $1—1\frac{1}{2}$ Stunden fortsetzt. Dann läßt man Wasser zufließen, um das aus dem Kalk und der Säure entstandene lösliche Kalksalz herauszuwaschen. Dies wird gewöhnlich in einer halben oder dreiviertel Stunde erreicht, wenn die Haspel oder das Faß mit einem reichlichen Wasserzufluß versehen ist.

V. Das Beizen.

Das Beizen bezweckt:

1. Die Blöße in einen verfallenen, weichen und flachen Zustand zu bringen, damit das zu erzeugende Leder weich, geschmeidig und, falls erwünscht, zügig wird.

2. Die Entfernung der letzten Spuren Kalkes.

3. Die Verflüssigung und Verdauung eines gewissen Anteils von der Faserzwischensubstanz und wahrscheinlich auch die Entfernung der elastischen Fasern aus den äußeren Schichten der Haut.

Die Gerber erhielten seit mehreren Generationen obige Resultate durch Anwendung von Hunde- oder Vogelexkrementen als Beizmittel.

J. T. Wood hat durch seine erschöpfende Forschungsarbeiten, die sich auf ein Vierteljahrhundert erstreckten, endgültig bewiesen, daß die aktiven Bestandteile einer Mistbeize aus pankreatischen oder ähnlichen Enzymen in Verbindung mit Ammonkörpern bestehen. Infolge

Abb. 32. Ausstreichen von Hand.

seiner Forschungen ist der Gebrauch von Mistbeizen heute fast vollständig verlassen und durch die Verwendung mehrerer Produkte, die im Einklang mit seinen Schlüssen seitdem hergestellt werden, ersetzt.

Die Operation des Beizens ist eine offenkundig schwierige. Abgesehen von dem widrigen und unsauberen Charakter der Mistbeizen, ist eine einheitliche Beizwirkung schwer mit ihnen zu erreichen. Die Geschicklichkeit, mit welcher die Operation durchgeführt wird, bedingt die Feinheit und Glätte der Narbe, wie auch die Zügigkeit und Geschmeidigkeit des fertigen Leders, und wird sie nicht zufriedenstellend bewerkstelligt, so bekommt das fertige Leder einen unerwünschten Griff und eine unbefriedigende Narbe.

Die Verwendung der Mistbeize war nicht nur ein Kreuz auf dem Ledergewerbe, sondern gefährdete auch ernstlich die Gesundheit der Arbeiter. Die Industrie ist Herrn Wood für seine langwierigen Forschungen über dieses dunkle Gebiet zu größtem Danke verpflichtet, denn es ist seinen Resultaten zu verdanken, daß man die Mistbeizen in der Mehrheit der Fälle heute gänzlich entbehren kann.

Unglücklicherweise ist der Gebrauch von Mistbeizen für gewisse Ledersorten noch nicht vollständig verdrängt, insbesondere bei der Herstellung von Glanzchevreauleder, dessen Rohmaterial von Natur aus eine sehr grobe Narbe besitzt, die für diesen Zweck ganz speziell weich gemacht werden muß; viele Fabrikanten behaupten, daß die erforderliche Geschmeidigkeit vermittels Enzympräparate nicht zu erhalten ist.

Dagegen kann man Boxkalbleder, Rindboxleder und Schafleder sehr gut und viel gleichförmiger für Schuhoberleder mittels Enzympräparate verarbeiten als mittels vergorener Kotabgüsse.

Die Hundekotbeize. Herstellung der Beizflüssigkeit. Den für Beizzwecke dienlichen Kot erhält man im allgemeinen aus den Hundeställen von Jagdhunden. Er wird in Fässern von etwa 180 l Inhalt verladen und enthält oft Sand, Mineralstoffe, Blätter und andere vegetabilische Abfälle, von denen er vor Gebrauch befreit werden muß.

Die Herstellung der Beize besteht gewöhnlich darin, daß man den Kot in einen steinernen oder anderswie ausgekleideten Behälter legt, mit etwas Wasser durchweicht und 2—3 Wochen der Gärung überläßt, bevor man ihn verwendet.

Der aus der Türkei oder anderswoher importierte Hundekot ist trocken und wird gewöhnlich mit seinem doppelten Gewicht an Wasser vermischt und wie oben weiter behandelt.

Es ist ratsam, während der Gärung das Gefäß mit einem Deckel zu versehen, um das Gemisch vor Licht und Luft zu schützen.

Die Beizoperation mittels Hundekot. Man führt das Beizen am besten in einem Haspelgeschirr aus, welches mit einem gut schließenden Deckel versehen ist. Der Grund hierfür liegt darin, daß die Bakterientätigkeit viel rascher im Dunkeln als im Licht vonstatten geht und daß der Deckel die erforderliche Wärme während der Operation zurückhält.

Man füllt die Haspel auf etwa ein Drittel ihres Inhaltes mit Wasser, dessen Temperatur 35° C betragen soll.

Für 100 kg Haut verwendet man etwa 15 l der vergorenen Brühe und rührt das Gemisch in der Haspel gründlich durch. Man schließt den Deckel und überläßt die Mischung einer weiteren Gärung während 12—15 Stunden. Man verdünnt dann diese Flüssigkeit mit einer hinreichenden Menge von Wasser, von der obenerwähnten Temperatur, und setzt die Ware in die Brühe.

Die Ware wird in Ablauf von etwa 3—4 Stunden für jeden Zweck zufriedenstellend verfallen, falls die Beizoperation richtig geleitet ist.

Abb. 33. Treibhaspel.

Der Zeitfaktor ist aber einigen Variationen unterworfen, weshalb man sorgfältig darauf achten soll, daß die Blößen nicht in einen allzu verfallenen Zustand gelangen. Wenn die bakterielle Wirkung besonders rasch vor sich geht, können die Felle bereits innerhalb 30—45 Minuten den gewünschten Grad des Verfallens erreichen, in anderen Fällen aber muß die oben angedeutete Einwirkungsdauer bedeutend hinausgeschoben werden.

Die für die Operation erforderliche Zeit hängt außer der bakteriellen Tätigkeit auch von der chemischen Zusammensetzung des angewendeten Wassers ab.

Der vorhergehende Äscherprozeß übt einen erheblichen Einfluß auf das Verhalten der Haut in der Beize aus. Die einem langen Äscherprozeß unterworfene Ware wird nur langsam von der Beize angegriffen; die ungenügend gekälkten Blößen lassen sich auch nicht leicht beizen.

Ferner verfallen die mit Schwefelnatrium und Kalk geäscherten Felle viel rascher in der Beize als diejenigen, die nur mit Kalk behandelt worden sind.

Für die nächste Warenpartie kann dieselbe Brühe verwendet werden, unter Zubesserung von 5—10 l der konzentrierten Beizflüssigkeit, und es ist nicht nötig, die aufgefrischte Lösung einer Gärung zu überlassen; die zweite Partie von Ware kann sogleich nach dem Zubessern in das Bad gelegt werden, und die Brühe kann so für mehrere Partien dienen, nachdem sie je nach einer Partie verstärkt worden ist, etwa eine Woche hindurch, bevor man sie neu ansetzt.

Von besonderer Wichtigkeit ist es, daß die Brühe klar und frei von erdigem Material oder vegetabilischem Abfall sei; aus diesem Grunde klärt man die Brühe entweder durch Absetzenlassen, oder indem man die konzentrierte Beizflüssigkeit durch ein feinmaschiges Drahtnetz filtriert, bevor man sie in die Haspel wirft.

Man fährt mit dem Beizen so lange fort, bis man den gewünschten Grad von Flachheit, entsprechend der herzustellenden Ledersorte, erreicht. Die Feststellung dieses bestimmten Zustandes muß einem erfahrenen Fachmanne überlassen werden. Die gewöhnliche Prüfung geschieht dadurch, daß man die Haut zwischen dem Daumen und Zeigefinger zusammenpreßt; der Fachmann urteilt nach dem transparenten Eindruck, den der Daumen auf der Blöße hinterläßt, ob die Haut genügend verfallen ist.

Die Loslösung der epidermalen Substanz, des sogenannten „Grundes“, ist auch ein Kriterium für den Grad des Beizens. Eine befriedigend gebeizte Haut kann leicht ausgestrichen werden; die Haarpigmente, Epidermisbestandteile, Haarwurzeln usw. können mit Leichtigkeit entfernt werden. Der Praktiker, der mit der Beizarbeit vertraut ist, streicht mit dem Nagel seines Daumens über eine Narbenstelle der Haut und urteilt nach dem ausgestoßenen „Schmutz“, ob das Beizen vollendet ist oder noch fortgeführt werden muß.

Im Falle von Fellen, die eine feste Struktur besitzen, wie z. B. Angoraziegen, fährt man mit dem Beizen so lange fort, bis die kleinen, anhaftenden Fleischfetzen gelockert werden, was man durch Abkratzen mit dem Fingernagel auf der Fleischseite feststellt; wenn dieselben verhältnismäßig leicht entfernt werden können, kann man das Beizen für diese besondere Ledersorte als vollendet betrachten.

Das Beizen vermittels Vogelmist. Das Beizverfahren vermittels Vogelmist ist heutzutage fast völlig verlassen. Man bediente sich seiner ursprünglich für die Behandlung von Häuten und manchmal von Kalbfellen.

Das Beizen wurde gewöhnlich in der Grube ausgeführt, mit einem gärenden Aufguß von Tauben- oder Hühnermist oder anderen Exkrementen von Vögeln. Während es beim Beizen mit Hundekot wesentlich ist, die Operation in der Nähe von 32°C auszuführen, um die erwünschte verfallende Wirkung herbeizuführen, arbeitet man mit einer Vogelmistbeize bei gewöhnlicher Temperatur und dehnt die Operation gewöhnlich auf eine längere Dauer aus.

Der Vogelmist wird nach einer vorausgegangenen Gärung in Wasser von mindestens einer Woche in eine gewöhnliche, ausgemauerte oder hölzerne Grube gebracht, die genügend Wasser enthält, um die Blößen zu bedecken. Die letzteren beläßt man allgemein 2—3 Tage in der Beize, doch schlägt man sie im Laufe dieser Zeit gelegentlich auf.

Das Beizen mit Vogelmist besteht eher in einer durchgehenden Entkälkung als in einer bakteriellen Einwirkung und kann sehr befriedigend durch künstliche Enzympräparate ersetzt werden, wobei man nicht Gefahr läuft, ein ungleichförmiges und fleckiges Fertigfabrikat zu bekommen, was beim Gebrauch der Vogelmistbeize durch die erdigen Substanzen, die auf der Narbe und Fleischseite sich festsetzen, falls die Ware nicht bewegt wird, unvermeidlich erfolgt.

Künstliche Beizmittel. Es ist darauf hingewiesen worden, daß die Wirkung der Hundekotbeize infolge der Forschungsarbeiten von J. T. Wood den darin enthaltenen Enzymen, in Verbindung mit organischen Aminen und Ammonsalzen, zuzuschreiben ist.

Nach den Veröffentlichungen von Wood nahm O. Röhm im Jahre 1908 ein Patentrecht auf die Verwendung eines wässerigen Extraktes der Pankreasdrüse oder Bauchspeicheldrüse in Verbindung mit Ammonsalzen, wie Ammonchlorid, welches mit dem kaustischen Kalk der Blöße reagierend ein lösliches Kalksalz bildet.

Dr. Röhm gibt in seinem ursprünglichen Patent die folgende Methode für die Herstellung des künstlichen Beizmittels an:

,,Beispielsweise kann man in der Weise verfahren, daß man eine Drüse von 250 g Gewicht mit 1 l Wasser auszieht und 10 cm³ dieses Auszuges zu 990 cm³ einer 0,15% Ammoniumhydrosulfid und 0,3% Chlornatrium enthaltenden wässerigen Lösung gibt. Die so erhaltene Lösung bildet eine sehr wirksame Beizflüssigkeit. An Stelle des Ammoniumhydrosulfides kann man auch irgendein anderes Ammoniaksalz, z. B. Ammoniumchlorid, anwenden, welches ein lösliches Kalksalz liefert.

,,Das Extrakt der Bauchspeicheldrüse kommt für vorliegendes Verfahren ausschließlich in frischem oder durch geeignete Zusätze konserviertem Zustande zur Verwendung, nicht aber, wenn es bereits in Fäulnis übergegangen ist und infolgedessen saure Reaktion besitzt. Die Konservierung der Drüsen kann auch durch Trocknen erfolgen; aus der getrockneten Drüse stellt man dann mit Wasser die Beizflüssigkeit her. Während der Beizoperation selbst tritt keine Fäulnis ein. Die Wirkung des in dem Auszug enthaltenen Enzyms kommt durch die alkalische Reaktion der zu beizenden Häute besonders kräftig zur Geltung."

In einem darauffolgenden Patent wurde ein geringer Zusatz von Milchsäure, in Verbindung mit Chlorammonium, vorgeschlagen.

Dieses Produkt wurde alsbald unter dem Namen „Oropon" auf den Markt gebracht.

Andere Erzeugnisse etwas ähnlichen Charakters folgten dem Oropon und werden unter den Namen „Pancreol", „Enzo", „Puerine" usw. gehandelt. In Deutschland sind außer dem Oropon hauptsächlich folfolgende Präparate im Gebrauch: „Purgatol", hergestellt von Dr. Eberle, besteht in der Hauptsache nach aus Melasse und Ammoniumlaktaten; „Esco", enthaltend vegetabilische Enzyme und Ammonchlorid; das „Erodin" von Dr. Becker stellt eine lebendige Bakterienkultur dar.

J. T. Wood[1]) gibt für die angenäherte Zusammensetzung des Oropons folgende Daten an:

$$
\begin{aligned}
&\text{Ammoniumchlorid} \ldots \ldots \quad 65 \ \%\\
&\text{Holzmehl} \ldots \ldots \ldots \ldots \quad 31 \ \%\\
&\text{Trockenes Pankreatin etwa} \ . \quad 3{,}5\%
\end{aligned}
$$

J. T. Wood gibt auch Einzelheiten über eine Enzymbeize an, in welcher das Ammonchlorid durch Ammonlaktat und das Holzmehl durch vermahlenen Rizinusölsamen ersetzt sind. Der Rizinusölsamen enthält eine Lipase, d. h. ein Enzym, welches die Eigenschaft besitzt, mit Fettkörpern und Wasser eine lösliche Emulsion zu bilden, und ist imstande, die Wirkung der künstlichen Beize dadurch zu erhöhen, daß es einen Teil des in der Haut enthaltenen natürlichen Fettes in Form von einer Emulsion entfernt.

Die Zusammensetzung eines wirksamsten Gemisches wird von Wood wie folgt angegeben:

$$
\begin{aligned}
&\text{Ammoniumbutyrat} \ldots \ldots \quad 33{,}25\%\\
&\text{Vermahlener Rizinusölsamen} \ . \quad 66{,}45\%\\
&\text{Pankreatin} \ldots \ldots \ldots \ldots \quad 0{,}3 \ \%
\end{aligned}
$$

Es soll betont werden, daß dieses Präparat viel weniger Pankreatin enthält als das Oropon, doch kann dieser Bestandteil nach Belieben vorteilhaft vermehrt werden.

Die Auswahl des künstlichen Beizmittels muß mit Sorgfalt geschehen und jeweils der zu behandelnden Hautsorte und dem zu erzielenden Resultat angepaßt werden. Ein Beizmittel, das z. B. einen großen Betrag an Pankreatin enthält, eignet sich bestens für Ziegenfelle, doch ist es für Schaf- oder Kalbfelle ungeeignet, da es eine lose Narbe und eine Tendenz zum „Aufrollen" des fertigen Leders herbei-

---

[1]) Wood-Jettmar: Das Entkälken und Beizen der Felle und Häute. Verlag Fr. Vieweg & Sohn, Braunschweig 1914.

führt. Für eine milde Narbe und ein dichtes, volles Leder ist einzig nur ein Produkt geeignet, welches den geringsten Anteil an Enzymen aufweist; im Falle man ein zügiges Leder, z. B. Handschuhleder, herstellen will, ist ein verhältnismäßig hoher Enzymgehalt angebracht.

Das Beizen vermittels künstlicher Beizmittel. Die hierin verfolgte Arbeitsweise variiert etwas der zu bearbeitenden Hautsorte entsprechend, sowie nach den Gesichtspunkten, die der Fabrikant vertritt. Es muß indessen betont werden, daß die künstliche Beize viel langsamer auf die Haut einwirkt als eine gärende Kotbeize, und die zur Vollendung der Operation erforderliche Zeit wird folglich bedeutend hinausgeschoben.

Die Operation kann sowohl im Faß wie auch in der Haspel befriedigend ausgeführt werden.

Die typische Arbeitsmethode besteht in dem Einlegen der Ware in ein bereits für eine Partie verwendetes Bad. Man haspelt die Blößen in dieser Lösung etwa 2—3 Stunden lang bei einer Anfangstemperatur von 35⁰ C und legt sie dann in ein frisches Bad, das man durch Auflösen von 500—1000 g des künstlichen Beizmittels für je 100 kg Blößen in Wasser von 32—35⁰ C bereitet. Man fährt mit dem Haspeln etwa eine Stunde lang fort und beläßt die Blößen über Nacht in der Brühe, worauf diese am nächsten Morgen genügend verfallen sein dürften.

Im Falle man ein verhältnismäßig kräftiges Enzympräparat gebraucht, kann die Behandlung über Nacht viel zu langwierig sein — besonders wenn das verwendete Wasser reichhaltig an Bakterien ist; man verkürzt in diesem Falle die Einwirkungsdauer oder reduziert die Menge des angewendeten Beizmittels.

Einige Gerber ergänzen die Enzymbeize durch Zugabe einer kleinen Quantität von einem vergorenen Kotaufguß. Dies ist aber nur für besonders harte Hautsorten, wie z. B. Ziegenfelle, erforderlich, oder wenn man ein sehr zügiges Leder herstellen will (z. B. Handschuhleder aus Schaffellen).

Die Kleienbeize. Die Operation besteht in der Behandlung der entkälkten oder gebeizten Blößen mit einem gärenden Aufguß von Kleie oder Mehl. Dies findet heutzutage nicht mehr die verbreitete Anwendung, insbesondere bei der Vorbereitung der Haut für die Chromgerbung, der sie sich vor etwa 10—15 Jahren erfreut hat.

Ihr Hauptzweck besteht in der Säuberung der Haut von Schmutz und Kot, mit denen diese im Laufe der Beizoperation vermittels Kotbeizen verunreinigt wurde, ferner in der Ergänzung des Entkälkens und in der leichten Ansäuerung der Haut als Vorbereitung für die Gerbung.

Die Arbeitsweise besteht darin, daß man die Felle in eine Haspel, einen Bottich oder in ein Faß bringt, welches etwa 5—10% Kleie vom Gewicht der Felle enthält.

Die Kleie wird vorausgehend eingeweicht und mit Wasser von etwa 48—50⁰ C verrührt. Man gibt dann so viel Wasser zu, daß die Ware vollständig bedeckt wird und reguliert die Temperatur auf etwa 30—33⁰ C. Es findet sonach rasch eine Gärung statt, die von der Erzeugung von Milch- und Essigsäure und einer merkbaren Gasentwicklung begleitet wird.

Die Gasentwicklung in den Zwischenräumen der Hautsubstanz bewirkt eine weitere Trennung der Fasern und trägt folglich zur Geschmeidigkeit der herzustellenden Ledersorte bei.

Die entstandene Säure wirkt als Entkälkungsmittel und verleiht den Blößen eine leicht saure Reaktion. Die Menge der durch die Gärung entstandenen Säuren beträgt etwa 2—3 g per Liter.

Die Ersetzung der natürlichen, gärenden Beize durch Säuren oder andere Entkälkungsmittel und durch künstliche Beizpräparate, in Verbindung mit dem Schwefelsäure-Kochsalzpickel als Vorbereitung für die Gerbung, hat den Gebrauch der Kleienbeize für die meisten Sorten Chromleders überflüssig gemacht.

Das Beizen mittels Kleie oder Mehl beruht auf einer bakteriellen Gärwirkung und ist folglich schwer zu kontrollieren; man ist dem beträchtlichen Risiko ausgesetzt, daß die Ware im Laufe des Beizens ernstlich beschädigt wird, und kann dieser Prozeß aus diesem Grunde allein schon nicht anempfohlen werden.

VI. Das Pickeln.

Der Pickel besteht aus einer Mischung von einer passenden Säure, gewöhnlich Schwefelsäure mit Kochsalz, und wird in der Vorbereitung der Häute für die Gerbung verwendet; er diente zuerst fast ausschließlich in der Fabrikation von Glanzchevreauleder, doch findet er heute in den vorbereitenden Arbeiten für die Chromgerbung von Schaf-, Kalbfellen und Häuten ausgedehnteste Verwendung.

Der Vorteil einer solchen vorbereitenden Behandlung — falls diese sauber durchgeführt wird — beruht auf dem rascheren und vollständigeren Eindringen des Chromgerbsalzes in die Haut, was auch zu der Erzeugung einer weicheren und feineren Narbe beiträgt.

Der Pickelprozeß fand ursprünglich für die Konservierung von Häuten Anwendung. Die nach dem Äschern, Entkälken und Beizen so behandelten Häute konnten für eine unbegrenzte Zeitperiode aufbewahrt werden. Die guten Resultate der Pickelwirkung auf die Gerbung, insbesondere was die Geschmeidigkeit des Leders anbetrifft, führten zu einer allgemeinen Adoption dieser vorbereitenden Methode für die Chromgerbung.

Die Operation des Pickelns kann nach zwei verschiedenen Methoden ausgeführt werden, und zwar:

a) In einer einzigen Lösung.

b) In zwei separaten Lösungen.

Für die Aufbewahrung der Blößen während einer längeren Zeitdauer wird gewöhnlich nach der letzteren Methode gearbeitet.

Das „Einbadpickel“-Verfahren. Diese Methode kann, vermöge ihrer einfachen Ausführbarkeit und Gleichförmigkeit der erzielten Resultate, allgemein für alle Zwecke anempfohlen werden, wo das Pickeln die Vorbereitung der Blößen zur Chromgerbung bezweckt.

Es wurde vom verstorbenen Professor Eitner gezeigt, daß die Geschmeidigkeit des fertigen Leders zu einem großen Grade von der Menge der hierbei angewendeten Säure abhängt; ferner, daß die Menge des durch die Blöße absorbierten Salzes von der Konzentration der Lösung abhängig ist; schließlich, daß die Absorptionskapazität der Blöße gegenüber der Säure begrenzt ist.

Die Menge anzuwendender Säure wird durch die Natur der behandelten Haut und durch die für das fertige Leder erwünschte Geschmeidigkeit bestimmt.

Sind die Felle von Natur aus genügend weichen Charakters, wie z. B. Schaffelle, und ist für das herzustellende Leder keine außerordentliche Geschmeidigkeit verlangt, so genügt 1% Schwefelsäure vom Blößengewicht der Ware. Wenn man aber anderseits mit einer hartstrukturigen Haut zu tun hat, die man möglichst in ein weiches Leder verwandeln will, wie das z. B. bei Ziegenfellen der Fall ist, so erhöht man vorteilhaft den Säurezusatz auf etwa 2%. Der Prozentsatz der anzuwendenden Säure dürfte zwischen diesen beiden Grenzen, je nach der Hautsorte und dem erzielenden Resultat, variieren.

Auf die Bedeutung der Konzentration der Pickelbrühe ist bereits hingewiesen worden, weshalb man die verwendete Wassermenge aufmerksam bemessen muß.

Die Operation wird bestens eher im Faß als in der Haspel ausgeführt, da man die mit dem Hautgewicht variierende Wassermenge bequemer bemessen und kontrollieren kann. Die passendste Quantität an Wasser beträgt etwa 200 % vom Blößengewicht, d. h. 200 l für 100 kg Blöße.

Nachdem man die erforderliche Wassermenge in das Faß gebracht hat, setzt man die bestimmte Quantität an Salz zu und löst dieses letztere auf. Man gibt darauf die genau abgewogene oder bemessene Menge Schwefelsäure zu, mischt gut durch und legt die Ware möglichst rasch hinein. Man walkt die Blößen mindestens 45 Minuten lang, während der Zeit eine kleinere Partie völlig gepickelt werden kann. Man zieht danach die Felle aus dem Faß, schlägt sie auf den Bock und läßt sie abtropfen.

Eine andere Methode, die zu einem gleichförmigeren Resultate führt, besteht darin, daß man die Blößen mit dem dreiviertel Teil der erforderlichen Wassermenge in das Faß bringt, das Salz in dem verbleibenden Viertel von Wasser in einem neben dem Faße befindlichen Holzgefäß auflöst und die Schwefelsäure der Salzlösung zufügt. Wenn das Ganze gut durchgemischt ist, führt man die Lösung durch die hohle Achse dem rotierenden Fasse zu.

Es seien im folgenden die für das Pickeln von 100 kg Blößen erforderlichen Quantitäten an Säure, Salz und Wasser angegeben, angenommen, daß die Blößen gut entkälkt worden sind:

	Schwefelsäure kg	Salz kg	Wasser l
Schaffelle	1,0	10,0	200
Kalbfelle und Häute . .	1,5	15,0	200
Ziegenfelle	2,0	20,0	200

Das „Zweibadpickel"-Verfahren. Zur Ausführung des Prozesses benötigt man:

a) Eine Lösung von Schwefelsäure, enthaltend eine kleine Menge von Salz;

b) eine gesättigte Kochsalzlösung.

Die Operation wird am besten in zwei in unmittelbarer Nähe sich befindlichen Haspelgeschirren ausgeführt; eine Haspel enthält die Lösung a), die andere die gesättigte Kochsalzlösung.

Man haspelt die Ware zunächst in der Lösung a), enthaltend annähernd 1—1,5% Schwefelsäure und 5—7,5% Salz vom Blößengewicht, etwa 30—45 Minuten lang. Man legt sie dann in die gesättigte Salzlösung über oder besser in eine Lösung, die einen Überschuß an ungelöstem Salz besitzt. Es sei bemerkt, daß die Löslichkeit des Kochsalzes etwa 35 Teile auf 100 Teile Wasser beträgt; man soll folglich etwa 40 kg Salz für 100 l Wasser rechnen, damit man die vollständige Sättigung der Lösung sicherstellt.

Man walke die Blößen in der gesättigten Salzlösung während mindestens 30 Minuten und lasse sie dann wenigstens 1 Stunde lang in diesem Bade, worauf man sie, fertig für die Gerbung, herausziehen und abtropfen lassen kann.

Man verwende diese Lösungen wiederholt für mehrere Partien. Es ist aber ratsam, um ein gleichförmiges Fertigfabrikat zu erhalten, stets für jede Partie dieselben Konzentrationen an Säure und Salz beizubehalten. Dies kann nur mit Hilfe der chemischen Analyse geschehen, vermittels welcher die verbrauchte Menge Schwefelsäure und die für die Zubesserung erforderliche Menge bestimmt wird.

Es soll wiederholt darauf hingewiesen werden, daß die Beschaffenheit des fertigen Leders in hohem Maße von der Menge angewandter

Säure abhängt, weshalb die richtige Abschätzung der Quantitäten von Salz und Säure sehr wesentlich ist und mit großer Sorgfalt bewerkstelligt werden muß.

Die Menge vorhandenen Salzes kann mit genügender Genauigkeit aus dem spezifischen Gewicht, gemessen mit einem Baumé- oder anderen Areometer, gefolgert werden, und wenn man die Lösung wiederholt benutzt, kann man so lange Salz zugeben, bis der frühere Stand des Areometers erreicht ist.

Das Pickeln vermittels anderer Säuren. Man hat von Zeit zu Zeit auch andere Säuren als die Schwefelsäure für Pickelzwecke vorgeschlagen und auch in der Praxis in Anwendung gebracht, doch hat Professor Procter gezeigt, daß mit der Ersetzung der Schwefelsäure durch andere Säuren kein wesentlicher Vorteil für den Pickel zu verzeichnen ist. Die Salz-, Ameisen-, Essig-, Butter- und Oxalsäure sind alle als Pickelmittel vorgeschlagen worden. Diese Säuren erzeugen bei Gegenwart von Kochsalz stets Salzsäure, welche in Verbindung mit dem Salz die Pickelwirkung ausübt.

Die Nebenprodukte der Reaktion können trotzdem von Einfluß auf die Haut sein, wie das z. B. bei Verwendung von Ameisensäure der Fall ist, wo die wohlbekannten antiseptischen Eigenschaften ihrer Salze zur Wirkung kommen und eine sehr lange, gefahrlose Aufbewahrung der gepickelten Blöße ermöglichen.

Das Pickeln als Vorbereitung der Haut zum Spalten. Der Schwefelsäure-Kochsalzpickel ist besonders in Amerika während vieler Jahre als vorbereitende Operation für das Spalten der Blößen verwendet worden.

Nach des Verfassers Meinung nimmt man das Spalten besser in geäschertem als in gepickeltem Zustande der Blöße vor, da man im letzteren Falle die Dicke des zu erzeugenden fertigen Leders nur schwierig abschätzen kann, und weil die Spaltoperation auf der Bandmesserspaltmaschine in einem sauren Zustand der Haut schwieriger zu vollenden ist.

VII. Das Gerben.

Es wurde vielfach versucht, den Veränderungen, die bei der Umwandlung der Haut in Chromleder vor sich gehen, eine befriedigende Deutung zu geben. Nach der einen Ansicht werden die Hautfasern mit einer unlöslichen Schicht von Chromoxyd- oder Oxydhydrat bedeckt, nach neueren Anschauungen wird aber eine chemische Verbindung zwischen dem Chrom und dem Hautkollagen vermutet. Damit diese Verbindung zustande kommt, ist es notwendig, ein solches Chromsalz zu verwenden, welches in freie Säure und ein kolloid gelöstes basisches Salz hydrolysiert.

Ein solches „basisches" Salz, das imstande ist, die Blöße in Leder umzuwandeln, entsteht, wenn man die Lösung eines normalen Salzes von dreiwertigem Chrom bis auf einen Teil seiner Säure durch ein Alkali neutralisiert.

Wie bekannt, gibt es zwei praktische Methoden zur Ausführung der Chromgerbung, die vom Gerber als die „Einbad"- bzw. „Zweibad"-Methode bezeichnet werden. Die erstgenannte besteht in der Verwendung einer basischen Chromsalzlösung, die in verdünntem Zustande auf die Blöße einwirkt und deren Konzentration mit fortschreitender Gerbung steigert, bis die Haut genügend Chromsalz absorbiert hat, um die Eigenschaften eines garen Leders aufzuweisen.

Im „Zweibad"-Prozeß verläuft die Gerbung etwas komplizierter, da hier das basische Chromsalz auf der Faser selbst erzeugt wird, indem man die Haut zunächst mit einer angesäuerten Bichromatlösung behandelt und die Reduktion auf den gewünschten basischen Zustand mittels einer angesäuerten Natriumthiosulfatlösung vornimmt. Die Blöße wird also in zwei aufeinanderfolgenden, verschiedenen Lösungen der Gerbung unterworfen, womit die Bezeichnung „Zweibad"-Verfahren gerechtfertigt ist.

Das „Zweibad"-Gerbverfahren. Die Methode wird derart ausgeführt, daß man die vorbereitete Blöße zunächst mit einer verhältnismäßig verdünnten, mit Salz- oder Schwefelsäure angesäuerten Natriumbichromatlösung behandelt, aus welcher man sie, nach hinreichender Absorption derselben, in eine Thiosulfatlösung umsetzt, der man in dem Maße, wie die Reduktion fortschreitet, Salz- oder Schwefelsäure zugibt.

Abb. 34. Chevreauledergerberei.

Die freie schweflige Säure reduziert die aus der Einwirkung der Säure auf das Bichromat entstandene Chromsäure zu einem basischen Chromchlorid- oder Chromsulfatsalz; das Thiosulfat geht während der Reduktion in Natriumtetrathionat und Natriumsulfat über. Gleichzeitig wird Schwefel in Freiheit gesetzt und sowohl in den Faserzwischenräumen wie auch auf und in den Fasern selbst abgelagert.

Diese Schwefelablagerung ist das charakteristische Merkmal des „Zweibad"-Leders, welches es vom „Einbad"-Leder unterscheidet.

Nach der ursprünglichen Beschreibung von Schultz verwendet man für 100 kg Blöße:

5 kg Kaliumbichromat,
2,5 ,, Handelssalzsäure,

und walkt die Ware in dieser Lösung oder haspelt sie, bis eine vollständige Imprägnierung erreicht worden ist. Man entzieht dann die Ware dem Bade, läßt sie abtropfen und legt sie in das folgende Reduktionsbad:

10 kg Natriumthiosulfat
5 ,, Handelssalzsäure.

Es erscheint etwas merkwürdig und deshalb einer besonderen Erwähnung würdig, daß viele Gerber von heute dieselben Quantitäten an Chemikalien verwenden, die von Schultz vorgeschlagen worden und oben angeführt sind. Der Verfasser kennt wenige Patente, die ihre ursprünglichen Angaben während einer so langen Zeitperiode unverändert beibehalten konnten.

Die folgende Gleichung repräsentiert den Reaktionsverlauf zwischen Kaliumbichromat und Salzsäure, wobei die unten angeführten Zahlen die Molekulargewichte der reagierenden und entstandenen Stoffe bedeuten:

$$K_2Cr_2O_7 \;+\; 2\,HCl \;=\; 2\,KCl \;+\; 2\,CrO_3 \;+\; H_2O$$

Kaliumbichromat + Salzsäure = Kaliumchlorid + Chromsäure + Wasser
294   73   149   200   18

Man ersieht aus dieser Gleichung, daß 294 Teile Kaliumbichromates 73 Gewichtsteile Salzsäure für die vollständige Umwandlung des Bichromats in Chromsäure benötigen. Handelssalzsäure ist eine Lösung, die etwa 30% an reiner Salzsäure enthält, d. h. daß etwa 250 Gewichtsteile an Handelssalzsäure benötigt werden, um 73 Teilen reiner Salzsäure zu entsprechen. Wenn man zu 5 kg Kaliumbichromat 2,5 kg Handelssalzsäure nimmt, wird nur ein Teil des Bichromats in Chromsäure umgesetzt, annähernd ein Drittel des gesamten Betrages, den man bei Verwendung einer hinreichenden Quantität an Salzsäure erhalten würde.

Zwei Drittel des angewandten Kaliumbichromats bleiben also bei Verwendung obiger Proportionen unverändert im Bade und werden nur zu einem sehr kleinen Anteil von der Blöße absorbiert. Das nach der Entfernung der Felle in der Brühe verbliebene, nicht umgesetzte Bichromat bedeutet folglich einen erheblichen Verlust, falls man die obigen Prozentsätze in Anwendung bringt.

Die folgende Tabelle gibt die Quantitäten an Handelssalzsäure und Handelsschwefelsäure an, die für die vollständige Umsetzung von Bichromat in Chromsäure erforderlich sind:

Kaliumbichromat	Handelssalzsäure 30%ig	Handelsschwefelsäure 95%ig
4 kg	3,4 kg	1,4 kg
5 „	4,25 „	1,7 „
6 „	5,1 „	2,05 „

Die große Menge unzersetzten Bichromats, die bei Anwendung der Schulzschen Formel in der Brühe verbleibt, ist insofern von Nutzen, daß sie die Gefahr der schädlichen Einwirkung eines zufälligen Säureüberschusses abwendet und, noch in höherem Maße, die Absorption der Chromsäure und ihr Verhalten der Blöße gegenüber beeinflußt. Man kann dagegen viel ökonomischer auf dasselbe Resultat hinauskommen, wenn man das gesamte Bichromat durch genügenden Säurezusatz in Chromsäure umsetzt und eine beträchtliche Menge an Neutralsalzen, wie Kochsalz, Glaubersalz (Natriumsulfat) oder Magnesiumsulfat der Lösung zusetzt.

Die nach der Entfernung der Ware zurückbleibende Lösung bietet im Falle, daß es kein unzersetztes Bichromat enthält, noch den Vorteil, daß sie als Vorgerbbrühe für die nächste Partie dienen kann, ohne eine Ungleichförmigkeit des fertigen Leders zu gefährden. Dies ist bei Vorhandensein von unumgesetztem Bichromat nicht möglich, da in diesem Falle eine Analyse gemacht werden muß, bevor man die Brühe auf seinen ursprünglichen Zustand bringt. Dies letztere sagt in der Praxis nicht immer zu, weshalb man die Brühe gewöhnlich eher verwirft, als man sie noch für eine zweite Partie anwendet.

Benutzt man die einmal gebrauchte Lösung für eine folgende Partie, so verfährt man derart, daß man die Blößen etwa eine Stunde lang in der Abfallbrühe walkt, bis diese gänzlich erschöpft ist. Die Felle werden dann herausgezogen und eine frische Lösung angesetzt, in der sie dann bis zur vollkommenen Imprägnierung verbleiben.

Eine andere Methode, die in Europa Anwendung fand und von Eitner vorgeschlagen worden ist, besteht in der Verwendung einer solchen Quantität von Salzsäure, daß nicht nur das gesamte Bichromat in Chromsäure umgesetzt wird, sondern auch ein Überschuß an Salzsäure in der Brühe verbleibt. Die vorgeschlagenen Prozentsätze waren die folgenden:

4% Kaliumbichromat
4% Salzsäure

Die Wirkung einer solchen Mischung soll, wie folgt, auseinandergesetzt werden: Die Chromsäure besitzt eine leicht härtende und zusammenziehende Wirkung auf die Blöße; die Salzsäure erzeugt eine leichte Schwellung und wirkt folglich der Chromsäure entgegen. Ein Zusatz von gewöhnlichem Salz, Natriumsulfat oder Magnesiumsulfat ist in diesem Falle noch notwendiger, als wenn nur etwas unzersetztes Bichromat in der Lösung enthalten ist. Der Zusatz einer der erwähnten Neutralsalze bezweckt die Verhütung einer unerwünschten Schwellung, die ein Überschuß an Salzsäure verursachen kann.

Der Ersatz von Salzsäure durch Schwefelsäure im ersten Bade des „Zweibad"-Verfahrens, da sie in konzentrierterer Form in den Handel kommt und auch billiger ist, übt keinen nachteiligen Einfluß auf das fertige Leder aus, weshalb sie allgemein vorgezogen wird.

Die Ersetzung des Kaliumbichromats durch Natriumbichromat ist heute eine allgemeine. Bis 1914 verwendete man allgemein das Kaliumbichromat, obwohl der Gebrauch des Natriumbichromats eine kleine Sparsamkeit bedeutete. Da die beiden Salze ungefähr den gleichen Gehalt an Chrom aufweisen, war auch keine Abänderung der benutzten Formeln notwendig. Der Einwand gegen das Natriumbichromat fußte auf seiner Hygroskopizität, d. h. seiner Eigenschaft, bei längerem Lagern Wasser aus der Atmosphäre aufzunehmen und sich zu verflüssigen, während das Kaliumbichromat unter normalen Bedingungen unbegrenzte Zeit hindurch lagerbeständig ist.

Infolge des hohen Preises der Kalisalze und der Tatsache, daß weder England noch Amerika über große Kalibestände verfügen und von der deutschen Quelle durch den Krieg abgeschlossen waren, hat die Ersetzung desselben durch das Natronsalz allgemeine Verbreitung erlangt.

Die Anwendung des ersten Bades vom „Zweibad"-Verfahren kann entweder im Faß oder in der Haspel erfolgen. Indem die Menge des angewendeten Wassers, d. h. die Konzentration der Lösung einen bedeutenden Einfluß auf die Absorption der Chromsäure seitens der Haut ausübt, ist es ratsam, zwecks Erlangung von einheitlichen Resultaten, die Operation im Faß auszuführen. Es werden für je 100 kg Haut folgende Sätze anempfohlen:

5 kg Natriumbichromat
1,6 ,, Schwefelsäure
5 ,, gewöhnliches Salz
150 l Wasser.

In der Ausführung des Prozesses bestehen mannigfaltige Variationen. Einige Gerber setzen die Ware in die fertige Lösung von Bichromat, Salz und Säure ein, während andere die Blößen in der Auflösung von Bichromat und Salz eine Zeitlang walken und die vorher verdünnte Säure durch die hohle Achse zulaufen lassen.

Ist die Ware vor der Gerbung nicht gepickelt worden, so verfährt man nach des Verfassers Meinung am besten derart, daß man die Blößen in die erforderliche Menge von Wasser legt, das Bichromat und das Salz in einem, neben dem Faß aufgestellten, hölzernen Gefäß auflöst, zu dieser Lösung die berechnete Menge Säure hinzufügt und das Ganze in zwei oder drei Portionen, in Abständen von etwa je einer halben Stunde, durch die hohle Achse dem Faßinhalt zuführt. Man fährt dann mit dem Walken so lange fort, bis die Chromsäure völlig absorbiert worden ist und bis sie selbst die dicksten Hautpartien vollständig durchdrungen hat. Man überzeugt sich von letzterem, indem man ein oder zwei Blößen auf ihren Schnitt, den man an einer dicken Partie, wie z. B. am Schilde vornimmt, überprüft.

Für das völlige Durchdringen der Haut, worauf der Gerber besonders zu achten hat, sind gewöhnlich 2—4 Stunden erforderlich. Je vollständiger die Absorption der Chromsäure seitens der Hautfaser, um so besser für das fertige Leder, das durch den Grad dieser Absorption in seiner Qualität sehr beeinflußt wird.

Viele Chromgerber geben der Haut einen vorbereitenden Pickel, bestehend aus Salz und Schwefel- oder Salzsäure. In diesem Falle muß die für den Pickel verwendete Säuremenge genau bemessen und von der gesamten, für das erste Bad berechneten Säuremenge abgezogen werden. Der Verfasser gibt folgender Methode den Vorzug: Die Blößen werden im Faß gepickelt, wofür man folgende Quantitäten für 100 kg abgetropfter, gebeizter Blöße anwendet:

2 kg Schwefelsäure,
20 „ Kochsalz,
200 l Wasser.

Man walkt die Felle 1 Stunde lang in dieser Lösung. Man läßt die Ware daraufhin entweder über Nacht abtropfen, oder man schreitet sofort zum Gerben über, indem man in beiden Fällen in der verwendeten Pickellösung 6 kg Kalium- oder Natriumbichromat auflöst. Man walkt die Felle etwa 2—2½ Stunden in diesem Bade, bis sie von der Chromsäure vollständig durchgebissen sind. Nach dieser Methode werden die Blößen zunächst gepickelt und die Chromsäure wird darauffolgend auf der Faser entwickelt.

Eine weitere Modifikation, die von manchen Gerbern in Anwendung gebracht wird, besteht in der Verwendung von Alaun oder Aluminiumsulfat, wodurch eine zartere und feinere Narbe erzeugt werden soll.

Die Menge des angewendeten Aluminiumsulfates variiert zwischen 2 bis sogar 6%. Ist die im ersten Bade verwendete Säuremenge ungenügend für die völlige Umsetzung des Bichromates, so besteht die Wirkung des zugesetzten Aluminiumsulfates darin, daß es einen Anteil der gebundenen Chromsäure in Freiheit setzt, unter gleichzeitiger

Bildung eines basischen Aluminiumsalzes, welches teilweise von der Haut absorbiert wird. Der Verfasser ist der Meinung, daß das Aluminiumsalz die Absorption der Chromsäure verzögert und selbst, wenn von der Haut aufgenommen, im zweiten Bade wiederum ausgewaschen wird; seine Verwendung ist also von keinem Vorteil begleitet und soll deshalb nicht empfohlen werden.

Eine Vorgerbung der Haut vor dem ersten Bade mittels Aluminiumsulfat oder Alaun und Kochsalz kann, praktisch genommen, aus denselben Gründen nicht anempfohlen werden. Es ist eine merkwürdige Tatsache, daß die mit Aluminiumsulfat vorgegerbte und darauffolgend mit Chrom ausgegerbte Haut, wie auch durch Zusatz von Aluminiumsulfat zum ersten Bade zubereitete Blöße als fertiges Leder nur geringe oder gar keine Spuren an Tonerde aufweist. Trotzdem behaupten manche Gerber, daß eine Vorbehandlung mit Aluminiumsulfat eine geschlossenere, feinere Narbe hervorruft.

Nach dem vollständigen Durchdringen der Chromsäure im ersten Bade besitzt die Ware eine hellgelbe Farbe, mit einem leichten Stich nach Orange zu; sie wird aus dem Faß gezogen, sorgfältig auf den Bock gelegt und abtropfen gelassen. Es ist vorteilhaft, das Abtropfenlassen mindestens auf 24 Stunden auszudehnen. Die Chromsäure durchdringt während dieser Zeit gleichförmig die Blößen und fixiert sich fester auf der Faser, ohne daß durch die Verlängerung dieses „Abtropfenlassens", selbst für mehrere Tage, irgendein Schaden für das Fell entstehen könnte, wenn die Ware, und dies ist wesentlich, vor der Einwirkung des Lichtes geschützt wird. Der Verfasser hat eine Partie gesehen, die in diesem gelben Zustande 3—4 Wochen lang aufbewahrt worden ist, ohne daß eine nachteilige Wirkung verzeichnet werden konnte.

Die mit Chromsäure imprägnierten Felle sind, ähnlich den in der Photographie gebräuchlichen Bichromat-Gelatine-Emulsionen, lichtempfindlich, und die belichteten Stellen der Haut nehmen eine dunkle, rötlich-braune Farbe an. Die so hervorgerufenen Flecke können im zweiten Bade nicht entfernt werden und machen die Haut für die Herstellung von farbiger Ware ungeeignet, wodurch solche Blößen an Wert entschieden einbüßen.

Nachdem die Ware das Chromsäurebad passiert hat und gut abgetropft ist, wird sie einer wesentlichen Operation, dem Ausrecken, unterworfen, bevor sie in das Reduktionsbad gelangt, damit das fertige Leder eine feine und zarte Narbe bekommt.

Die Operation des Ausreckens ist sehr wichtig und muß mit großer Sorgfalt durchgeführt werden. Ein allzu großer Druck ist zu vermeiden, da sonst ein Teil der Chromsäure, die erst im zweiten Bad als basisches Chromsalz auf der Faser fixiert wird, aus der Haut herausgepreßt wird, wodurch ein ungeschmeidiges, ja hartes Leder entstehen kann. Wenn man anderseits das Leder nicht gut ausreckt, erhält man keine so feine Narbe und fixiert durch das zweite Bad, bestehend aus Thiosulfat und Säure, alle Runzeln und Falten, die bei der Lagerung auf dem Bock während des Abtropfens sich gebildet haben.

Die Ausreckoperation wird im allgemeinen auf der Maschine vorgenommen, und man bedient sich für leichte Fellsorten, wie Ziegen- und Schaffelle, gewöhnlich der „Vertikalen Tischausreckmaschine“, die in Abb. 35 dargestellt ist. Für Kalbfelle und Häute, manchmal aber auch für Schaf- und Ziegenfelle benutzt man die Walzenausreckmaschine, die aus Abb. 36 ersichtlich ist. Manche Fabrikanten ziehen das Ausrecken von Hand vor, doch ist es zu bezweifeln, ob diese langsame Arbeitsweise von besonderem Vorteile sei. Beim Arbeiten mit der

Abb. 35. „Tabula“ vertikale Tischausreckmaschine.

Maschine muß diese sorgfältig auf die durchschnittliche Dicke der Blößen eingestellt werden.

Befindet sich die Haut, wenn sie, von der Ausreckmaschine kommend, in das Reduktionsbad gelegt wird, nicht in dem richtigen Zustande, so kann sie einen ernsthaften Schaden erleiden, den der Gerber das „Ausbluten“ nennt, und der in dem Auswaschen der Chromsäure aus der Haut durch das zweite Bad besteht. Um dies zu verhüten, tauchen manche Gerber die Haut, nach dem Ausrecken und vor dem zweiten Bad, in ein „Zwischenbad“, bestehend aus einer starken Lösung von Thiosulfat und etwas Säure, um die Chromsäure auf der Narben- und Fleischseite durch partielle Reduktion zu fixieren. Gewöhnlich bedient man sich für diesen Zweck eines großen Holzbottichs, in welchem man das Thiosulfat auflöst. Verschiedene Gerber wenden verschiedene

Mengen von Thiosulfat und Säure an. Eine allgemein brauchbare Lösung
dürfte bereitet werden durch Auflösen von 25 kg Natriumthiosulfat in
500 l Wasser und Zugabe von 5 kg bzw. 2 kg vorher verdünnter Salz-
bzw. Schwefelsäue, worauf man die Lösung gründlich durchmischt.
Die Felle werden einzeln, so wie sie von der Ausreckmaschine kommen,
durch diese Lösung gezogen und auf den Bock geschlagen. Nachdem
eine gewisse Anzahl von Fellen die Lösung passiert hat, setzt man eine
weitere Menge an Säure zu, auf deren Quantität aus der Farbe der
aufgeschlagenen Felle geschlossen werden kann.

Die gesamte Menge an Säure, die der oben angeführten Menge an
Thiosulfat zugegeben wird, soll nicht über 12,5 kg Salzsäure bzw. 5 kg
Schwefelsäure hinaus-
gehen. Die Lösung soll
eine solche Stärke be-
sitzen, daß sie eben im-
stande ist, die hellgelbe
Farbe der Haut in ein
dunkleres Gelb zu ver-
wandeln. Obwohl diese
Methode das „Ausblu-
ten" der Felle im Re-
duktionsbad verhütet,
soll sie nach des Ver-
fassers Meinung nicht
empfohlen werden, ver-
möge der Tatsache, daß

Abb. 36. Walzenausreckmaschine Nr. 156.

die dieser uneinheitlichen Behandlung unterworfenen Felle kein gleichförmiges Fertigfabrikat liefern; die erste Haut z. B. passiert in diesem
Zwischenbade eine starke Lösung, die letzte dagegen eine viel schwächere.

Wenn man die Reduktion mit hinreichender Sorgfalt vornimmt
(siehe weiter unten), so ist die Gefahr des „Ausblutens" bedeutend
herabgesetzt.

Das zweite oder Reduktionsbad. Die Reduktion der Chromsäure
zum erwünschten basischen Chromsulfat- oder Chloridsalz geschieht
auf der Hautfaser vermittels schwefliger Säure als Reduktionsmittel.

Die schweflige Säure wird gewöhnlich durch Zugabe von Schwefel-
oder Salzsäure zu einer Natriumthiosulfatlösung hergestellt. Die ursprüngliche Formel von Schultz schreibt vor:

10% Natriumthiosulfat, welchem man in mehreren Zeitabständen
insgesamt 5% Salzsäure zugibt.

Die Erfahrung zeigte aber später, daß diese Quantitäten kaum genügen, und man verwendet heute gewöhnlich viel größere Mengen; die-

selben werden in hohem Grade von der im ersten Bade angewendeten
Menge an Bichromat und Säure bestimmt.

Das zweite Bad wird entweder im Faß oder in der Haspel angestellt. Im Falle von schweren Häuten, wie z. B. für Sohlleder, verwendet man ein Faß oder eine Grube. Da es aber wünschenswert ist,
die Ware während der Reduktion, insbesondere in den ersten Stadien
derselben, zu beaufsichtigen, um das eventuelle „Ausbluten" in dem
oben angedeuteten Sinne wahrzunehmen, ist die Haspel dem Faß
vorzuziehen.

Die in der Praxis verfolgte Arbeitsweise unterliegt weiten Variationen, insbesondere, was die Zugabe der Säure zum gelösten Thiosulfat
anbetrifft. Die wahrscheinlichst beste Methode, welche die Gefahr des
„Ausblutens" vermeidet und ein einheitliches Resultat versichert, ist
die folgende:
Die nötige Menge von Thiosulfat wird aufgelöst und in die Haspel
gebracht. Etwa ein drittel Teil der erforderlichen Säuremenge wird
nach vorausgehender Verdünnung der Natriumthiosulfatlösung zugesetzt. Die Mischung wird entweder von Hand mittels eines hölzernen
Rührers oder durch Laufenlassen der Haspel gut durchgerührt, worauf
in einigen Minuten eine leichte Trübung der Lösung zu beobachten ist,
die von dem ausgefällten, fein verteilten Schwefel herrührt. Dies ist
ein Zeichen dafür, daß die Reaktion im Gange ist.

Die Ware wird hierauf eingelegt und die Haspel gleichzeitig in Bewegung versetzt, wobei man darauf achte, daß die Felle möglichst ausgebreitet in das Bad kommen und während der ganzen Operation in
diesem Zustande verbleiben.

Sobald die ganze Partie von Ware in der Haspel sich befindet, gibt
man ein weiteres Drittel der verdünnten Säure zu. Dies muß mit großer
Sorgfalt geschehen, damit die Säure nicht mit den Blößen in direkte
Berührung kommt.

Ein passendes Hilfsmittel, womit man die unmittelbare Berührung
der Ware mit der Säure verhüten kann, besteht in einem schmalen,
mit gelochtem Boden versehenen Kasten, den man mit Leichtigkeit
in die Haspel eintauchen kann, nur so tief, daß er eben unter die Oberfläche der Flüssigkeit gelangt. Er soll annähernd die Breite von 10—15 cm
und die Höhe von etwa 15 cm besitzen, seine Länge soll gleich derjenigen der Haspel sein. Die Säure wird in verdünnter Form in diesen
Kasten gegossen und übergeht stufenweise aus diesem in das Bad, wo
sie sofort mit demselben vermischt wird, ohne in direkten Kontakt mit
der Ware zu kommen. Man gibt das zweite Drittel von der Säure auf
diese Weise zu und beobachtet gelegentlich die Felle. Nach etwa 45
bis 60 Minuten fügt man das letzte Drittel an Säure zu, um die Reduktion zu vervollständigen, und haspelt bis zur vollendeten Reduktion

noch etwa 2—3 Stunden lang. Das Ende der Reduktion wird durch die charakteristische blau-grüne Farbe des Leders angezeigt. Nach zwei- bis dreistündiger Behandlung nehme man auf der dicksten Partie von ein oder zwei Fellen einen Schnitt vor, um sich über den Fortschritt der Reduktion zu vergewissern.

Sollte nach Ablauf der obenerwähnten Zeit die Reduktion in den dicksten Partien der Haut noch nicht eine vollständige sein, so gebe man dem Bade noch etwas Thiosulfat zu und lasse dem eine weitere Menge an Säure folgen. Es ist wünschenswert, bei dieser Zugabe das Verhältnis von Säure zu Thiosulfat so zu wählen, wie das beim ursprünglichen Anstellen der Lösung der Fall war.

Das oben bereits erwähnte „Ausbluten" der Chromsäure im Reduktionsbad wird durch die Farbe der Lösung angezeigt, die in ein dunkleres Gelb, Gelblichbraun oder Olivengrün übergeht. Sollte dies zufällig eintreffen, so muß man eine weitere Menge an Säure zugeben, um den Reduktionsverlauf zu beschleunigen und ein weiteres Hinausdiffundieren der Chromsäure zu verhüten.

Gewöhnlich geht die Reduktion in ziemlich wohl definierten Stufen vor sich, was aus der Farbe der Ware ersichtlich ist. In den ersten Stadien wechselt die ursprüngliche gelborange Farbe in ein dunkleres Gelb und in ein Gelbbraun. In späteren Stadien nehmen die Felle eine olivgrüne Farbe an, die schließlich in bleiches Blaugrün übergeht. Dieser Farbenwechsel ist durch die Umsetzung der Chromsäure in verschiedene Salze bedingt.

Die im Reduktionsbad sich abspielenden chemischen Reaktionen sind sehr kompliziert. Der ehemalige Professor Eitner studierte die Einwirkung des Thiosulfates durch stufenweise Erhöhung des Säurezusatzes auf die mit Chromsäure imprägnierten Blößen und kam zu der Schlußfolgerung, die weiter unten angeführt wird.

Es ist indessen zu bezweifeln, daß der stattfindende Farbenwechsel mit den hier angegebenen Reaktionen Schritt hält. Diese Reaktionen verlaufen zweifellos gleichzeitig nebeneinander und werden jeweils durch die dem Thiosulfat zugegebene Säuremenge bedingt:

$$3\,CrO_3 \;+\; 6\,HCl \;+\; 6\,Na_2S_2O_3 \;=\; 3\,CrO_2 \;+\; 6\,NaCl\,+$$

Chromsäure + Salzsäure + Natriumthiosulfat = Chromdioxyd + Kochsalz +

$$3\,Na_2S_4O_6 \;+\; 3\,H_2O\,.$$

Natriumtetrathionat + Wasser.

Die Einwirkung der weiterhin zugegebenen Säuremenge wird durch die folgende Gleichung veranschaulicht:

$$2\,CrO_3 \;+\; 12\,HCl\,+\; 6\,Na_2S_2O_3 \;=\; 2\,CrCl_3 \;+\; 6\,NaCl\,+$$

Chromsäure + Salzsäure + Natriumthiosulfat = Chromchlorid + Kochsalz +

$$3\,Na_2S_4O_6 \;+\; 6\,H_2O$$

Natriumtetrathionat + Wasser.

Ein weiteres Zufügen von Säure setzt Schwefel in Freiheit nach der Gleichung:

$$2\,CrO_3 + 6\,HCl + 3\,Na_2S_2O_3 = 2\,CrCl_3 + 3\,Na_2SO_4 +$$

Chromsäure + Salzsäure + Natriumthiosulfat = Chromchlorid + Natriumsulfat +

$$3\,S + 3\,H_2O\,.$$

Schwefel + Wasser

Um das erwünschte basische Salz hervorzubringen, ist es wesentlich, einen Überschuß an Thiosulfat zu haben. Das überschüssige Thiosulfat wirkt auf das Chromsalz nach folgender Gleichung ein:

$$2\,CrCl_3 + Na_2S_2O_3 + H_2O = 2\,Cr(OH)Cl_2 + SO_2 +$$

Chromchlorid + Natriumthiosulfat + Wasser = Basisches Chromchlorid + Schwefeldioxyd +

$$S + 2\,NaCl\,,$$

Schwefel + Kochsalz.

$$Cr_2(SO_4)_3 + Na_2S_2O_3 + H_2O = 2\,Cr(OH)SO_4 + SO_2 +$$

Chomsulfat + Natriumthiosulfat + Wasser = Basisches Chromsulfat + Schwefeldioxyd +

$$S + Na_2SO_4\,.$$

Schwefel + Natriumsulfat.

Stiasny hat später bewiesen, daß die Reaktion, die zwischen Bichromat, Säure und Thiosulfat vor sich geht, unter bestimmten Bedingungen Tetrathionat und ein basisches Chromsalz erzeugt, ohne Bildung von Schwefel, wie dies die folgende Gleichung veranschaulicht:

$$3\,Na_2Cr_2O_7 + 8\,H_2SO_4 + 4\,Na_2S_2O_3 = 6\,Cr(OH)SO_4 +$$

Natriumbichromat + Schwefelsäure + Natriumthiosulfat = Basisches Chromsulfat +

$$6\,Na_2SO_4 + Na_2S_4O_6 + 5\,H_2O\,.$$

Natriumsulfat + Natriumtetrathionat + Wasser.

Der gesamte Reaktionsverlauf im Reduktionsbad wird durch die folgende Gleichung abgebildet:

$$K_2Cr_2O_7 + 6\,HCl + 3\,Na_2S_2O_3 = 2\,KCl + 4\,NaCl +$$

Kaliumbichromat + Salzsäure + Natriumthiosulfat = Kaliumchlorid + Kochsalz +

$$Na_2SO_4 + 2\,H_2O + 3\,S + 2\,Cr(OH)SO_4\,.$$

Natriumsulfat + Wasser + Schwefel + Basisches Chromsulfat.

Es ist eine etwas merkwürdige Tatsache, daß das beim Zweibadverfahren auf der Faser niedergeschlagene Salz, gleich ob man Schwefelsäure oder Salzsäure anwendet, ein basisches Chromsulfat ist. Es ist gezeigt worden, daß ein gut ausgewaschenes „Zweibadchromleder" nur Sulfate und keine Chloride enthält.

Nach vollendeter Reduktion beläßt man die Ware mehrere Stunden, gewöhnlich über Nacht, in der Lösung. Die Folge dessen ist eine weitere Ablagerung von Schwefel in den Faserzwischenräumen und auf den Fasern selbst. Man muß sorgfältig darauf achten, daß die Haspel so lange läuft, bis die Reduktion vollendet ist, sonst hat man es zu befürchten, daß infolge der irregulären Reduktion und Schwefelablagerung während der langen Zeitdauer, wo die Haut in der Lösung verbleibt, eine ungleichmäßige Farbe für das fertige Leder resultiert. Dies ist bei der Herstellung von farbigem Leder besonders wichtig. Die Zeitdauer des Haspelns im Reduktionsbad wird bestimmt: durch die Geschwindigkeit des Säurezusatzes; durch die Konzentration der Lösung; durch den Gehalt der Felle an der im ersten Bade absorbierten Chromsäure.

Wie oben erwähnt, bedarf man eines 3—4stündigen Haspelns, doch muß dasselbe in bestimmten Fällen auf 6—8 Stunden ausgedehnt werden, bevor die Reaktion beendet ist.

Andere Reduktionsmittel, als Natriumthiosulfat, konnten nur mit einem beschränkten Erfolge angewendet werden. Unter diesen sollen Erwähnung finden: a) schweflige Säure (hergestellt durch Brennen von Schwefel in einer besonders konstruierten Apparatur und Lösen des Schwefligsäuregases in Wasser); b) verflüssigtes Schwefligsäuregas; c) Natriumbisulfit; d) Natriumsulfit. Diese Reduktionsmittel sind nicht so befriedigend wie das Bad aus Thiosulfat und Säure, da bei ihrer Anwendung kein Schwefel in oder auf das Leder abgelagert wird. Die Schwefelablagerung ist ein Charakteristikum des „Zweibadchromleders" und wird gewöhnlich als vorteilhaft angesehen.

Der in der Haut in feinster Form verteilte Schwefel führt zur Erzeugung eines geschmeidigen Leders, in dem er als ein Schmiermittel das Gleiten der Fasern übereinander ermöglicht, wodurch diese Geschmeidigkeit bedingt ist, die sonst nur durch das Schmieren des Leders mit Fettstoffen zu erreichen ist. Ferner besitzt das Zweibadleder gewisse Vorteile über anderswie hergestellte Produkte, falls es als technisches Leder für Motoren usw. hohen Temperaturen zu widerstehen hat. Wo die Vulkanisation von Kautschuk auf Leder vorgenommen wird, imprägniert man das letztere mit Kautschuk und setzt es dann den nötigen hohen Temperaturen der Vulkanisation aus. Die Gegenwart von Schwefel im Leder in diesem Prozeß ist von erheblichem Vorteil.

Verschiedene Ersatzmittel für das Natriumthiosulfat sind für diesen Zweck patentiert worden, wie Schwefelwasserstoff, angesäuerte Sulfide, Gemische von Schwefelnatrium und Säuren, Wasserstoffsuperoxyd usw. Sie sind aber alle nur von beschränkter Anwendbarkeit und wirken nicht so befriedigend wie eine angesäuerte Thiosulfatlösung.

Es ist darauf hingewiesen worden, daß die zur völligen Reduktion erforderliche Menge an Thiosulfat in hohem Grade der im ersten Bade absorbierten Chromsäuremenge proportional sein soll. Es wird die Anwendung folgender Quantitäten empfohlen:

Erstes Bad.		Zweites Bad.	
Bichromat	6,0 $^0/_0$	Natriumthiosulfat	15,0$^0/_0$
Salzsäure	4,5 $^0/_0$	Salzsäure	7,5$^0/_0$
oder		oder	
Schwefelsäure	1,75$^0/_0$	Schwefelsäure	3,0$^0/_0$

Es ist bereits vermerkt worden, daß für die Entstehung des basischen Salzes auf der Faser ein Überschuß an Natriumthiosulfat unerläßlich ist. Ein gutes Verfahren, das mit einer bedeutenden Materialersparnis verbunden ist, besteht in der Verwendung eines ständigen Bades, d. h. einer Lösung, die immerfort weiter verwendet wird unter jeweiliger Verstärkung mit einer Menge von Thiosulfat, die der vorhin absorbierten Quantität entspricht.

Der Verfasser fand, daß eine auf diese Weise für eine große Anzahl von Partien verwendete Brühe ausgezeichnete Resultate lieferte. Nimmt

Abb. 37. Chromgerbfaß und Waschhaspel.

man diese Methode an, so muß die ursprüngliche Lösung 20—25% an Thiosulfat und 10—12,5% an Salzsäure (oder 4—5% an Schwefelsäure) für die erste Partie enthalten, und darauffolgend für jede neue Partie mit 10—12% Thiosulfat und 5—6% Salzsäure (oder 2—2,5% Schwefelsäure) verstärkt werden. Nach ein- bis zweimaligem Gebrauch enthält die Lösung eine große Menge an kolloid gelöstem Schwefel sowie eine merkliche Quantität an Natriumsulfat (entstanden als Nebenprodukt der Reaktion) neben einem beträchtlichen Überschuß an unzersetztem Thiosulfat. Bei Anwesenheit dieser Chemikalien ist die Gefahr des Narbenziehens von sehr geringer Wahrscheinlichkeit, da die Entstehung des basischen Salzes auf der Faser gesichert ist. Diese

Methode sei besonders für die Reduktion technischer Chromledersorten, wie z. B. Leder für Webevögel usw. sowie für Chromsohlleder empfohlen, und die Lösung kann für eine große Anzahl von Partien, ohne völlige Neuansetzung, angewendet werden.

Während der Operation findet eine Entwicklung von schwefliger Säure statt, und entweicht dieses Reduktionsmittel, wenn man in einem offenen Gefäß arbeitet. Um diesen Verlust an dem Reduktionsmittel zu verhüten, tut man wohl, die Haspel während des Laufens mit einem Deckel zu versehen. Es ist auch von Vorteil, eine kleine Tür an den Deckel anzubringen, damit der Praktiker den Prozeß von Zeit zu Zeit kontrollieren und den Reduktionsverlauf überwachen kann. Somit wird nicht nur einem übermäßigen Verlust an Schwefligsäuregas vorgebeugt und folglich eine ziemliche Ökonomie erzielt, sondern auch eine unangenehme Belästigung des Arbeiters seitens des Schwefeldioxydgases verhütet.

Wesentlich ist es, dem Reduktionsbad gewöhnliches Salz oder Natriumsulfat zuzugeben, ausgenommen im Falle man die Lösung, wie oben beschrieben, für mehrere Partien bereits verwendet hat. Die Zugabe von Salz verhindert die Säureschwellung, trägt zur Erzeugung einer feineren Narbe bei und drückt die Gefahr des „Narbenziehens" herab.

Es wurde bereits auseinandergesetzt, daß die Zugabe von Säure in mehreren Portionen in dem Maße erfolgen soll, wie die Reduktion fortschreitet. Der Grund dieser Vorsichtsmaßregel beruht darauf, daß ein allzu schneller Verlauf in den ersten Stadien der Reaktion ein Narbenziehen zur Folge haben kann.

Wenn man die Reduktion im Gerbfaß vornimmt, verfährt man praktisch auf dieselbe Weise wie in der Haspel, indem man zu Beginn ein Drittel der gesamten Säuremenge zugibt und das verbleibende Zweidrittel je nach dem Fortschreiten der Reduktion hinzufügt. Führt man die Operation in einem Gefäß oder in der Grube aus, in welche die Häute eingehängt sind, so löst man zunächst die erforderliche Menge an Thiosulfat im Gefäße auf, fügt eine kleine Quantität an Säure zu, mischt gründlich durch, bevor man die Felle hineinbringt, und setzt die weiteren Mengen der Säure mit fortschreitender Reaktion portionsweise zu.

Das „Einbad"-Gerbverfahren. Das Einbadverfahren findet eine viel ausgedehntere Anwendung in der Chromgerberei als das Zweibadverfahren, insbesondere für die Herstellung von Boxkalb, Velour, Rindbox und für die Verarbeitung von Schaffellen zu Handschuhleder, Oberleder, Futterspalte und Luxusleder. Die Ausführung der Einbadmethode ist eine einfachere als die der Zweibadmethode und verbürgt außerdem ein einheitlicheres Erzeugnis.

Infolge ihrer Einfachheit in der Ausführung und vielleicht auch ihrer Ähnlichkeit zum gewöhnlichen vegetabilischen Gerbprozeß, wo vegetabilische Gerbextrakte zur Verwendung kommen, hat sich die Einbadmethode viel allgemeiner eingeführt als das Zweibadgerbverfahren. Der hauptsächlichste Unterschied zwischen den beiden Methoden besteht darin, daß während im Zweibadprozeß das basische Chromsalz auf der Hautfaser entwickelt wird, dasselbe im Einbadprozeß in Form einer basischen Chromlösung von zunehmender Stärke direkt mit der Haut in Verbindung kommt.

Die erste praktische Durchführung dieser Gerbmethode ist Martin Dennis zu verdanken, der im Jahre 1893 die Verwendung einer basischen Chromchloridgerbbrühe, hergestellt durch Auflösen von Chromoxydhydrat in Salzsäure und darauffolgendes Abstumpfen mit einem Alkalikarbonat, patentieren ließ.

Es wurde von Procter gezeigt, daß beim Auflösen von Chromoxydhydrat in einer begrenzten Menge von Salzsäure bereits eine basische Lösung entsteht, da ein Anteil des Chromoxydhydrates vom zuerst gebildeten normalen Chromsalz gelöst wird. Die Zugabe des obenerwähnten Alkalikarbonates ruft folgende Reaktion hervor:

$$2\,CrCl_3 \; + \; Na_2CO_3 \; + 2\,H_2O = \quad 2\,NaCl \; +$$

Chromchlorid + Natriumkarbonat + Wasser = Natriumchlorid +

$$CO_2 \; + \quad 2\,Cr(OH)Cl_2$$

Kohlensäure + Basisches Chromchlorid.

Zu ersten Zeiten des Martin Dennis „Tanolin" war die Erzeugung eines befriedigenden Leders mit manchen Schwierigkeiten verbunden, zweifellos aus dem Grunde, daß die Lösung nicht genügend basisch war und infolge einer mangelhaften Fixation des Chromsalzes auf der Faser dies letztere während des darauffolgenden Waschens leicht wieder in Lösung ging.

Die allgemeine Verbreitung des Einbadverfahrens erfolgte nach den Veröffentlichungen Procters im Jahre 1897 und 1898, in welchen er die Reduktion des Bichromates mittels organischer Reduktionsmittel, wie z. B. Glukose, Zucker usw., befürwortete. Auch wies er darauf hin, daß durch die Verwendung einer mit Soda basisch gemachten Lösung von Chromalaun (ein Nebenprodukt der Fabrikation mancher Teerfarbstoffe), wenn nicht bessere, so doch gleich gute Resultate zu erzielen sind, wie mittels der basischen Chromchloridlösung.

Eine Brühe dieser Art ist außerordentlich leicht herzustellen, und wenn man den Chromalaun billig verschaffen kann, liefert er eine sehr leicht handzuhabende, zufriedenstellende Chromgerbbrühe.

Die Basizität von Chrombrühen. Während der letzten Jahre hat man der Bedeutung des Basizitätsgrades von Einbadchromgerbbrühen wiederholte Aufmerksamkeit gewidmet, wie auch die der herzustellenden

Ware entsprechende Einstellung desselben ins Auge gefaßt. Es soll daran erinnert werden, daß eine normale Lösung von Chromchlorid oder Chromsulfat nur bis auf einen sehr beschränkten Betrag durch die Blöße absorbiert wird, während eine basische Lösung in einem viel höheren Maße Aufnahme findet.

Es kann allgemein behauptet werden, daß unter den gewöhnlichen Bedingungen der Gerbung die Haut um so leichter mit dem Chromsalz sich verbindet, je basischer die Lösung ist. Die Basizität der Gerbbrühe übt einen bedeutenden Einfluß auf das resultierende Leder aus, und man soll es sich vergegenwärtigen, daß die Gerbung in einer allzu basischen Brühe in den äußeren Hautpartien äußerst rasch vor sich geht, was mit der großen Gefahr verbunden ist, daß man ein Narbenziehen und ein Übergerben der Narben- und Fleischseite herbeiführt, was folglich eine spröde und brüchige Narbe dem fertigen Leder verleiht.

Das Eindringen der Gerbbrühe in die Mittelschichten der Haut wird hierdurch auch verzögert und eine vollkommene Durchgerbung unmöglich gemacht.

Die Wirkung einer zu basischen Lösung dürfte mit dem „Totgerben" des vegetabilischen Gerbprozesses verglichen werden, wenn die Blöße hierbei einer zu adstringenten, konzentrierten Brühe ausgesetzt wird.

Viele der Schwierigkeiten, denen man früher begegnete, waren durch eine unpassend gewählte Basizität der Chromlösung bedingt. Eine ungenügend basisch gemachte Chrombrühe erzeugt ein feinnarbiges Leder, welches im allgemeinen zu wenig Chromsalz auf der Faser besitzt und eine Tendenz zum Steifwerden aufweist. Eine allzu basische Brühe dringt sehr langsam die Haut durch und gerbt, wie oben erwähnt, nicht vollständig aus, dessen Folge auch die Herstellung eines zu elastischen, gummiartigen Produktes sein kann.

Ausdruck der Basizität. Es dürfte nach obigem einleuchten, welche Bedeutung der Basizität in der praktischen Anwendung einer Chromgerbbrühe zukommt. Diese wird durch die sogenannte Basizitätszahl ausgedrückt. Der Sinn dieser Zahl wird vom technisch ungebildeten Arbeitsmann vielleicht nicht richtig verstanden und dürfte ihn ziemlich verwirren.

Für die Basizitätszahl sind heute hauptsächlich zwei Ausdrucksweisen im Gebrauche. Die ältere basiert auf dem Verhältnis von Base zu Säure, die aus der Gleichung

$$\mathrm{Cr} : \mathrm{SO}_4 = 52 : x$$

berechnet werden kann. Unter Cr bzw. SO_4 versteht man die in der fraglichen Brühe vorhandenen Mengen an Chrom bzw. Sulfatrest. 52 ist das Atomgewicht vom Chrom, x bedeutet die Basizitätszahl. Für normales Chromsulfat, in welchem auf 52 Teile Chrom 144 Teile SO_4 kommen, hat man einzusetzen:

$$52 : 144 = 52 : x.$$

x berechnet sich aus dieser Gleichung zu 144, d. h. normales Chromsulfat besitzt die Basizitätszahl 144.

Wenn man 100 kg Chromalaun 25 kg Kristallsoda zusetzt, beträgt die Basizitätszahl der entstandenen Brühe 102, während man bei Zugabe von 40 kg Kristallsoda zu derselben Menge von Chromalaun die Basizitätszahl zu 76 findet. Man ersieht daraus, daß die Basizitätszahl mit zunehmender Basizität abnimmt, d. h. je basischer die Lösung, um so kleiner ist die Basizitätszahl x.

Frei von diesem umgekehrten Verhältnis ist die Ausdrucksweise von Schorlemmer, die über die oben angeführte entschieden den Vorzug verdient. Sie drückt die Basizitätszahl in Prozenten aus, mit steigender Basizität von 0—100, und kann entgegen der oben angeführten Ausdrucksweise sowohl für Sulfate wie auch für Chloride des Chroms, Eisens, Aluminiums usw. angewendet werden.

Die Basizitätszahl nach Schorlemmer (B) repräsentiert das basisch gebundene Chrom in Prozenten des Gesamtchroms oder mathematisch ausgedrückt:

$$B = \frac{\text{An (OH) gebundenes (oder basisch gebundenes) Cr} \times 100}{\text{Gesamtchrom}}.$$

Nach dieser Ausdrucksweise besitzt das normale Chromsulfat oder -chlorid die Basizitätszahl 0, ausgefälltes Chromhydroxyd die Zahl 100.

Um dies näher zu erläutern, möge die folgende Erklärung dienen, die jedoch den Tatsachen nicht vollkommen entspricht und nur als Beispiel angesehen werden darf:

Man weiß aus Erfahrung, daß man durch einen zu großen Sodazusatz die Chromalaunbrühe ausflocken kann. Der hierbei entstandene grüne Niederschlag besteht aus Chromhydroxyd. Fügt man aber nur eine angemessene Quantität an Soda der Chromalaunlösung zu, so trübt sich die Lösung etwas, sie wechselt die Farbe, opalesziert, flockt aber nicht aus. Man denke sich nun, daß einer jeden Menge zugesetzten Sodas entsprechend eine bestimmte Menge Chromhydroxyd gebildet wird, das — bis zu einer bestimmten Grenze — nicht ausfällt, sondern durch den Chromalaun in kolloider oder fein verteilter Form in Lösung gehalten wird. (In Wirklichkeit bildet sich hierbei das basische Salz.) Dieser Betrag an kolloid gelöstem Chromoxydhydrat, ausgedrückt in Prozenten des Gesamtchroms (beide als Chrom, oder beide als Chromoxyd in Rechnung gezogen) stellt die Schorlemmersche Basizitätszahl dar.

Zur gegenseitigen Umrechnung der beiden Ausdrucksweisen x und B dienen die folgenden Formeln:

$$B = 100 \cdot \frac{144 - x}{144}$$

und
$$x = 144 \cdot \frac{100 - B}{100} \, .$$

Eine nähere Beschreibung dieser und auch anderer, weniger gebrauchter Ausdrucksweisen, sowohl eine von Prof. E. Stiasny konstruierte, für wissenschaftliche und praktische Zwecke ausgezeichnete graphische Umrechnungstafel befindet sich im „Collegium" Nr. 647, S. 107, Jahrgang 1924.

Die Basizitätszahl, die für die Ausgerbung der meisten Warensorten als geeignet angesehen wird, variiert zwischen $B = 30 - 37{,}5\%$ oder entsprechend $x = 90 - 100$ (für Sulfate). Dieser Basizitätsgrad entspricht etwa dem basischen Salz: $Cr(OH)SO_4$. Im Falle von Chloridbrühen muß die Basizität bedeutend höher gewählt werden, um denselben Gerbeffekt zu erzielen, und dürfte der Formel $Cr_2Cl_3(OH)_3$ entsprechen.

Die Gegenwart von Chloriden, wie z. B. Kochsalz, in der Brühe ist von bedeutendem Einfluß und läßt die Brühe in gewisser Beziehung als weniger basisch erscheinen. Die Wirkung von Neutralsalzen auf die Chromgerbung ist in letzter Zeit Gegenstand ausgedehnter chemischer Forschungen geworden.

Herstellung der „Chromalaunbrühe". Wie oben erwähnt, ist diese Brühe am einfachsten herzustellen. Der Chromalaun wird in einem hölzernen Gefäß in warmem Wasser gelöst und diese Lösung durch langsames Zufließenlassen einer Natriumkarbonat- (Soda-) oder Natriumbikarbonatlösung unter fortwährendem Umrühren basisch gemacht; die Menge des zugesetzten Natriumkarbonates bzw. Bikarbonates wird so gewählt, daß die entstandene Brühe den erwünschten basischen Chrakter besitzt. Mit großer Sorgfalt muß man bei Herstellung einer stark basischen Brühe verfahren; das Natriumkarbonat soll langsam und vorsichtig zugegeben werden, besonders gegen das Ende der Reaktion, da man sonst Gefahr läuft, eine Fällung von Chromhydroxyd oder von einem unlöslichen basischen Salz zu erhalten.

Chromalaun und Chromsulfat werden von kaltem Wasser mit einer violetten Farbe gelöst. Wird die Auflösung in heißem Wasser vorgenommen, so weist die Lösung eine grüne Farbe auf. Die erstere verleiht dem Leder ihre charakteristische bläulichviolette Farbe und macht sie elastischer, praller. Diese violetten und grünen Lösungen unterscheiden sich voneinander in vielen ihrer Reaktionen, und es ist gezeigt worden, daß die chemische Konstitution dieser Salze ebenfalls Unterschiede aufweist[1]).

Der Verfasser zieht es vor, den Chromalaun heiß zu lösen, da das Auflösen in der Kälte infolge der Langwierigkeit dieser Operation lästig ist. Ferner ist das mit dem grünen Salz ausgegerbte Leder ähnlich dem „Zweibadleder“, insbesondere in bezug auf Geschlossenheit, feine Narbe und volle Struktur, und ist frei von den unerwünschten elastischen Eigenschaften, die dem Leder durch die Ausgerbung mit einer kalt bereiteten Chromalaunbrühe verliehen werden.

Durch eine teilweise Neutralisation der Säure des normalen Chromsulfates entsteht eine ziemliche Anzahl von basischen Salzen, unter welchen die typischsten basischen Chromsulfate folgende Formeln besitzen:

$$(1) \qquad Cr_2(SO_4)_2(OH)_2 \,,$$

$$(2) \qquad Cr_4(SO_4)_3(OH)_6 \,,$$

$$(3) \qquad Cr_2(SO_4)(OH)_4 \,.$$

Für die Herstellung des Salzes $Cr(OH)SO_4$, welches, wie bereits erwähnt, für die meisten Sorten Chromleders geeignet ist und allgemeine Verwendung findet, sind folgende Proportionen einzuhalten: Für die Ausgerbung von je 100 kg Blößen löse man

15 kg Chromalaun in
50 l Wasser, von 85—95° C.

Man bereite eine Lösung von 1,1 kg entwässerter (kalzinierter) Soda oder 4,0 kg Kristallsoda in 25 l heißem Wasser und gebe sie vorsichtig dem vollständig gelösten Chromalaun zu. Die Natriumkarbonatlösung (die Sodalösung) muß aus den obenerwähnten Gründen langsam der Chromalaunlösung zugegeben werden. Nachdem man die gesamte Menge an Soda zugefügt hat, füllt man mit Wasser auf das Gesamtvolumen von 100 l auf und mischt gründlich durch. Die einmal bereitete Lösung kann für jede beliebige Zeitdauer aufbewahrt werden.

Die Herstellung von großen Quantitäten dieser Lösung ist mit manchen praktischen Schwierigkeiten verbunden, und man kann sie infolge der begrenzten Löslichkeit des Chromalauns nicht in einer stark konzentrierten Form erhalten. Die beste Methode nach Meinung des Verfassers ist die direkte Auflösung des Chromalauns im Walkfaß, in das man die erforderliche Menge an heißem Wasser hineinbringt und das Faß bis zur vollständigen Auflösung des Chromalauns laufen läßt; man fügt daraufhin die Sodalösung durch die hohle Achse zu, mit Hilfe eines hölzernen Eimers oder Gefäßes, das mit einem, in das Innere des Fasses

---

[1]) E. Stiasny, „Collegium“ 635. 1923.

führenden Rohr versehen ist, welches auch einen Hahn besitzt, um den Zufluß regulieren zu können.

Auf diese Weise können mit einem Minimum an Arbeit große Quantitäten bewältigt werden. Die Lösung kann dann mit Hilfe einer Pumpe oder auf irgendeine passende Weise in ein Lagergefäß übersetzt werden, aus dem man die für die Gerbung erforderliche jeweilige Menge nach Belieben entnehmen kann.

Die Herstellung der „basischen Chromsulfatbrühe". Die Bereitung von Chrombrühen durch Basischmachen einer Chromsulfatlösung mit Natriumkarbonat findet ausgedehnten Gebrauch bei den Spezialfabriken, die für Gerbzwecke eine gebrauchsfertige Chrombrühe fabriksmäßig darstellen.

Chromsulfat und Chromalaun sind Nebenprodukte in der Fabrikation mancher Teerfarbstoffe und der damit verbundenen chemischen Prozesse. Sie können leicht in eine passende Chrombrühe durch Zusatz von Soda umgesetzt werden, wie die folgende Gleichung zeigt:

$$Cr_2(SO_4)_3 + Na_2CO_3 + H_2O = Cr_2(OH)_2(SO_4)_2 + Na_2SO_4$$

Chromsulfat + Natriumkarbonat + Wasser = Basisches Chromsulfat + Natriumsulfat

$$+ CO_2 .$$

+ Kohlensäure.

Eine weitere Methode zur Herstellung von Chrombrühen besteht in der Auflösung des Chromhydroxyds (ebenfalls ein Beiprodukt in der Fabrikation einiger Teerfarbstoffe) in Schwefelsäure nach folgender Gleichung:

$$Cr_2(OH)_6 + 2H_2SO_4 = Cr_2(OH)_2(SO_4)_2 + 4H_2O .$$

Chromhydroxyd + Schwefelsäure = Basisches Chromsulfat + Wasser.

Die Herstellung der „Glukosebrühe". Die ursprünglich von Procter im Jahre 1897 vorgeschlagene sogenannte „Glukosebrühe" erfreut sich großer Verbreitung. Sie wird durch Reduktion einer sauren Bichromatlösung mit Glukose hergestellt.

Zur Bereitung der Brühe löse man 100 kg Kalium- oder Natriumbichromat in einer sehr kleinen Menge von Wasser auf, womöglichst in einem mit Blei ausgekleideten Behälter, und gebe eine bestimmte Menge an Schwefel- oder Salzsäure zu.

Dann wird die Glukose in kleinen Portionen zugegeben, bis sich eine heftige Reaktion entwickelt und die Lösung aufkocht, während ihre Farbe vom ursprünglichen Rotorange der Chromsäure in die grünliche Farbe des basischen Chromsulfates oder -chlorids übergeht.

Die Glukose muß sehr vorsichtig zugesetzt werden, damit die Reaktion nicht allzu stürmisch verläuft und die Lösung nicht überkocht. Anderseits ist es notwendig, die Lösung in heftigem Kochen zu halten, da bei einer Abkühlung die Reaktion aufhört. Im letzteren Falle muß man sogar die Lösung durch Zuführen von Dampf erhitzen, damit die

Reaktion zu Ende geführt wird. Auch ist es ratsam, im Laufe des Fortschreitens der Reduktion die Brühe gelegentlich durchzumischen. Die Reaktion verläuft nach folgender Gleichung:

$$Na_2Cr_2O_7 + 3\,H_2SO_4 + Reduktionsmittel = 2\,Cr(OH)SO_4$$

Natriumbichromat + Schwefelsäure = Basisches Chromsulfat

$$+ Na_2SO_4 + 2\,H_2O + Oxydationsprodukte\,.$$

+ Natriumsulfat + Wasser.

Die Basizität der entstandenen Brühe hängt von dem Verhältnis der angewandten Bichromat- und Säuremenge ab, wie auch bis zu einem gewissen Grade von der maximalen Temperatur, bei welcher die Reduktion ausgeführt worden ist.

Es wurde gezeigt[1]), daß eine unterhalb 70^0 C hergestellte Brühe die Basizitätszahl[2]) $B = 36,8$ ($x = 92$) aufwies, während eine bis zum Siedepunkt erhitzte Brühe, hergestellt aus denselben Mengen von Bichromat, Säure, Reduktionsmittel und Wasser, die Basizitätszahl $B = 47,4$ ($x = 75,7$) besaß.

Die auf diese Weise hergestellten Brühen weisen nicht nur in bezug auf ihren Basizitätsgrad, der von der Temperatur abhängt, Verschiedenheiten auf, sondern variieren auch etwas im Chromgehalt, da während des heftigen Kochens durch Verspritzen der Brühe ein kleiner Verlust entsteht.

Die folgende Tabelle zeigt die annähernden Basizitätszahlen, die bei Verwendung verschiedener Mengen von Bichromat und Säure für die entstandenen Brühen charakteristisch sind:

Natriumbichromat	100	kg	100	kg	100	kg	100	kg	100	kg
Schwefelsäure ($95^0/_0$)	85	,,	95	,,	100	,,	105	,,	114	,.
Schwefelsäure ($100^0/_0$) .	80,75	,,	90,3	,,	95	,,	99,75	,,	108,25	,,
Glukose	25	,,	25	,,	25	,,	25	,,	25	,,
Wasser	500	l	500	l	500	l	500	l	500	l
Basizitätszahl[2]) { B in $^0/_0$	51,6		42,2		37,0		32,2		23,8	
{ x	69,65		83.3		90,7		97,6		109,8	

Der Basizitätsgrad kann entsprechend den Forderungen durch Zusatz von Schwefelsäure erniedrigt, durch Zusatz von Soda erhöht werden.

Um im Falle der oben angeführten Brühen die Basizitätszahl x um 10 Einheiten zu erhöhen (d. h. die Basizität der Brühe zu erniedrigen), gebe man 7,25 kg 95%ige Schwefelsäure zu.

Um die Basizitätszahl x um 10 Einheiten zu erniedrigen (d. h. die Brühe basischer zu machen), hat man

---

[1]) B a r k e r u. B a r b e r, Journal of the Society of Leather Trade's Chemists, 142 (1917).

[2]) Siehe Seite 93.

20   kg Kristallsoda
oder   7,5   ,,   kalzinierte Soda
oder   11,75   ,,   Natriumbikarbonat

zuzugeben.

Nach der Ausdrucksweise von Schorlemmer benötigt man die folgende Menge an kalzinierter Soda, wenn man die Brühe basischer machen will:

$$(A - B) \cdot 3{,}06 \frac{C}{100} \text{ g Soda per Liter Brühe,}$$

wobei B die vorhandene Basizitätszahl, A die erwünschte Basizitätszahl bedeuten, und für C die Anzahl an Grammen Chrom (Cr) per Liter einzusetzen ist.

Es ergibt sich daraus, daß man zu 100 kg Natriumbichromat ($Na_2Cr_2O_7 \cdot 2\,H_2O$) 1,06 kg kalzinierte Soda zusetzen muß, um die Basizitätszahl B um 1^0 zu erhöhen.

Die bei der Reduktion entstandenen Oxydationsprodukte sind von undefinierbarem und unbestimmtem Charakter, doch hat man die Gegenwart von Aldehyden nachgewiesen. Das mit dieser Brühe hergestellte Leder ist den Fabrikaten oft vorzuziehen, die mittels der „Chromalaunbrühe", der „basischen Chromsulfatbrühe" oder mit einer aus Bichromat vermittels anorganischer Reduktionsmittel hergestellten Brühe bereitet wurden. Die bessere Qualität des fertigen Leders ist in hohem Maße den in der Brühe vorhandenen Aldehyden zu verdanken.

Viele organische Reduktionsmittel wurden als Ersatz für Glukose vorgeschlagen, wie mehlartige Produkte, Stärke, Glyzerin, Malzextrakt, Dextrin, Zucker und Zuckerrückstände, Alkohol usw. wie auch unbrauchbare Abfälle, u. a. das Sägemehl der Holzsägen, das Korn von Brauereien, erschöpfte vegetabilische Gerbmaterialien, Chromlederfalzspäne usw.

Die Reduktion mittels Sägespäne. Die Herstellung von Chrombrühen vermittels wertloser Abfallstoffe ist bereits erwähnt worden.

Die folgende Methode ist von C. Blanc im Jahre 1908 in Paris patentiert worden. Das Patent führt als Beispiel die folgenden Proportionen an:

100 kg Natriumbichromat,
120 ,,   Schwefelsäure
500 l   Wasser,
150 kg Sägespäne.

Die Herstellung der Chrombrühe mittels gewöhnlicher Sägespäne als Reduktionsmittel stellt sich natürlich außerordentlich billig. Nachteilig ist das auftretende heftige Schäumen, das bei der Bereitung der Glukosebrühe ebenfalls auftritt, doch in diesem Falle bedeutend stürmischer vor sich geht, da das Reduktionsmittel infolge seiner

Leichtigkeit auf die Oberfläche steigt, wodurch die Lösung leicht überkocht. Diese Schwierigkeit kann aber überwunden werden, indem man
Holzschnitzel zur Reduktion verwendet oder das Sägemehl in ein Blei-
gefäß bringt, welches auf eine passende Weise unter die Oberfläche der
Lösung getaucht wird. Es ist wesentlich, die Brühe während der Operation in stetigem Umrühren zu halten und das Reduktionsmittel in weit-
liegenden Zeitabständen zuzusetzen, damit ein Überkochen der Brühe
vermieden wird.

Die Reduktion mittels Chromlederfalzspäne. P. Kauschke erhielt
im Jahre 1915 ein Patent für die Herstellung von Chrombrühen vermittels Chromlederabfälle. Die Methode wird wie folgt ausgeführt:
100 kg Chromlederabfälle (Falzspäne von der Falzmaschine) werden mit
330 kg Salzsäure vermischt, worauf man 150 kg Natriumbichromat
diesem Gemisch zufügt und das Ganze gut durchrührt. Man bereitet
eine Emulsion von 1—1,5 kg Kartoffelstärke in 5—7,5 l Wasser und
läßt sie der obigen Mischung aus Bichromat, Säure und Falzspäne langsam zulaufen, wobei man bis zur Vollendung der Reaktion kräftig
umrührt.

Der Verfasser hat eine etwas ähnliche Brühe in großem Maßstabe
mit bestem Erfolge, wie folgt, bereitet: 25 kg Chromlederfalzspäne
werden in einen mit Blei ausgekleideten Behälter gebracht und mit so
viel Wasser überschüttet, daß sie vollständig bedeckt werden. Man gibt
dann 60 kg Handelsschwefelsäure (90%) zu und mischt gründlich
durch. Man läßt die Mischung während 2—3 Stunden stehen und läßt
eine Lösung von 50 kg Natriumbichromat in etwa 125 l Wasser tropfen-
weise zufließen, wobei man sich vorteilhaft eines mit regulierbarem Hahn
versehenen Zuflußrohres bedient. Während der Zugabe des Bichromates
muß die Mischung gründlich gerührt und das Rühren so lange fortgesetzt
werden, bis die Brühe die erwünschte blaugrüne Farbe annimmt.

Der Vorteil dieses Verfahrens beruht auf der Verwendbarkeit eines
oft unverkäuflichen Abfallstoffes und auf der Zurückgewinnung des in
den Falzspänen enthaltenen Chroms in einer für Gerbzwecke passenden
Form. Der Nachteil besteht darin, daß die Brühe eine kleine Menge
unvollkommen zerstörter Falzspäne oder Hautsubstanz enthält, die
durch eine passend gewählte Filtration vor dem Gebrauch entfernt
werden müssen.

Die Herstellung der mit Thiosulfat reduzierten Brühe. Wie vorhin
erwähnt, kann man durch Reduktion einer angesäuerten Bichromatlösung mit Hilfe von anorganischen Reduktionsmitteln eine befriedigend
gute „Einbadchrombrühe" herstellen. Unter den so bereiteten Brühen
verdient die mit Natriumthiosulfat reduzierte Chrombrühe den ersten
Platz. Diese Brühe wurde und wird noch in größtem Maßstabe und mit
bestem Erfolge angewendet.

7*

Ihre Bereitung wird etwa auf dieselbe Weise ausgeführt wie diejenige der Glukosebrühe oder einer anderen mit organischen Stoffen hergestellten Brühe.

Die abgewogene Menge des Kalium- oder Natriumbichromates wird in ein mit Blei ausgekleidetes Gefäß von passenden Dimensionen gebracht; man löst das Bichromat in einer eben hinreichenden Menge Wassers und setzt so viel Schwefel- oder Salzsäure zu, daß das gesamte Bichromat in Chromsäure umgesetzt wird. Man läßt dann die zuvor in Wasser gelöste Menge von Thiosulfat langsam zufließen, am besten aus einem hölzernen Gefäß, das mit einem durch Hahn regulierbaren Zuflußrohr versehen ist und welches vorteilhaft über das Gefäß gestellt wird, das die Bichromatsäurelösung enthält. Während man die Thiosulfatlösung in dünnem Strome zufließen läßt, soll die Brühe im Behälter ständig gerührt werden. Es muß bei dieser Operation darauf geachtet werden, daß keine Schwefelbildung erfolgt. Gibt man die Thiosulfatlösung zu rasch hinzu, so fällt Schwefel aus, während bei einer langsam verlaufenden Reaktion die Brühe klar bleibt und keine Schwefelabscheidung stattfindet.

Die hierbei verlaufende Reaktion wird durch die folgende Gleichung veranschaulicht:

$$3\,Na_2Cr_2O_7 \;+\; 8\,H_2SO_4 \;+\; 4\,Na_2S_2O_3 \;=\; 6\,Cr(OH)SO_4$$

Natriumbichromat + Schwefelsäure + Natriumthiosulfat = Basisches Chromsulfat

$$+\; 6\,Na_2SO_4 \;+\; Na_2S_4O_6 \;+\, 5\,H_2O$$

+ Natriumsulfat + Natriumtetrathionat + Wasser.

Die aus obiger Gleichung berechneten Quantitäten betragen:

Natriumbichromat	100 kg
Natriumthiosulfat	111 ,,
Schwefelsäure	87,5 ,,

Stiasny, der ursprünglich den Gebrauch einer solchen Brühe vorgeschlagen hat, gibt folgende Proportionen an:

Natriumbichromat	100 kg
Natriumthiosulfat . . · . .	136 ,,
Schwefelsäure	82 ,,

Das Ganze wird auf 750 l aufgefüllt.

Zur Herstellung einer Brühe nach diesen Proportionen löse man 250 kg Natriumbichromat in etwa 250 l Wasser auf. 205 kg sorgfältig abgewogener Schwefelsäure werden dann zugegeben und die Lösung gut durchgemischt. 340 kg Natriumthiosulfat, gelöst in 500 l Wasser, werden daraufhin, wie oben beschrieben, langsam zugefügt. Das Ganze wird nach vollendeter Reaktion zu 1875 l aufgefüllt.

Die Reaktion geht zu Beginn sehr langsam vor sich — hat man aber etwa ein Sechstel der gesamten Thiosulfatmenge zugefügt, beginnt die

Lösung heftig zu kochen. Sobald dies eintrifft, muß man sehr vorsichtig fortfahren; die weitere Zugabe von Thiosulfat soll sehr behutsam erfolgen. Kocht einmal die Lösung, so ist es ratsam, sie zwecks Abkühlung stehen zu lassen, bevor man weitere Mengen an Thiosulfat zusetzt.

Diese Brühe besitzt gewisse Vorteile gegenüber der Glukosebrühe oder den gewöhnlichen basischen Chromsulfat- oder basischen Chromchloridbrühen, indem sie zweifellos einen Gehalt an kolloidem Schwefel aufweist, wodurch sie dem Leder die charakteristischen Eigenschaften verleiht, die bei dem Zweibadgerbverfahren erzielt werden.

Die Herstellung der „Schwefeldioxydbrühe“. Die Verwendung von Schwefeldioxyd als Reduktionsmittel für die Herstellung einer „Einbadchrombrühe“ aus Natrium- oder Kaliumbichromat hat sich in der Zeitperiode 1914—1918 einer großen Verbreitung erfreut, da die organischen Reduktionsmittel, wie Glukose, Mehl, Stärke, Glyzerin usw., für diesen Zweck nicht zu beschaffen waren und das Natriumthiosulfat etwas kostspielig war.

Die Herstellungsweise dieser Brühe besteht darin, daß man in eine Lösung von Natrium- oder Kaliumbichromat Schwefeldioxydgas einleitet; das Schwefeldioxydgas wird aus einem einfacheu Schwefelbrennofen entwickelt. Es ist indessen angenehmer, das Schwefeldioxyd in flüssiger Form zu verwenden, wie man es in Bomben von Spezialfabriken beziehen kann.

Die gut definierte Reaktion verläuft nach folgender Gleichung:

$$Na_2Cr_2O_7 \;+\; 3\,SO_2 \;+\; H_2O = Na_2SO_4 \;+\; 2\,Cr(OH)SO_4 .$$

Natriumbichromat + Schwefeldioxyd + Wasser = Natriumsulfat + basisches Chromsulfat.

Während diese Methode im Vergleich zu den anderen Herstellungsmethoden von Einbadbrühen äußerst billig ist und durch einen Chemiker leicht kontrolliert werden kann, besitzt es mehrere Nachteile, im Falle man nicht in der Lage ist, den Prozeß durch einen Chemiker überwachen zu lassen. Wenn der Arbeitsmann keine chemischen Kenntnisse besitzt, kann es vorkommen, daß überschüssiges Schwefeldioxyd in die Brühe gelangt, d. h. dieselbe einen Überschuß an schwefliger Säure erhält und auf keine einfache Weise darauf geprüft werden kann, ob sie zur Gerbung geeignet ist. Man hat also in diesem Falle mit einer ungleichförmigen Produktion zu rechnen.

Nach der Meinung des Verfassers besitzt das so hergestellte Leder nicht die Fülle und den „Körper“ desjenigen Leders, welches mit einer Brühe, hergestellt vermittels organischer Reduktionsmittel, bereitet wurde.

Die folgende Tabelle gibt die Mengen von Schwefel und Schwefeldioxyd an, die zur Reduktion variabler Quantitäten von Natriumbichromat erforderlich sind, sowie den Chromoxydgehalt der betreffenden Brühen:

kg Na₂Cr₂O₇ in 500 l Wasser	kg Na₂Cr₂O₇ · 2 H₂O in 500 l Wasser	kg erforderlichen Schwefels (S)	kg erforderlichen Schwefeldioxyds (SO₂)	Chromoxydgehalt der Brühe (Cr₂O₃ in Proz.)
45	51,18	16,51	32,95	5,22
50	56,87	18,33	36,65	5,80
60	68,24	22,02	43,98	6,96
70	79,61	25,69	51,31	8,12
80	90,59	29 36	58,64	9,28
90	102,36	33,03	65,97	10,44
100	113,74	36,67	73,30	11,60
110	125,01	40 37	80,63	12,76
120	136,48	44,04	87,96	13,92
130	147,86	47,71	95,29	15,08
150	170,61	55,00	109,95	17,40

Die Herstellung der Brühe erfolgt auf folgende Weise:

Die erforderliche Menge von Bichromat wird in der $3^1/_3$fachen Menge von Wasser gelöst. Das Schwefeldioxydgas, direkt vom Schwefelbrennofen oder aus einer Bombe, in der es in komprimierter, flüssiger Form vorhanden ist, wird mittels eines Bleirohres in die Lösung geleitet; man läßt auf diese Weise so lange Schwefeldioxydgas zuströmen, bis die Lösung die grünlichblaue Farbe annimmt. Wenn die Reaktion beendet und sämtliches Bichromat reduziert worden ist, erhitzt man die Lösung durch Einleiten von Dampf zum Kochen, damit das überschüssige Schwefligsäuregas herausgetrieben und die Lösung vor dem Gebrauch davon befreit wird. Der Vorteil dieser Brühe beruht auf der Möglichkeit, sie in einer so konzentrierten Form herstellen zu können, wie dies durch andere Methoden nicht zu erreichen ist. Bei Herstellung von großen Quantitäten ist dies natürlich äußerst vorteilhaft.

Herstellung der „Natriumsulfitbrühe". Eine weitere, weniger gebrauchte Methode für die Herstellung von Einbadbrühen besteht in der Reduktion des angesäuerten Bichromates mit Natriumsulfit oder Bisulfit nach folgender Gleichung:

$$Na_2Cr_2O_7 \ + \ 3\,H_2SO_4 \ + \ 3\,Na_2SO_3 = \ 2\,Cr(OH)SO_4$$

Natriumbichromat + Schwefelsäure + Natriumsulfit = Basisches Chromsulfat

$$+ \ 4\,Na_2SO_4 \ + \ 2\,H_2O$$

\+ Natriumsulfat + Wasser.

Die Bereitung der Brühe geschieht auf ähnliche Weise wie die Reduktion des Bichromates mittels Thiosulfat; das Bichromat wird in einer kleinen Menge von kaltem Wasser gelöst und mit der erforderlichen Menge an Säure versetzt, worauf man dieser Mischung das in einer kleinen Menge Wassers gelöste Natriumsulfit oder Natriumbisulfit langsam zufließen läßt, bis die Reduktion vollständig vonstatten geht.

Herstellung der „Chromalaunthiosulfatbrühe". Diese ursprünglich vom verstorbenen Prof. Eitner vorgeschlagene Brühe wird durch

Kochen einer Mischung von Chromalaunlösung mit gewöhnlicher Thiosulfatlösung hergestellt. Der Verfasser hat eine solche Brühe in technischem Maßstabe mit ausgezeichnetem Erfolge angewendet und kann sie für den Fall, daß Chromalaun zu einem mäßigen Preise beschafft werden kann, bestens empfehlen. Das mit Hilfe dieser Brühe hergestellte Leder ist in seiner Qualität demjenigen überlegen, das mit Hilfe einer Chromalaun-Alkalikarbonatbrühe bereitet wird, und ähnelt in seinen charakteristischen Eigenschaften dem Produkt, das vermittels einer, durch Reduktion des angesäuerten Bichromates mit Natriumthiosulfat angestellten Brühe erhalten werden kann.

Man bereitet die Brühe wie folgt: 50 kg Chromalaun werden in 125 l kochendem Wasser gelöst. Sobald der gesamte Chromalaun in Lösung gegangen ist, fügt man bei Kochtemperatur eine heiß bereitete Lösung von 12 kg Natriumthiosulfat in 25 l Wasser langsam zu und kocht die Mischung 20—30 Minuten lang.

Während des Kochens wird eine erhebliche Quantität an schwefliger Säure frei gemacht, weshalb man die Operation womöglichst unter freiem Himmel vornehmen soll oder dafür sorge, daß das entwickelte Schwefeldioxydgas abgeführt wird. Wenn der größte Teil des Schwefeldioxydes durch das Kochen flüchtig gegangen ist, läßt man die Lösung etwas abkühlen und füllt sie dann mit warmem Wasser zu 250 l auf. Es wurde ursprünglich noch eine Zugabe von 25 kg Glaubersalz (Natriumsulfat) zu den oben angeführten Quantitäten von Chromalaun und Thiosulfat, nach beendetem Kochen, empfohlen, doch ist dies nach des Verfassers Meinung unwesentlich und bringt in diesem Falle keinen Vorteil mit sich. Die so hergestellte Brühe dient zur Ausgerbung von etwa 375—400 kg Blößen.

Die Gerbung nach dem Einbadverfahren. Die Ausführung der Gerbung mittels einer der oben beschriebenen Brühen ist verhältnismäßig einfach und besteht darin, daß die Blößen zu Beginn des Gerbprozesses in eine sehr schwache Brühe gebracht werden, deren Konzentration mit fortschreitender Gerbung, durch Zugabe weiterer Mengen der im voraus bereiteten konzentrierten Brühe, stufenweise erhöht wird. Die Operation wird entweder in einem Behälter oder Grube ausgeführt, wo die Felle eingehängt werden, oder sie werden in der Haspel oder im Faß so lange in Bewegung gehalten, bis die Brühe die Blößen vollständig durchdrungen und sie in ein zufriedenstellendes Leder umgewandelt hat.

Die Gerbung von schweren Häuten für Sohlen- und Riemenleder läßt sich am besten durch Einhängen derselben in eine Grube bewerkstelligen, während leichte Häute, Kalb- und Schaffelle bestens im Gerbfaß behandelt werden; die Haspel ist für diese Gerbmethode nicht gut geeignet, da sie viel größere Mengen an Wasser beansprucht, als es für die Felle in Wirklichkeit nötig ist.

Es ist gebräuchlich, der Gerbbrühe Salz zuzusetzen, und zwar kann man es entweder direkt in die bereitete Chromlösung werfen oder, wie es allgemein üblich ist, der Flüssigkeit zusetzen, in welcher sich die Blößen befinden, und der dann die Chromlösung zugefügt wird. Die Zugabe von Salz im Falle von ungepickelter Ware ist nicht unbedingt nötig, doch von manchem Vorteil, was die größere Geschmeidigkeit des fertigen Leders und das leichtere Eindringen der Chrombrühe in die Blöße anbelangt. Die verwendete Menge an Salz soll auch keine übermäßige sein, da sonst, wie früher bereits erwähnt, das Eindringen des Chromsalzes gehemmt wird.

Wird die Operation im Faß ausgeführt, so verfährt man bestens wie folgt:

Man füllt das Faß mit einer zum „Schwimmen" der Felle hinreichenden Menge von Wasser, setzt 5—10% Salz vom Blößengewicht der Ware zu und läßt das Faß einige Minuten laufen, damit das Salz gelöst wird. Man legt dann die Blößen hinein und fügt durch die hohle Achse ein Viertel der zur vollständigen Gerbung bemessenen Chrombrühe dem rotierenden Faß zu. Nach einer Walkdauer von 1—1½ Stunden setzt man ein weiteres Viertel der konzentrierten Chrombrühe zu und wiederholt den Zusatz mit dem dritten Viertel der Stammbrühe nach Ablauf weiterer 1—1½ Stunden. Nach Zugabe des dritten Viertels läßt man das Faß etwa 2 Stunden lang laufen, worauf man die letzte Portion der konzentrierten Lösung zugibt und so lange mit dem Walken fortfährt, bis die Haut vollständig durchgebissen und die Chrombrühe beinahe ganz erschöpft ist. Verfährt man auf diese Weise, so benötigt die vollkommene Ausgerbung von Schaffellen gewöhnlich 5—6 Stunden, während man für leichte Häute mit etwa 8, für schwere Häute mit 10 Stunden zu rechnen hat.

Es ist vorteilhaft, die Leder nachts über in der Gerbbrühe zu belassen, nur muß dafür gesorgt werden, daß sie vollständig in der Brühe untertauchen. Dadurch wird eine weitere Chromaufnahme aus der in der Brühe verbliebenen Menge Chromsalzes ermöglicht. Wenn aber die Brühe stark erschöpft worden ist, kann das Leder bei dieser Behandlung leicht Flecken zuziehen.

Indem durch das fortgesetzte Walken ein erhebliches Quantum an Wärme entwickelt wird, ist es unnötig, die Temperatur zu erhöhen, die etwa 32—35° C betragen soll; in den ersten Stadien der Gerbung ist es sogar erforderlich, das Faß gelegentlich anzuhalten, die Tür zu öffnen und den Faßinhalt etwa eine halbe Stunde lang abkühlen zu lassen.

Die Gerbung wird von der Gestalt des Fasses, vom Volumen der angewandten Wassermenge und von der Umdrehungszahl des Fasses stark beeinflußt, womit auch die künftige Beschaffenheit der Narben-

und Fleischseite bestimmt wird. Um einer jeden Gefahr des „Narbenziehens" oder der Bildung einer unnatürlichen Narbe vorzubeugen, muß
man ein hinreichend großes Volumen an Wasser verwenden, damit die
Blößen voll bedeckt werden. Auch sollen die Felle nicht allzu gedrängt
sein. Das Maß der Absorption soll kontrolliert und die Konzentration
der Gerblösung stufenweise, auf die oben beschriebene Weise, erhöht
werden. Man solle darauf achten, daß die Gerbbrühe im Laufe des
gesamten Gerbprozesses niemals eine allzu konzentrierte Form annimmt. Die Verstärkung soll angenähert in dem Maße erfolgen, wie die
Absorption fortschreitet, so daß die Gerbbrühe im Faß etwas konzentrierter gehalten werden soll als die Flüssigkeit, die von der Haut absorbiert ist. Auf diese Weise wird eine stetig steigende Druckwirkung
auf die Ware ausgeübt. Der Gebrauch von allzu starken Lösungen zu
Beginn der Gerbung, insbesondere, wenn die Brühe stark basisch ist,
ruft eine „Totgerbung" und ein Narbenziehen hervor und verhindert
eine vollkommene Durchgerbung der Ware.

Die besten Resultate können nach des Verfassers Meinung mittels
eines Gerbfasses erhalten werden, dessen Durchmesser 2,40 m und dessen
Breite 1,80 m betragen. Ein Faß von diesen Dimensionen reicht für
die Ausgerbung von etwa 450 kg Blöße aus. Die Umdrehungszahl des
Fasses soll 10 pro Minute nicht übersteigen.

Es wurde oben darauf Bezug genommen, daß es ratsam ist, die
Gerbung mit einer weniger basischen Brühe zu beginnen und mit einer
stark basischen Brühe zu vollenden. Die Brühe von niedrigerer Basizität
dringt viel rascher die Haut durch als eine Brühe von hoher Basizität.

Zur Herbeiführung dieses Effektes können zwei oder drei verschiedene
Wege eingeschlagen werden:

a) Die Blößen werden vor der Gerbung mit Schwefelsäure und Kochsalz gepickelt und mit einer Gerbbrühe behandelt, deren Basizitätszahl
zu Beginn der Gerbung etwa $B = 34\%$ ($x = 95$) beträgt; diese Brühe
wird dann gegen das Ende der Operation durch Zugabe einer berechneten
Menge von entwässerter oder Kristallsoda basischer gemacht; die Zugabe der Natriumkarbonat-(Soda-)Lösung erfolgt in zwei oder mehreren
Portionen, und zwar nach dem dritten oder vierten Zusatz der konzentrierten Chromlösung. Es soll noch darauf hingewiesen werden, daß
die Menge des zuzusetzenden Natriumkarbonates durch die Azidität der
gepickelten Blöße sowie durch die ursprüngliche Basizität der Chrombrühe bedingt wird.

b) Falls die Blößen nicht gepickelt worden sind, beginnt man
die Operation in einer wenig basischen Brühe, bis zur völligen Durchdringung der Haut, worauf man die Gerbung mit einer basischeren
Brühe zu Ende führt; die Anfangsbrühe besitzt z. B. die Basizitätszahl
$B = 17,6\%$ ($x = 120$), die Endbrühe $B = 40,9\%$ ($x = 85$).

c) Man verwendet eine Gerbbrühe von der Basizitätszahl $B = 23,6$ — $30,6\%$ (entsprechend $x = 110 - 100$) und erhöht die Basizität derselben Brühe durch Zugabe einer berechneten Menge von Natriumkarbonat gegen das Ende der Operation.

Wenn man Soda der Gerbbrühe zusetzt, um die Basizität mit fortschreitender Gerbung zu erhöhen, ist wegen der Gefahr des „Narbenziehens" eine große Sorgfalt am Platze.

Erfolgt der Zusatz an Natriumkarbonat zu rasch oder in zu großen Portionen, so wird die von der Haut auf der Fleisch- und Narbenseite absorbierte Lösung plötzlich stark basisch gemacht, dessen unvermeidliche Folge ein Narbenziehen oder ein unerwünschtes Hervortreten der Narbe ist.

Eine andere Modifikation besteht darin, daß man die konzentrierte Chrombrühe von der Basizitätszahl $B = 30,6\%$ ($x = 100$) in einem hölzernen Behälter neben das zu speisende Faß aufstellt; man gibt zunächst etwa die Hälfte dieser Brühe in zwei Portionen durch die hohle Achse zu, stellt dann die zurückbleibende Stammbrühe durch Zugabe der berechneten Menge Soda auf den gewünschten Basizitätsgrad und speist nun das rotierende Faß mit dieser basischeren Lösung.

Es sei darauf zurückgewiesen, daß je weniger basisch die Brühe, um so rascher die Durchdringung der Haut und um so geschmeidiger das erzeugte Leder; je basischer dagegen die Gerbbrühe, um so langsamer die Durchdringung des Chromsalzes und um so größer die Gefahr, ein stark genarbtes Leder zu erhalten.

Man muß infolgedessen bestrebt sein, der Gerbbrühe einen solchen Grad an Basizität zu verleihen, daß das Leder, der Einwirkung von kochendem Wasser ausgesetzt, keine merkliche Schrumpfung erleidet oder, wie man sagt, die Kochprobe besteht. Es ist stets erwünscht, das vom Chromsalz vollständig durchdrungene und anscheinend gut ausgegerbte Leder dieser Probe auf die Weise auszusetzen, daß man einen kleinen quadratförmigen Schnitt von der dicksten Partie der Haut auf eine Dauer von mindestens 5 Minuten in kochendes Wasser legt. Wenn das dem kochenden Wasser entzogene Lederstückchen eine merkliche Schrumpfung erlitten hat oder hart geworden ist, so liegt ein sicheres Zeichen dafür vor, daß die Gerbung eine unvollständige ist oder daß die Basizität der Brühe nicht genügend hoch gestellt war. In diesem Falle wird gewöhnlich auf die Weise verfahren, daß man der Brühe eine berechnete Menge an Soda zusetzt, nachdem man sich vermittels der oben beschriebenen Kochprobe überzeugt hat, daß dies notwendig ist, und walkt die Ware noch etwa 1 Stunde lang. Fällt nach Ablauf dieser Zeit die wiederholt ausgeführte Kochprobe wiederum unbefriedigend aus, so fügt man eine weitere Menge an Soda zu und läßt das Faß weiter laufen. Es ist außerordentlich wichtig, daß das Leder die

Kochprobe gut besteht, bevor es endgültig aus dem Faß herausgeholt wird.

Gerbung vermittels Kombination des „Ein"- und „Zweibad-Verfahrens". Viele Fabrikanten führen die Gerbung durch Kombination des Ein- und Zweibadverfahrens auf die Weise durch, daß sie entweder eine kleine Menge von Bichromat der Einbadbrühe zusetzen und zu Ende der Gerbung die Reduktion des Bichromates in einer angesäuerten Thiosulfatlösung vornehmen, oder indem sie umgekehrt eine gewisse Quantität einer Einbadbrühe dem ersten Bad des Zweibadprozesses zufügen. Eine solche Methode wird folgendermaßen ausgeführt: Man verwendet für je 100 kg Blößen 20 kg Chromalaun, das man in 60 l kochendem Wasser auflöst; die Chromalaunlösung wird durch ein langsames Zufügen von 6 kg Kristallsoda, gelöst in 20 l Wasser, basisch gemacht. Schließlich werden 2 kg Natrium- oder Kaliumbichromat, gelöst in etwa 10 l Wasser, zugegeben, und das Ganze auf das Gesamtvolumen von 100 l gebracht.

Die Blößen werden mit Hilfe dieser Lösung, unter stufenweiser Verstärkung der Brühe, ausgegerbt. Sie werden dann aus dem Faß gezogen, auf den Bock geschlagen, ausgereckt und entweder in das Faß oder in die Haspel zurückversetzt, in der sich eine Lösung von 5 kg Natriumthiosulfat für je 100 kg Blöße befindet, und der man mit fortschreitender Reduktion 2½ kg mit Wasser verdünnte Salzsäure zufließen läßt. Die Ware verbleibt 2—3 Stunden lang in diesem Reduktionsbad, bis die schwach olivgrüne Farbe der Haut in eine blaugrüne übergegangen ist.

Der Verfasser ist der Meinung, daß das nach dieser Methode hergestellte Leder keine besonderen Vorteile über das mittels des Einbadverfahrens erzeugte Produkt besitzt, ausgenommen den Fall, wo ein Leder von sehr hohem Chromgehalt und sehr niedrigem Schwefelgehalt verlangt wird.

Die Chromsulfat-Bleiazetat-Gerbmethode. Diese Gerbmethode besitzt für gewisse Ledersorten einiges Interesse und weicht von allen bisher beschriebenen Verfahren ab. Die Blößen werden nach dieser Methode zunächst in eine starke Lösung von normalem Chromalaun oder Chromsulfat gelegt und das Chromsulfat mit Hilfe einer starken Bleiazetatlösung in Chromazetat umgesetzt.

Die Reaktion verläuft nach folgender Gleichung:

$$Cr_2(SO_4)_3 \cdot K_2SO_4 \cdot 24\,H_2O + 3\,[Pb(C_2H_3O_2)_2 \cdot 3\,H_2O] = Cr_2(C_2H_3O_2)_6$$

Chromalaun   +   Bleiazetat   =   Chromazetat

$$+\,3\,PbSO_4 + \; K_2SO_4 \; + 33\,H_2O\,.$$

+ Bleisulfat + Kaliumsulfat +   Wasser.

Die Ausführung dieser äußerst einfachen und sehr sicheren Methode gestaltet sich wie folgt:

Für je 100 kg Blöße löse man 20 kg Chromalaun oder äquivalente Menge von Chromsulfat in 100 l Wasser.

Die Ware wird in dieser Lösung bis zur vollständigen Durchdringung gewalkt oder in diese Brühe eingehängt.

Die Zugabe erfolgt bestens in 2 Portionen, und zwar etwa die Hälfte obiger Lösung zu Beginn des Walkens und der verbleibende Teil nach Ablauf von 1—2 Stunden; man walkt insgesamt etwa 4 Stunden lang, bis die Häute vollständig durchgebissen und die Lösung fast ganz absorbiert worden ist. Man zieht hierauf die Felle heraus, läßt sie einige Stunden abtropfen und legt sie in eine Bleiazetatlösung, bestehend aus 10 kg Bleiazetat für je 100 kg Blößen.

Im Sinne der obigen Gleichung findet eine Bildung von Bleisulfat statt. Da dieses letztere ein weißes Salz darstellt, ist die Farbe des erhaltenen Leders viel heller als die des gewöhnlichen Chromleders, und es besitzt vermöge des besonders schweren Gewichtes an Bleisulfat auch ein höheres Gewicht.

Für die Herstellung von Chromsohlleder, insbesondere von hellfarbigen Tennisschuhsohlen, eignet sich diese Methode viel vorteilhafter als irgendeine andere. Die Imprägnierung mit Bleisulfat auf diese Weise setzt die unangenehme Eigenschaft des Chromsohlenleders, auf nassem Boden auszugleiten und zu rutschen, bedeutend herab.

Ein Leder ähnlichen Charakters kann hergestellt werden, indem man das Bleiazetat durch Bariumazetat oder Bariumchlorid ersetzt. Ein weiterer Vorteil dieser Ledersorte besteht darin, daß man es weder mit Borax noch mit einem anderen Alkali zu neutralisieren braucht; ein einfaches Waschen genügt, um den Überschuß an Bleiazetat bzw. Bariumazetat bzw. Bariumchlorid zu entfernen.

VIII. Das Falzen, Waschen und Neutralisieren.

Nach Vollendung der Gerboperation ist es von Vorteil, die Ware in nassem Zustande einige Tage liegenzulassen, bevor man sie einer weiteren Behandlung unterwirft.

Dies geschieht zugunsten einer weiteren Verbindung der Faser mit dem basischen Chromsalz, wie auch mit der absorbierten überschüssigen Brühe, die noch nicht vollkommen fixiert worden ist, und durch einen unmittelbaren Waschprozeß aus dem Leder entfernt werden würde.

Die Falzoperation wird gewöhnlich in diesem Stadium vorgenommen. Obwohl das Falzen des schwach sauer reagierenden Leders nicht ganz leicht vor sich geht, weil die Säure die Schneide des Falzmessers abstumpft, ist es praktisch ohne einen besonderen Kostenaufwand nicht möglich, die Falzoperation so weit hinauszuschieben, bis das Leder in neutralisiertem und gefettetem Zustande vorliegt. Das chromgare Leder läßt sich nach dem Neutralisieren und Fettlickern viel leichter falzen als vor der Vollendung dieser Operationen. Das neutralisierte Leder ist frei von Säure und greift das Falzmesser nicht an, während die Schmierwirkung des Fettlickers auf die Fasern ein viel leichteres Falzen derselben ermöglicht.

Infolge der langen Zeitdauer, die das Falzen in Anspruch nimmt, findet im nassen Leder eine beträchtliche Hydrolyse des Chromsalzes

Abb. 38.   Walzen-Ausreckmaschinen.

statt, und wenn die Falzoperation nach dem Fettlickern vorgenommen wird, kann dies einen Ausschlag auf dem Leder zur Folge haben.

Bevor man zur Falzoperation schreitet, muß man das Leder abwelken bzw. in einen halbtrockenen Zustand bringen. Dies kann auf die Art ausgeführt werden, daß man die Ware in einem mäßig warmen Trockenraum aufhängt, bis ein erheblicher Anteil der Feuchtigkeit verdampft ist, und legt sie daraufhin in Haufen für eine Dauer von mehreren Stunden, damit sich die verbleibende Feuchtigkeit gleichmäßig im Leder verteilt. Diese Methode ist aber für größere Betriebe unwirtschaftlich, da sie viel Handarbeit und einen großen Trockenraum beansprucht. Außerdem besteht die große Gefahr, daß das Leder an den dünneren Partien und Enden zu trocken wird, weshalb man bei dieser Arbeitsweise besonders sorgfältig das Trocknen überwachen muß, um einen solchen Fehler zu verhüten.

Die Operation des Abwelkens kann viel befriedigender mit Hilfe

Abb. 39. Lederabwelkpresse „Matador" mit hydraulischem Oberdruck.

einer kleinen hydraulischen Presse, die in Abb. 39 dargestellt ist, bewerkstelligt werden.

Man läßt die Ware gut abtropfen, faltet sie zusammen und läßt mittels der Presse einen Druck von etwa 3 kg per Quadratzentimeter auf sie ausüben; das Leder verbleibt so lange unter Druck, bis der größte Teil des Wassers durch das Pressen entfernt worden ist. Hierauf wird das Leder in ein trockenes Walkfaß gebracht und etwa 1 Stunde lang darin gewalkt; dies geschieht aus dem Grunde, damit sich die Feuchtigkeit gleichmäßig im Leder verteilt, und daß die Runzeln und Falten, die bei dem Pressen entstanden sind, hierdurch entfernt werden. Man legt denn die Ware in Haufen, beläßt sie so über Nacht, worauf sie am nächsten Tage zum Falzen bereit ist.

Das Abwelken kann auch mit Hilfe einer Abwelkmaschine zufriedenstellend durchgeführt werden. Eine Maschine, die sich hierfür eignet, ist aus Abb. 36 (S. 84) ersichtlich.

Die Operation des Falzens von Chromleder muß auf der Maschine

Abb. 40. Doppeltbreite Falzmaschine „Luna".

erfolgen, um so mehr, als die Natur des Chromleders ein kontinuierliches Schleifen des Falzmessers erfordert. Auf dem gewöhnlichen Typus der Falzmaschine wird dies durch ein kontinuierliches Schleifen des Falzmessers auf einer Karborundum- oder Schmirgelscheibe bewerkstelligt.

Das Falzen erfolgt auf einer Maschine, deren gewöhnlichste Typen aus Abb. 40 und 41 ersichtlich sind.

Wenn auch die ausführliche Besprechung der verschiedenen Typen von Falzmaschinen in bezug auf ihre Vorteile und auf die zu verfolgende Arbeitsweise nicht in den Rahmen dieses Buches gehört, soll darauf hingewiesen werden, daß diese Operation außerordentliche Geschicklichkeit und Fachkenntnis erfordert, da sonst das fertige Leder leicht eine unliebsame Beschaffenheit aufweisen kann.

Außer der Geschicklichkeit des Arbeiters wird das Resultat von folgenden Faktoren beeinflußt:

a) der Feuchtigkeitsgehalt des Leders,
b) das Schneidevermögen des Messers,
c) die Umdrehungszahl der Messerwalze,
d) die Art der Lederzuführung.

Abb. 40 zeigt den neuesten Typus von Falzmaschinen, die heute insbesondere für Rindboxleder gebraucht werden. Diese Maschinen sind unter dem Namen: „Doppeltbreite Falzmaschinen" bekannt und besitzen einen Falzzylinder von der zweifachen Länge der bisher üblichen gewöhnlichen Zylinder. Sie besitzen folglich gegenüber dem älteren Typus ein doppeltes Arbeitsvermögen mit demselben Aufwand von Arbeit.

Diese Maschine besitzt eine vollkommen selbsttätige Lederzuführung, wodurch jeder ungeschulte Arbeiter gleich gute Ergebnisse erzielen kann. Die doppelte Breite der Messerwalze erleichtert auch die Erhaltung einer gleichmäßigen Falz stärke im ganzen Leder; die Entfernung der Zuführungswalze vom Messerzylinder läßt sich durch mechanische Regulierung genau einstellen, so daß die Schnittstärke während der ganzen Operation gleichbleibt und nicht, wie auf dem gewöhnlichen Typus von Falzmaschinen, von dem jeweiligen Druck abhängig ist, den der bedienende Arbeiter auf den Fußtritthebel ausübt.

Abb. 41. Normale Falzmaschine.

Dieser Typ von Falzmaschinen eignet sich aber zum Ausfalzen der Klauen nicht, weshalb diejenigen Fabrikanten, die diese Maschine angeschafft haben, auch sich stets noch des älteren Typus bedienen; man falzt die Ware gewöhnlich im Schild und Croupon auf der doppeltbreiten Maschine aus und nimmt dann das Ausfalzen der Klauen und der dünneren Partien auf der gewöhnlichen Maschine vor.

Durch eine solche Kombination der beiden Maschinen kann man mindestens die doppelte Produktion erreichen, die mit der gewöhnlichen Falzmaschine zu erhalten ist.

Außer den Faktoren, die für die Ausführung der Falzoperation als die wesentlichsten bereits beschrieben worden sind, sei noch erwähnt, daß die Bauart der Maschine und das Gerüst, auf welchem die Maschine ruht, sehr solid sein müssen, da sonst leicht eine Irregularität in der Falzdicke und die Entstehung der bekannten Falzschnitte resultieren können.

Das Material, welches die Zuführungswalze bekleidet, wie auch der Durchmesser dieser Zuführungswalze sind von bedeutendem Einfluß auf die Falzoperation.

Es ist etwas merkwürdig, daß man beim Falzen von Chromleder auf der Maschine nur „einen Schnitt" erzielen kann; d. h. daß man das Leder während der ersten Zuführung gegen die Messerwalze beträchtlich, bis etwa auf die Hälfte der ursprünglichen Dicke, abfalzen kann, während man nicht imstande ist, die bereits einmal vom Falzmesser bearbeitete Partie weiterhin noch merklich zu verdünnen.

Der Verfasser ist der Ansicht, daß die Verwendung einer solchen Maschine große Vorteile bietet, deren Gegendruckwalze einen Metallmantel besitzt und den Durchmesser von 6,3—7,6 cm aufweist; er gibt einer solchen Gegendruckwalze gegenüber den mit Gummimantel beschlagenen und größeren Walzen (15 cm Durchmesser) den Vorzug.

Der Winkel, der nämlich von einer kleinen Zuführungswalze und der Messerwalze beim Durchgehen des Leders gebildet wird, ist bedeutend größer, als wenn die Gegendruckwalze und die Messerwalze ungefähr denselben Durchmesser besitzen; infolgedessen ist die Falzstärke auch eine bedeutend größere, falls man an Stelle einer großen Gummiwalze eine kleine Zuführungswalze gebraucht, deren Mantel keine elastische Beschaffenheit besitzt, d. h. mit einem Metallmantel überzogen ist.

Die Zuführungswalze wird am besten mit Messing, Kanonenstahl oder Elektrostahl überkleidet.

Die Falzoperation wird bedeutend erleichtert, wenn man sich der Vorrichtungen von Seymour-Jones (Abb. 42) oder von Stephan Fawsitt (Abb. 43) bedient, die darin bestehen, daß die Gegendruckwalze einen direkten Antrieb erhält, wodurch das Leder in gleichmäßigerer Weise dem Falzmesser zugeführt wird.

Der Verfasser gibt in dieser Hinsicht der Vorrichtung von Stephan Fawsitt den Vorzug; diese gestattet nämlich, beim Falzen der Flanken und Klauen das Fell gegen das Messer zurückzuziehen, was gegenüber einer feststehenden Zuführungswalze einen großen Vorteil bedeutet, wobei das Fell bis zu seinem Ende abgefalzt werden muß und nicht gegen das Messer zurückgezogen werden kann.

Beim Falzen von Ziegen- und Schaffellen ist es üblich, die Rückenpartie etwas dünner abzufalzen als die Flanken und die Klauen, um diese letzteren „voller" zu erhalten. Bei Hälften von Rindshäuten oder Kipsen falzt man den Rücken leicht gegen das Schnittende der Haut

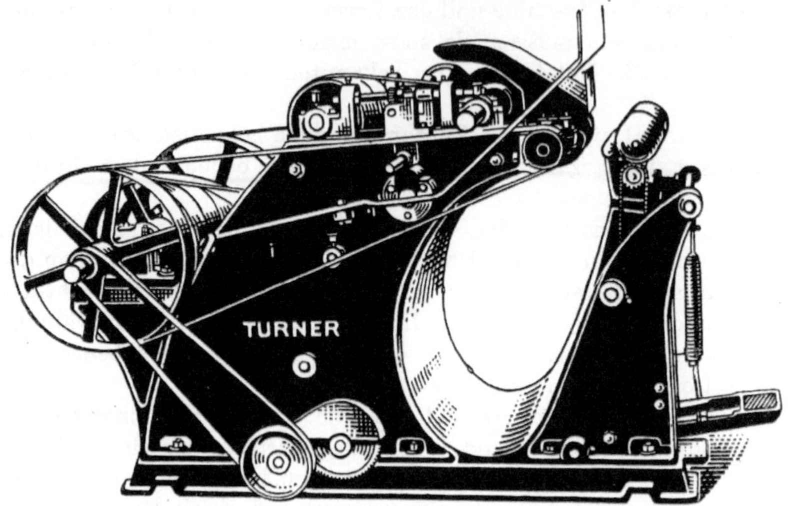

Abb. 42. Falzmaschine mit der Vorrichtung von Seymour-Jones.

und säubert die Flanken nur leicht ab, um dieselben so voll wie möglich zu behalten.

Nach dem Falzen werden die anhaftenden Falzspäne und Lederfetzen abgeputzt, wonach die Leder gewaschen werden können.

Das Waschen. Das Leder enthält in diesem Stadium einen beträchtlichen Prozentsatz an löslichen Salzen, namentlich an Natriumsulfat und Natriumchlorid (Kochsalz) sowie eine gewisse Menge an ungebundenem basischen Chromsulfat oder -chlorid.

Die Ware weist auch eine deutliche saure Reaktion auf, die einer

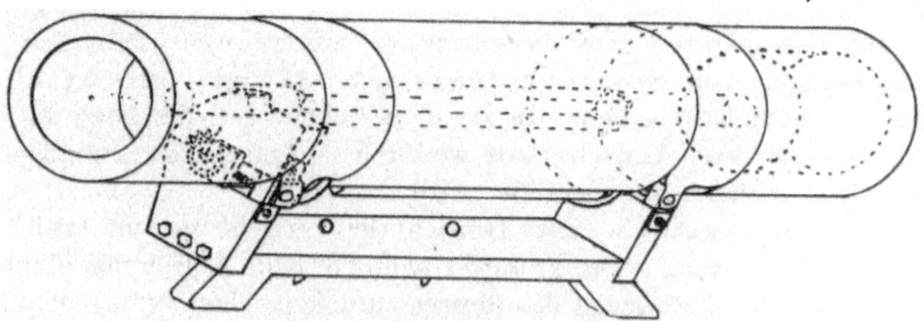

Abb. 43. Die Vorrichtung von Stephan-Fawsitt.

Hydrolyse des basischen Chromsulfates oder Chlorids, das im Leder enthalten ist, in ein basischeres Salz und Schwefel- bzw. Salzsäure ihre Entstehung verdankt.

Die Aufgabe des Waschens besteht in der Entfernung der löslichen
Salze und — nach Möglichkeit — auch der Säure aus dem Leder. Dies
wird am besten in einem Waschfaß ausgeführt, das entweder mit entfern-
baren Pflöcken oder mit einem gelochten oder gitterartigen Verschluß
ausgerüstet ist, welcher an Stelle des gewöhnlichen wasserdichten Ver-
schlusses angebracht werden kann; das Faß soll eine hohle Achse besitzen, durch welche ein reichliches Quantum an warmem Wasser
kontinuierlich durch das rotierende Faß geschickt werden kann (Abb. 44).

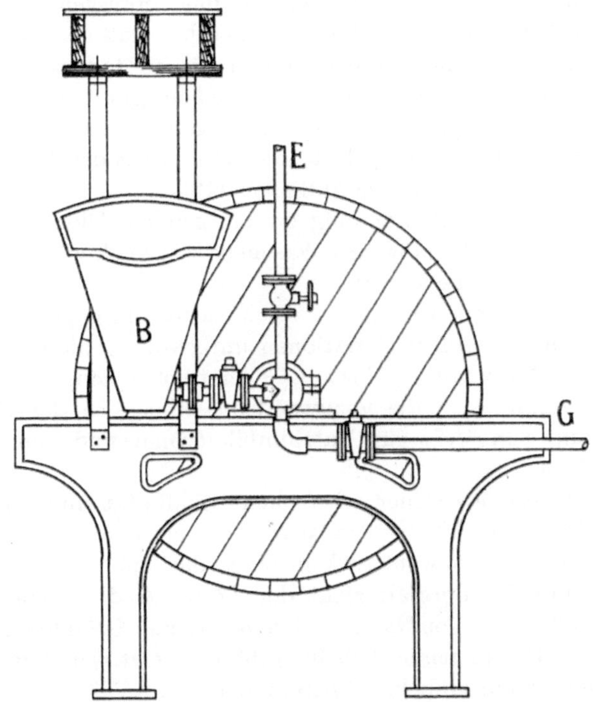

Abb. 44. Faß zum Waschen, Neutralisieren und Färben.
B = Fülltrichter. E = Kaltwasserrohr. G = Dampfrohr.

Man legt die Ware mit Wasser von 45° C in das Faß und läßt dieses
laufen; man läßt durch die hohle Achse in dem Maße, wie das Wasser
durch die Gittertür abfließt, neue Mengen desselben zulaufen. Man
fährt mit dem Walken in fließendem Wasser mindestens 30 Minuten
lang fort, damit die letzten Spuren von löslichen Salzen vollständig in
Lösung gehen.

Die für das Waschen in diesem Stadium wie auch für das Waschen
nach dem Neutralisieren erforderliche Zeitdauer wird durch die Wasser-

zufuhr, der Temperatur und der Dicke der Ware bestimmt. Die oben angeführte Zeitdauer dürfte für leichte Felle genügen, doch müssen schwerere Häute, Kipse oder Hälften 1—2 Stunden lang gewaschen werden. Nach gut ausgeführtem Waschen sind die Leder zum Neutralisieren bereit.

Das Neutralisieren. Durch die Operation des Neutralisierens wird der größte Teil der freien Säure im Leder unter Zuhilfenahme eines passenden Alkalis, wie Borax, Kristallsoda oder entwässerte Soda, Natriumbikarbonat usw. neutralisiert. Dies wird am bequemsten in demselben Faß vorgenommen, in welchem das vorausgehende Waschen stattgefunden hat, und auf die Weise ausgeführt, daß man das Faß mit einer hinreichenden Menge an Wasser von 40—45° C versieht — nachdem man die Gittertür mit einer gewöhnlichen, gut schließenden Tür vertauscht bzw. die Pflöcke in das Faß eingesetzt hat — und die erforderliche Menge an Alkali, gelöst in einem passenden Volumen von Wasser, durch die hohle Achse zufließen läßt.

Die Menge des in Anwendung zu bringenden Alkalis hängt von dem Grade des vorausgegangenen Waschens wie auch von der Azidität des zu behandelnden Leders ab.

Die Arbeitsmethode ist seitens verschiedener Chromgerber vermöge obiger Bedingungen großen Variationen unterworfen, die sich z. B. im Gebrauche von Borax von 1% bis auf 5% erstrecken können. Allgemein gesprochen befindet sich die anzuwendende Menge in der Nähe von 2% für Borax, von $^3/_4$% für Natriumbikarbonat und von $\frac{1}{2}$% für kalzinierte Soda.

Borax ist vermöge seiner schwachen Alkalinität und folglich der Ungefährlichkeit eines Überneutralisierens das gewöhnlichst verwendete Neutralisationsmittel, obwohl es keinesfalls das billigste ist.

Bei gebührender Sorgfalt zieht der Verfasser den Gebrauch von kalzinierter Soda oder von Natriumbikarbonat aus Gründen der Sparsamkeit vor. Die folgende Tabelle gibt die relativen, äquivalenten Mengen dieser handelsüblichen Chemikalien an:

10 kg Borax, $Na_2B_4O_7 \cdot 10\,H_2O$, ist gleichwertig mit:
    7,49 kg Kristallsoda, $Na_2CO_3 \cdot 10\,H_2O$
    2,79 ,, kalz. Soda, 100%ig, Na_2CO_3
    4,39 ,, Natriumbikarbonat, 100%ig, $NaHCO_3$
    3,93 ,, Natriumsesquikarbonat, $Na_2CO_3 \cdot NaHCO_3 \cdot 10\,H_2O$.

Bei Ausführung der Neutralisation muß ein Überschuß an Alkali sorgfältig vermieden werden. Wird mehr Alkali in Anwendung gebracht, als für die Abstumpfung der freien Säure notwendig, so erhöht das freie Alkali die Basizität des Chromsalzes auf der Faser und verleiht dem fertigen Leder die Tendenz zum Brüchigwerden der Narbe. Es ist anzuraten, eher auf der Seite des Unterneutralisierens zu verbleiben, als die Narben- und Fleischoberfläche in einen absolut neutralen oder sogar alkalischen Zustand zu versetzen.

Die Ausführung der Operation nimmt etwa 45—60 Minuten in Anspruch, wobei es ratsam ist, das vorher gelöste Neutralisierungsmittel in 2 Portionen zuzusetzen, um ein gleichmäßiges Neutralisieren durch den ganzen Querschnitt des Leders zu erzielen.

Unglücklicherweise steht uns kein Mittel zur Verfügung, das uns das Ende der Neutralisation in befriedigender und einfacher Weise anzeigen könnte. Gewöhnlich prüft man die Narbenseite vermittels rotem und blauem Lackmuspapier. Wenn ein Stück blauen Lackmuspapiers zwischen dem Daumen und Zeigefinger fest auf das Leder gedrückt, die Farbe in Rot umwechselt, so ist dies ein Zeichen dafür, daß die Ware noch sauer ist, und daß man entweder noch weiter walken oder den Betrag an Borax oder an einem anderen Neutralisationsmittel erhöhen muß. Die Brühe im Faß soll auch mit Lackmuspapier geprüft werden, und das Walken der Ware je nachdem, wie die Probe ausfällt, mit oder ohne Zusatz weiterer Mengen an Neutralisationsmittel fortgeführt werden.

Das Waschen nach dem Neutralisieren. Das durchgehende Auswaschen der bei der Neutralisation aus Säure und Alkali entstandenen Salze, die in löslicher Form im Leder vorhanden sind, ist eine unerläßliche Operation. Die Behandlung nimmt aber in diesem Falle bei weitem nicht soviel Zeit in Anspruch wie das Auswaschen vor dem Neutralisieren, da die Reaktionsprodukte, aus der Säure des Leders und aus dem Neutralisationsmittel entstanden, in verhältnismäßig geringer Menge vorhanden sind.

Die Operation kann ohne Verlegung der Ware im Faß ausgeführt werden, indem man das verwendete Neutralisierungsbad abfließen läßt und durch eine entsprechende Menge von 40—50⁰ C heißem Wasser ersetzt, worauf man das Faß 15—20 Minuten lang in Bewegung hält. Nach Ablauf dieser Zeit sind die Leder zum Färben bereit.

Es ist außerordentlich wichtig, daß das Neutralisieren, Färben und Fettlickern an ein- und demselben Tage durchgeführt wird.

Das Neutralisieren und Waschen des Leders vor dem Färben ist aus dem Grunde notwendig, weil ein ungenügend neutralisiertes und unvollkommen ausgewaschenes Leder später einen weißen, kristallinischen, aus den löslichen Salzen bestehenden „Ausschlag" bekommt, der sehr zu beanstanden ist. Außerdem wird aus dem Fettlicker Seife, in Form von einer klebrigen Schicht, auf der Lederoberfläche durch die löslichen Salze niedergeschlagen.

Zu ersten Zeiten der Chromgerbung war für die Behauptung, daß das chromgare Schuhoberleder „kalt" im Tragen sei, hauptsächlich der große Gehalt an löslichen Salzen im fertigen Leder verantwortlich.

Die Entfernung der überschüssigen freien Säure aus dem Leder, wie dies vermittels der Neutralisation geschieht, ist aus dem Grunde erforderlich, weil sonst diese Säure aus der Seife des Fettlickers die freien Fettsäuren in Freiheit setzen würde. Die freie Säure erschwert erheblich die Zurichtung des Leders und kann zu einem fettigen Ausschlag, besonders nach längerem Lagern, Veranlassung geben. Die Gegenwart von löslichen Salzen und von freier Säure im Leder verhindert auch das vollständige Durchdringen des Fettlickers, welcher bei Gegenwart von Säure die Außenflächen des Leders fettig macht, ohne die inneren Schichten zu durchdringen; infolgedessen besitzt dann das fertige Leder nicht den weichen und geschmeidigen Griff, der gewöhnlich von einem jeden Chromleder verlangt wird.

Infolge der stets langsam vor sich gehenden Hydrolyse des basischen Chromsalzes im Leder und folglich einer stetigen Säureproduktion selbst nach dem Neutralisieren, müssen die Operationen des Neutralisierens, Waschens, Färbens und Fettlickerns an ein und demselben Tage vollendet werden. Es ist festgestellt worden, daß ein zufriedenstellend neutralisiertes Leder am nächsten Tage einer weiteren Neutralisation bedurft hat, zwecks Entfernung der inzwischen nachtüber entstandenen Säure, um der Operation des Fettlickerns mit Erfolg unterzogen werden zu können.

Der Grund eines Ausschlages auf dem fertigen Leder beruht gewöhnlich auf einer diesbezüglichen unsorgfältigen Arbeitsweise.

Wenn man aus Gründen der Arbeitsverteilung die Neutralisation des Leders an dem Tage, der dem Färben und Fettlickern vorangeht, vornehmen will, so verfahre man derart, daß man das Leder über Nacht im Faß in der Neutralisationsbrühe beläßt, am nächsten Morgen auf Neutralität prüft, und wenn nötig, die Neutralisation durch Zusatz einer weiteren Menge an Alkali vervollständigt, bevor man zum Waschen und den darauffolgenden Operationen übergeht.

Eine von Prof. Stiasny vorgeschlagene Neutralisationsmethode wird wie folgt ausgeführt:

Man walkt das Leder im Faß in einer Lösung von 2% Kristallsoda und 2% Ammonchlorid (auf das Falzgewicht bezogen) etwa 10—15 Minuten lang; man fügt daraufhin eine erneute Menge von 2% Kristallsoda und 2% Ammonchlorid, gelöst in Wasser, dem laufenden Faß zu und walkt weitere 15—20 Minuten. Sollte nach Ablauf dieser Zeit ein auf der dicksten Partie des Leders vorgenommener Schnitt gegen Lackmuspapier noch nicht völlig neutral reagieren, so gebe man die oben erwähnte Menge (je 2% an Waschsoda und Ammonchlorid) erneut zu und walke weiter; ein Überschuß an Neutralisationsmitteln von dieser Zusammensetzung ist vollständig gefahrlos. Nach erfolgter Neutralisation müssen die löslichen Salze durch gründliches Waschen mit kaltem Wasser entfernt werden.

Es spielt sich hierbei folgender Vorgang ab:

Das Natriumkarbonat reagiert mit dem Ammoniumchlorid unter Bildung einer gewissen Menge von Ammoniak, dessen aktive Alkalität aber durch den vorhandenen Überschuß an Ammoniumchlorid bedeutend herabgedrückt ist. Im Laufe des Neutralisierens wird eine geringe Menge an Ammoniak verbraucht, während eine entsprechende Menge automatisch in Freiheit gesetzt wird. Das entstandene Ammoniumsulfat wirkt weiterhin in dem Sinne auf den Prozeß ein, daß die verbleibende Brühe infolge ihrer milden Alkalität keinen Schaden der behandelten Ware zuzufügen vermag.

Diese Methode ist viel kostspieliger als die alleinige Verwendung von Natriumkarbonat oder Borax, doch schließt sie, wie oben ausgeführt, die Gefahr des „Überneutralisierens" praktisch vollkommen aus. Die Lösung kann wiederholt, unter Zubesserung für eine jede Partie, verwendet werden, wodurch das Verfahren in bezug auf Materialspesen sich bedeutend billiger stellt, da die jeweils erforderlichen Mengen an Chemikalien proportionell unter den oben angeführten Betrag kommen; doch steht dieser Arbeitsweise die Tatsache gegenüber, daß man die Operationen des Waschens, Neutralisierens und des wiederholten Auswaschens gewöhnlich fortlaufend in demselben Walkfaß bewerkstelligt. Wenn man die Leder aus dem Waschfaß in ein anderes Gefäß übersetzt, welches dieses ständige Neutralisationsbad enthält, so ist die damit verbundene Handarbeit kostspieliger als die erzielte Sparsamkeit an Chemikalien.

IX. Das Färben.

Das Färben von Chromleder, insbesondere von farbiger Ware, ist eine schwierige Operation. Entgegen den Anschauungen besitzt das Chromleder nur eine schwache Affinität zu den sauren, basischen oder direkten Farbstoffen, falls es vorhergehend nicht mit vegetabilischen Gerbstoffen oder Farbholzextrakten gebeizt worden ist.

Der Gebrauch von natürlichen Farbstoffen, insbesondere von den gerbstoffhaltigen oder von vegetabilischen Gerbmaterialien sollte beim Färben aus dem Grunde vermieden werden, weil diese, selbst in verhältnismäßig kleinen Quantitäten, eine zusammenziehende Wirkung auf das Leder ausüben und infolge dieser Kontraktion den dem chromgaren Leder eigenen natürlichen Griff durch ein etwas rauhes Anfühlen der Narbe ersetzen. Leider ist bis heute keine befriedigende Färbemethode ohne Anwendung der obenerwähnten Beizen entdeckt worden, die es gestatten würde, dem Leder die vom Käufer verlangte eintönige Farbe und Zurichtung zu verleihen. Man kann das Chromleder ohne Verwendung von Tannin oder natürlichen Farbholzbeizen nur in den

wenigen Fällen direkt auffärben, wo im darauffolgenden Zurichtprozeß
kein Glanzstoßen der Ware erfolgt. Erst durch die Einwirkung von
Tannin oder Farbholzextrakt erhält das Leder einen befriedigenden
Glanz, und wenn man das Leder ohne vorhergehendes Beizen mit den
obenerwähnten Materialien der Reibwirkung der gewöhnlichen Glanzstoßmaschine aussetzt, ist es nicht möglich, einen klaren Hochglanz
auf der Narbenfläche zu erzielen. Die erste Operation, die nach Ausführung der Neutralisation und des Waschens vorgenommen wird, ist
folglich das Beizen des Leders mit vegetabilischen oder Farbbeizen.

Das Beizen vor dem Färben. Es seien im folgenden die meist gebrauchten vegetabilischen Beizmaterialien angeführt, nebst den von
ihnen hervorgerufenen Farben:

Vegetabilische Gerb- und Farbstoffe:	Hervorgerufene Farbe:
Blauholzextrakt (Hämatinkristalle)	blaupurpurn
Gelbholzextrakt (Fustic-Extrakt)	grüngelb
Pfirsichholz- oder Rotholzextrakt	blaurot
Amerikanisches Gelbholzextrakt (Osage Orange)	gelb
Gambier	braungelb
Sumach-Extrakt	grauweiß bis grüngelb
Hemlock-Extrakt	braungelb

Sumach wird vermöge seiner blassen Tönung mit Vorliebe für blasse
Färbungen sowie Phantasiefärbungen verwendet. Der Gebrauch von
Sumachextrakt sagt eher zu als der von gepulverten Sumachblättern,
auch gibt ersteres dem Leder einen hellfarbigeren Grund. Bei Verwendung
von festem Sumach übergieße man dieses mit Wasser von 60—70° C,
lasse es einige Stunden stehen und filtriere die festen Teilchen ab, bei
Verwendung von sauberem Packleinen oder von Segeltuch als Filter;
man verwende dann die klare Lösung zum Beizen. Gambier und Gelbholzextrakt werden mit Vorliebe als Beizen für braune Töne mit den
Farbstoffen kombiniert. Hemlockextrakt dient hauptsächlich für elfen-
bein- und drappfarbige Färbungen wie auch für die Zurichtung solcher
Ledersorten, die ohne Anwendung von Teerfarbstoffen fertiggemacht
werden. Rotholzextrakt ist meistens für „Ochsenblut“, schokoladenbraune und rote Töne gebräuchlich.

Die übrigen vegetabilischen Gerbstoffe und Farbhölzer sind für
diesen Zweck meistens ungeeignet. Blauholz, Gelbholz und Rotholz
können vermöge ihres geringen Tanningehaltes ziemlich freigebig gebraucht werden; all diese Farbholzextrakte, falls nicht in sehr großem
Überschuß verwendet, sind für die Ware unschädlich. Bei Verwendung
von Gambier, Hemlock oder Sumach muß man aber mit Sorgfalt vorgehen, da diese Materialien einen hohen Prozentsatz an Gerbstoff aufweisen.

Die oben angeführten Gerbstoffbeizen werden oft in Kombination miteinander verwendet, um der zu erzielenden Farbe einen passenden Grund zu geben. Die in Anwendung gebrachte Quantität der vegetabilischen Extrakte paßt sich notwendigerweise dem erwünschten Effekt an, doch soll sie, nach Möglichkeit, 2 % vom abgetropften Naßgewicht des Leders nicht übersteigen.

Der Betrag an verwendetem Farbholzextrakt ist eine variable Größe, da sie von dem Feuchtigkeitsgrad des gewogenen Leders abhängt. Der Zusatz soll so gering wie nur möglich sein und selten über 8 % betragen. Man sei sich der Tatsache eingedenk, daß, desto größer die Menge der angewendeten Farbbeize ist, um so vollständiger sie das Leder durchdringen wird.

In den Fällen, wo von der Ware die ursprüngliche Chromlederfarbe des Schnittes verlangt wird, benutzt man natürlich möglichst geringe Mengen an Gerb- und Farbholzextrakten.

Bei Verwendung einer großen Menge an Gerb- und Farbholzextrakten wird das Leder von diesen vollständig durchdrungen und weist dann in seinem Aussehen, Schnitt und Griff die Eigenschaften eines vegetabilisch gegerbten oder eines Semichromleders auf.

Bei Herstellung von Velourleder und insbesondere von Ledersorten, die auf der Fleischseite zugerichtet werden, wie z. B. Samtkalbleder, ist im allgemeinen eine völlige Durchdringung der Beize erforderlich, damit eine echte Färbung erhalten werden kann. Um dies zu sichern, wende man in solchen Fällen eine größere Menge von der Gerb- oder Farbholzbeize an.

Von der Verwendung einer größeren Menge an Gerb- oder Farbholzbeize soll auch aus dem Grunde abgeraten werden, weil das resultierende Leder seinen charakteristischen Chromledergriff verliert, an Geschmeidigkeit und Weichheit einbüßt und in fertigem Zustande als ein viel geschlosseneres Gefüge eher einem vegetabilischen oder einem Semichromleder ähneln wird. Eine übermäßige Menge der Gerb- und Farbbeize verleiht weiterhin dem fertigen Leder eine beträchtliche Dichte. Dies ist insbesondere der Fall, wenn die angewendete Beize einen ziemlichen Gerbstoffgehalt besitzt. Dagegen kann ein Überschuß an Gerb- und Farbholzbeize dem Leder auch eine Zartheit erteilen, die für viele Zwecke die Ware nachteilig beeinflußt.

Die Anwendung der Gerb- und Farbholzbeize erfolgt notwendigerweise im Walkfaß, am besten bei einer Temperatur von 60° C. Es ist von Vorteil, die Beize in zwei Portionen zuzusetzen, und zwar in einem Zeitabstand von etwa einer halben Stunde. Das Walken muß so lange fortgesetzt werden, bis der größte Teil der Beize absorbiert ist, was gewöhnlich ungefähr 1 Stunde in Anspruch nimmt. Das Leder kann daraufhin unmittelbar mit sauren oder direkten Baumwollfarbstoffen gefärbt werden. Bei Anwendung von basischen Farbstoffen ist es ratsam, die etwa ungebundene Beize unter Anwendung eines Fixierungsmittels in unlöslicher Form auf die Lederoberfläche niederzuschlagen; solche Fixierungsmittel sind: Titansulfat, Kaliumtitanoxalat, Kaliumantimonyltartrat oder Antimonlaktat. Dies verhindert die Diffusion der Beize in das Farbbad während der darauffolgenden Färbeoperation. Dies letztere ist stets unvermeidlich, wenn die Beize nicht fixiert worden ist, und verursacht außerdem einen erheblichen Verlust an Teerfarbstoffen. Fernerhin ist die unerwünschte Bildung eines Niederschlages, bestehend aus einem Gerbstoff-Farbstoff-Lack, zu verzeichnen, welcher sich ungleichförmig auf der Lederfläche ansetzt und zu einer uneinheitlichen Färbung wie auch zur gelegentlichen Fleckenbildung Veranlassung gibt.

Fixierungsmittel. Die meistens gebräuchlichen Fixierungsmittel bestehen aus den Salzen vom Antimon oder Titan. Die Antimonsalze finden allgemein für blasse Tönungen Verwendung, für die sogenannten „Kunstfarben", wie gelbe Töne, Kaffee, hellblau, rosa usw., d. h. für Färbungen, die auf einem dunklen Grund nicht erhalten werden können. Antimonsalze rufen in Verbindung mit Gerbstoffbeizen, wie Sumach, Gambier, Gelbholz usw., eine etwas gelbere Farbe hervor, als wenn sie nur für sich angewendet werden.

Die Salze des Titans geben andererseits mit obigen Substanzen eine wohl definierte gelbbraune Färbung und können folglich sehr vorteilhaft als Fixierungsmittel für gelbe, dunkelbraune, schokoladenbraune, rote und braunrote Färbungen Anwendung finden, um so mehr, als infolge des erzielten tieferen Farbtones an Farbstoffen gespart werden kann.

Eine der gebräuchlichsten Methoden besteht darin, daß man die Lösung des Antimon- oder Titansalzes dem Faßinhalt zufließen läßt, nachdem die Leder eine genügende Zeitlang in der Gerb- oder Farbholzbeize gewalkt worden sind. Die Menge des angewendeten Fixierungsmittels hängt von der Quantität der Beize ab und soll auch natürlich zum Gewicht der behandelten Ware in einem gewissen Verhältnis stehen. Allgemein gesprochen beträgt diese Menge 1% sowohl vom Brechweinstein (Kaliumantimonyltartrat), wie auch vom Kaliumtitanoxalat.

Bei direkter Zugabe des Fixierungsmittels zu der im Faß befindlichen Beizbrühe, die zum größten Teil infolge Absorption der Beize durch das Leder erschöpft ist, bildet sich aus der Beize und dem Fixierungsmittel ein Niederschlag, dessen Menge von dem unabsorbierten, in Lösung befindlichen Rest des Beizmittels abhängt. Es entsteht dadurch ein kleiner Verlust am Fixierungsmittel. Eine bessere Methode ist daher, nach durchgeführtem Beizen die Ware aus dem Faß zu ziehen und die Fixierung in einer frisch bereiteten Lösung vorzunehmen. Dies ist aber infolge der damit verbundenen Arbeit kostspielig, denn die Ware muß nach obigem aus dem Faß geräumt werden, wobei man die Lösung abfließen läßt, eine frische bereitet und die Ware schließlich wieder in das Faß zurücksetzt. Es wird folglich allgemein als sparsamer angesehen, wenn man den kleinen Verlust durch Niederschlagsbildung am Fixierungsmittel in Mitleidenschaft zieht, und wie oben beschrieben, die Operation des Fixierens unmittelbar vornimmt.

Die für das Fixieren erforderliche Zeit beträgt etwa 30 Minuten. Wenn man die Ware auf die oben beschriebene Weise behandelt hat, ist sie zum Färben mit basischen Farbstoffen bereit.

Gebraucht man saure Farbstoffe, so ist die Operation des Fixierens entbehrlich, und das Färben kann unmittelbar auf die Beizoperation mittels Gerb- oder Farbstoffbeizen folgen; die sauren Farbstoffe werden von einem Überschuß an Gerbstoff nicht gefällt.

Ein Verfahren, das in bestimmten Fällen vorteilhafte Anwendung finden dürfte, besteht darin, daß man die Leder mit einer kleinen Menge der Gerb- oder Farbstoffbeizen, in Verbindung mit passenden, sauren oder direkten Farbstoffen, etwa 45 Minuten lang auf die oben beschriebene Weise behandelt. Der basische Farbstoff kann dann ohne besonderes Fixieren unmittelbar in Anwendung gebracht werden, da die sauren oder direkten Farbstoffe eine Beizwirkung gegen die basischen Farbstoffe aufzuweisen scheinen.

Nach einer anderen Methode führt man das Beizen mittels Gerb- oder Farbholzextrakte mit dem Fixieren mittels Titansalze gleichzeitig in demselben Bade aus. Dieser Prozeß soll nur bei Verwendung von Titansalzen, nicht aber von Antimonsalzen, anempfohlen werden.

Nach ausgeführtem Beizen und Fixieren werden die Leder mit einem sauren oder basischen Farbstoff, der der Titan-Gerbbeizbrühe zugegeben wird, gefärbt. Kombinationen zwischen Gerb- oder Farbbeizen mit Titansalzen und sauren Farbstoffen sind nicht völlig unbekannt und die Anwendung dreier dieser Mittel kann gleichzeitig in einer Lösung erfolgen.

Einteilung der künstlichen Farbstoffe. Die künstlichen Farbstoffe können eingeteilt werden:

a) Gemäß den Grundsubstanzen, deren Derivate sie sind,
b) gemäß ihrer chemischen Konstitution,
c) gemäß den Methoden, nach welchen sie angewandt werden.

Vom wissenschaftlichen Standpunkte aus ist die zweite Einteilung die beste; für den Zweck aber, den dieses Werk verfolgt, kommt nur die letztere in Betracht und soll allein diese näher beschrieben werden.

Für den Zweck der praktischen Lederfärberei eignet sich folgende Einteilung der Farbstoffe:

a) Basische Farbstoffe,
b) saure Farbstoffe,

c) direkte oder substantive oder Baumwollfarbstoffe,

d) Beizenfarbstoffe.

Unter diesen vier Gruppen sind die basischen und die sauren Farbstoffe am wichtigsten.

Basische Farbstoffe. Die basischen Farbstoffe stellen gewöhnlich Salzverbindungen zwischen einer organischen Farbbase und Salzsäure dar. In manchen Fällen besteht die Säurekomponente aus Essig-, Oxal-, Schwefel- oder Salpetersäure. Der Farbstoff kann aber auch als ein Doppelsalz der Farbbase mit Salzsäure und Zinkchlorid vorliegen.

Die basischen Farbstoffe unterscheiden sich von den sauren Gruppen enthaltenden Farbstoffen durch ihre Fällbarkeit mittels Gerbstoffen. Die Farbbase bildet mit der Gerbsäure ein unlösliches oder schwerlösliches, gefärbtes Salz oder einen Farblack, während die Säurekomponente des Farbstoffes in Lösung bleibt. Auf demselben Wege verbinden sich die basischen Farbstoffe mit den Gerb- oder Farbholzbeizen auf dem Chromleder und geben somit eine Farbe, die bei Abwesenheit der Beize nicht zu erhalten ist. Basische Farbstoffe geben intensivere Farben als saure Farbstoffe. Bei Anwendung von basischen Farbstoffen ist eine Zugabe von Essigsäure zum Farbbad das beste Mittel, um die Geschwindigkeit des Färbens herabzusetzen. Indessen darf man nicht zu viel Säure nehmen; denn sonst verhindert man, daß überhaupt Farbstoff an die Faser fällt, und dann würde das Farbbad auch nicht, wie erwünscht, ausgenutzt werden. Beim Färben mit basischen Farbstoffen ist ein Zusatz von Natriumbisulfat von Nutzen, da die resultierenden Färbungen klar und verhältnismäßig frei von dem „Bronzieren" sind, das der charakteristische Fehler all der Leder ist, die mit basischen Farbstoffen auf gewöhnliche Weise gefärbt wurden.

Beim Lösen der basischen Farbstoffe in Wasser, das Kalzium- oder Magnesiumbikarbonat enthält, d. h. in Wasser von hoher temporärer Härte, reagieren diese Salze mit dem Farbstoff unter Bildung eines dicken, zähen Niederschlages, wodurch die Farbbase der Lösung entzogen und eine beträchtliche Menge von Farbstoff so gänzlich unausgenutzt verbraucht wird. Außerdem kann dieser zähe Niederschlag die Ware leicht beschädigen, indem er sich auf ihr absetzt und so Streifen und Flecke verursacht. Die temporäre Härte des Wassers, das zum Lösen der Farbstoffe und zur Herstellung des Farbbades verwendet werden soll, sollte zuerst stets durch Zugabe von Essigsäure ausgeglichen werden, damit der Bildung dieses Niederschlages vorgebeugt wird.

Saure Farbstoffe. Die sauren Farbstoffe sind Salze einer organischen Säure mit einer anorganischen Base, gewöhnlich Natrium. Der Ausdruck saure Farbstoffe bezeichnet einfach die Methode der Anwendung dieser Farbstoffe und will besagen, daß beim Färben mit ihnen unbedingt eine Säure zum Farbbad zugesetzt werden muß. Es bedeutet nicht, daß der Farbstoff selbst Säurecharakter hat. Bei Verwendung von sauren Farbstoffen muß man eine starke Säure dem Farbbad zusetzen, um die Farbsäure (Sulfosäure) in Freiheit zu setzen. Im Gegensatz zu den basischen werden die sauren Farbstoffe nicht durch Tannin gefällt. Dies hindert aber nicht, daß sie zum Färben von Chromleder verwendet werden können, da diese Farbstoffe dem vorhergehend mit Gerb- oder Farbholzbeize behandelten Leder gegenüber eine starke Affinität aufweisen. Durch Zugabe von Säure zum Farbbad wird das Maximum der Tiefe der Nuance erreicht. Man bedient sich für diesen Zweck gewöhnlich der Schwefelsäure. Die durch Schwefelsäure hervorgerufene Farbtiefe kann am nächsten noch durch Ameisensäure erzielt werden. Die Essigsäure vermag die Farbe in einem solchen Maßstab nicht einmal angenähert zu entwickeln, und soll folglich nur für Pastellfarben Verwendung finden. Die Milchsäure übt selbst in schwacher Lösung eine lösende Wirkung auf das im Leder enthaltene basische Chromsalz aus und kann das Leder bei Anwendung von größeren Quantitäten brüchig machen. Sie ist infolgedessen in Verbindung von sauren Farbstoffen für Chromleder nicht geeignet.

Die Anwendung von ziemlich großen Mengen an Schwefelsäure ist zu beanstanden, da sie das Leder in einen sauren Zustand versetzt und bei dem auf das Färben folgende Fettlickern störend auf die Absorption der Fettemulsion einwirkt. Wenn umgekehrt das Fettlickern vor dem Färben erfolgt, wie das in manchen Fällen vorkommt, so kann durch die Einwirkung der Säure auf die Seifenölemulsion ein fettiger Ausschlag auf der Lederfläche entstehen. Wenn man folglich Schwefelsäure zum Färben von Chromleder zu Hilfe nimmt, verwende man viel geringere Mengen als diejenigen, die man mit denselben Farbstoffen für vegetabilisch gegerbte Leder gewöhnlich gebraucht. Im allgemeinen soll der Betrag an Schwefelsäure nicht über 50% vom Gewicht der angewandten Farbstoffe hinausgehen. Wenn man an dieser Quantität genau festhält, wird praktisch genommen die gesamte Säuremenge vom Farbstoff gebunden, und das entstandene Farbbad wird nur einen schwach sauren Charakter aufweisen.

Dem Zusatz von Schwefelsäure zum Farbbad ist die Zugabe von Natriumbisulfat vorzuziehen. Das Natriumbisulfat entsteht durch Einwirkung von Schwefelsäure auf Natriumsulfat (Glaubersalz). Man erhält bessere Resultate, wenn man gleich das Natriumbisulfat anwendet, als wenn man das Bad erst mit Schwefelsäure ansäuert und dann Glaubersalz zugibt oder umgekehrt. Die Wirkung des Natriumbisulfates auf Leder ist weniger energisch als diejenige der freien Säure. Die Zugabe der Schwefelsäure zum Farbbad in dieser Form ist vorzuziehen, da ein leichter Überschuß keine schädigende Wirkung auf das darauffolgende Fettlickern auszuüben vermag.

Direkte (substantive) Farbstoffe. Dieser Name umfaßt diejenigen Farbstoffe, die die Eigenschaft haben, Baumwolle oder andere vegetabilische Fasern ohne Anwendung von Beizen zu färben. Eine gewisse Anzahl dieser Farbstoffe ist auch befähigt, Chromleder ohne irgendwelche Vorbehandlung mit Gerbstoff- oder Farbholzbeize unmittelbar anzufärben. Es wurde bereits darauf aufmerksam gemacht, daß die Gerbstoff- oder Farbholzbeize aus dem Grunde auch Bedeutung besitzt, weil sie das Glanzstoßen in der Zurichterei erleichtert. Wenn aber ein blasser Farbton verlangt wird, wie im Falle von Sämischleder aus Schaf- und Lammfellen, Luxusleder, chromgares Handschuhleder usw., wobei das Glanzstoßen der Ware ausbleibt, leisten die direkt ziehenden Farbstoffe ausgezeichnete Dienste, insonderheit für helle Pastellfarbtöne, die mit Hilfe von sauren oder basischen Farbstoffen nicht in so befriedigender Weise erhaltbar sind.

Diese Farbstoffe werden gewöhnlich ohne voraufgehendes Beizen in schwach saurer Lösung direkt mit dem Leder in Berührung gebracht. Zum Ansäuern des Farbbades sei die Essigsäure allgemein empfohlen.

Besonderer Erwähnung würdig ist die Farbstoffklasse des „Direktschwarz“ (Chromlederschwarz). Viele der direkt ziehenden Baumwollschwarzfarbstoffe eignen sich ganz besonders für die Schwarzfärbung von Chromleder allein oder in Verbindung mit Farbholzbeizen, wie z. B. mit Blauholzextrakt, welches ein tiefes Schwarz liefert. Eine weitere Anwendung dieser Farbstoffe besteht in der Erzeugung von intensiv schwarzen Färbungen, wie sie z. B. für Chromvelourleder erfordert werden, wobei man das Leder zunächst mit einer kleinen Menge von Blauholzextrakt, in Verbindung mit Direktschwarz, anbeizt, und dann mit einem basischen Schwarz überdeckt.

Beizenfarbstoffe. Das vorliegende Kapitel würde ohne Erwähnung der Beizenfarbstoffe einen Mangel aufweisen. Die Beizenfarbstoffe, zu denen die wohlbekannten Alizarin- und Anthrazenfarbstoffe gehören, zeichnen sich durch ihre hervorragende Lichtechtheit aus. Indem diese Farbstoffe hauptsächlich in Textilfabriken in Verbindung mit einer Chrombeize (gewöhnlich aus Bichromat und einer organischen Säure bestehend) Anwendung finden, folgerten die Farbstoffabrikanten irrtümlicherweise, daß diese Farbstoffklasse sich ganz besonders für die Färbung von Chromleder eignen müsse. In der Tat sind nur verhältnismäßig wenige der Alizarin- oder Anthrazenfarbstoffe für diesen Zweck geeignet, und wenn sie auch in Verbindung mit einer vorausgehenden Beize, bestehend aus Bichromat und etwas Essig- oder Milchsäure, Chromleder anzufärben vermögen, tut das vorausgehende Beizen dem Leder keineswegs gut und kann zum Brüchigwerden der Narbe führen.

Andererseits können einige Alizarinfarbstoffe, ähnlich den sauren Farbstoffen, in Verbindung mit einer Gerbstoffbeize Anwendung finden.

Das Lösen der Teerfarbstoffe. Das Lösen der Farbstoffe erfordert besondere Vorsicht. Der Mangel der vollen Aufmerksamkeit bei dieser scheinbar so einfachen Operation des Auflösens ist in vielen Fällen die Ursache einer mangelhaften Färbung oder einer Fleckenbildung.

Das Lösen wird am passendsten in einem hölzernen Bottich ausgeführt. Für saure und direkte Farbstoffe ist dabei kochendes Wasser zuzugeben; während man den Farbstoff zusetzt, muß fortgesetzt und so lange umgerührt werden, bis aller Farbstoff in Lösung gegangen ist. Für die basischen Farbstoffe nimmt man nicht kochendes Wasser, sondern nur 80—85° C heißes, da einige der basischen Farbstoffe bei der Siedetemperatur des Wassers zersetzt werden.

Die Methode, die unter den Lederfärbern oft üblich ist, den Farbstoff in kaltes oder warmes Wasser zu tun und dann direkten Dampf einzublasen, bis der Farbstoff gelöst ist, sollte bei basischen Farbstoffen niemals angewandt werden. Auramin verliert beispielsweise beträchtlich an Farbkraft durch das Kochen. Das Verfahren, die Auflösung über einer Gasfeuerung im Metallkessel vorzunehmen, muß ebenfalls verworfen werden.

Das Wasser zur Lösung der Farbstoffe soll möglichst frei sein von Kalzium- oder Magnesiumbikarbonat (also möglichst keine temporäre Härte besitzen), da diese besonders bei basischen Farbstoffen Niederschläge hervorrufen. Ist man auf ein Wasser angewiesen, das temporäre Härte besitzt, so muß man es durch Zugabe von Essig-, Ameisen- oder Milchsäure neutralisieren. Man gibt dann so lange Säure zu, bis ein Stückchen blaues Lackmuspapier, das man in die Lösung eintaucht, eben in der Farbe umschlägt.

Hat man Kondenswasser von der Dampfpfeife oder dem Kessel zur Verfügung — was in modernen Lederfabriken ja meist der Fall ist, — so ist dieses zum Farbstofflösen zu empfehlen. Man muß indessen dann sorgfältig darauf achten, daß es auch frei von jeglicher Verunreinigung durch Eisen ist. Beim Lösen von sauren Farbstoffen ist hartes Wasser nicht annähernd so gefährlich wie bei den basischen Farbstoffen. Die Säuremenge, die beim Färben mit sauren Farbstoffen dem Farbbad zugesetzt wird, ist im allgemeinen ausreichend, um den sich eventuell bildenden Niederschlag von Kalklack zu zersetzen.

Im Falle vieler basischen Farbstoffe, die nicht vollständig klar in Lösung gehen, muß nach dem Auflösen eine Filtration vorgenommen werden. Eine Farblösung, die nicht filtriert wurde und daher kleine ungelöste Partikelchen enthält, sollte niemals angewandt werden. Denn diese ungelösten Teilchen setzen sich im Farbbad leicht auf dem Leder ab und sind die Veranlassung von Flecken und Streifen. Nimmt man

nicht filtrierte Farbstofflösung zum Bürsten, so ist die Gefahr dieser
kleinen Teile für das Leder größer als beim Färben durch Tunken. Die
Filtration ist sehr leicht auszuführen, und der einzige dazu nötige
Apparat ist ein rechtwinkliger hölzerner Rahmen (Abb. 45), in dessen
Außenseite ringsherum eine Anzahl kleiner kupferner Nägel oder Haken
eingeschlagen sind. Ein Stück Packtuch, das etwas größer als der
Rahmen und sehr gut in heißem Wasser ausgewaschen ist, wird über
den Rahmen gespannt und an den
vorstehenden kleinen Nägeln oder
Haken festgehalten. Wenn der
Rahmen so hergerichtet ist, wird er
über die Farbmulde oder einen
hölzernen Bottich oder ein sonst
passendes Gefäß gestellt und die
Farbstofflösung durch das Tuch
hindurchgegossen. Eine handliche
Größe für den Rahmen ist 25—30 cm;
ein solcher Rahmen paßt bequem
auf einen gewöhnlichen Holzeimer
von 12—15 l Inhalt.

Abb. 45. Filter für Farbstoffe.

Das Filtrieren kostet verhältnismäßig gar nichts. Denn die un-
gefähr 6—8 Stücke Packtuche, die man für die verschiedenen Farbstofflösungen braucht, können nach der Benutzung ausgewaschen und
dann immer wieder genommen werden. Indessen ist es nicht ratsam,
ein Stück Packtuch, durch das man einige Male schon grüne Farbstofflösungen filtriert hat, dann zum Filtrieren anderer, z. B. roter Farbstofflösungen zu nehmen. Man muß also die Tücher, obgleich sie ausgewaschen
werden, voneinander unterscheiden. Farbstofflösungen, die zum Bürsten,
Marmorieren oder Decken dienen sollen, sollen stets filtriert werden.

Holzeimer sind für die Zubereitung der Farbstofflösungen am besten
zu gebrauchen. Indessen hindert nichts, Kupfer- oder Zinnkessel dafür
zu nehmen, vorausgesetzt, daß die Lösung nicht angesäuert wurde.

Viele basische Farbstoffe, besonders Methylviolett, sind etwas
schwierig im Wasser zu lösen. In diesem Falle macht man aus dem
Farbstoff mit einer starken Lösung von Essigsäure oder Ameisensäure
— 50% käufliche Säure und 50% Wasser — eine Paste und stellt mit
dieser Paste durch Zugabe von heißem Wasser in der oben beschriebenen
Weise die Farbstofflösung her.

Eine andere Methode ist, den Farbstoff in etwas Spiritus zu lösen
und daraufhin mit Wasser zu verdünnen.

Die sauren Farbstoffe brauchen ungefähr das 15—20fache ihres
eigenen Gewichtes an kochendem Wasser, um sich klar zu lösen; also

2—3 kg brauchen etwa 40—50 l kochendes Wasser. Die basischen Farbstoffe sind weniger leicht löslich; sie brauchen etwa das 20—40fache ihres eigenen Gewichtes an heißem Wasser zur vollständigen Lösung; also nur 1½—2½ kg Farbstoff werden der obigen Menge Wassers, 40—50 l, entsprechen.

Die meisten Farbstoffe lösen sich leicht in Spiritus oder Methylalkohol und in Essigsäure. Auch Glyzerin ist für viele Teerfarbstoffe ein gebräuchliches Lösungsmittel.

Das Färben. Das Färben wird ausnahmslos im Faß vorgenommen; denn dies ist die einzige praktische Methode, die zufriedenstellende Resultate zu liefern vermag. Nach dem Fixieren, falls ein solches nötig ist, sind die Felle gründlich zu waschen, wonach sie gefärbt werden können.

Wie bereits erwähnt, führt man das Waschen auf die Weise am besten aus, daß man das Fixierungsbad durch die Tür oder durch die Löcher des Fasses abfließen läßt, dann einige Eimer Wasser dem Faß zuführt und die Felle zwei bis drei Minuten lang wäscht, worauf man das Waschwasser verwirft und das Faß mit einer zum Färben nötigen Menge von Wasser füllt. Das Färben wird bei einer Temperatur von etwa 60⁰ C durchgeführt und muß, um satte Färbungen zu gewährleisten, mindestens ³/₄ Stunden dauern. Die Farbstofflösung wird allmählich durch die hohle Achse des Fasses in dem Maße zugegeben, wie die Operation fortschreitet.

Die passendste Art von Walkfaß für diesen Zweck ist in Abb. 44 dargestellt. Es ist mit einer hohlen Achse versehen, die es gestattet, die Farbstofflösung nach Belieben im Laufe des Walkens einzuführen. Außer dem gewöhnlichen dichten Verschluß besitzt das Faß auch eine Gittertür, die den gewöhnlichen Verschluß ersetzen kann, wenn man den Faßinhalt ohne Herausziehen der Felle entleeren will, wie z. B. im Falle der Abfallbrühen von der Beize, vom Fixierungsmittel, vom Farbstoff. In diesem Falle wird der dichte Verschluß durch die Gittertür ersetzt und das Faß so lange in Rotation gehalten, bis die gesamte Brühe abgelaufen ist. Daraufhin kann man das Faß mit der gewöhnlichen Tür verschließen und durch einen Fülltrichter, der mit der hohlen Achse verbunden und mit Heiß- und Kaltwasserleitung versehen ist, die erforderliche Lösung einfüllen.

Es sei noch bemerkt, daß ein solches Faß vorteilhaft eine weite hohle Achse besitzen soll, von etwa 7,5 cm Durchmesser, in welche dann das Zuführungsrohr vom Fülltrichter, von etwa 5 cm Durchmesser, hineingepaßt werden kann.

Schwarze Färbungen. Für die Schwarzfärbung von Box-, Boxkalb- und Chevreauleder seien folgende typische Verfahren angegeben, die die praktische Anwendung der oben erörterten theoretischen Gesichtspunkte darstellen.

Abb. 46. Färbfässer.

Methode A. Die Felle werden nach dem Falzen gewogen, gewaschen, neutralisiert, wiederum gewaschen und mit einer hinreichenden Flotte von Wasser von 60° C in das Faß gebracht.

Man nimmt für je 100 kg Falzgewicht

2 kg Hämatinkristalle
1 „   Nigrosinkristalle
60 g   Ammoniak.

Man löst zunächst die Hämatinkristalle und fügt der klaren Lösung das Ammoniak in verdünnter Form zu. Das Nigrosin wird in einer hinreichenden Menge kochenden Wassers gesondert gelöst. Man fügt die Blauholzlösung (Hämatinlösung) dem rotierenden Faß zu und läßt etwa 20 Minuten das Faß laufen, worauf man die Nigrosinlösung zugießt und weiter walkt, insgesamt etwa $^3/_4$ Stunden.

Es ist auch erwünscht, die Intensität der schwarzen Farbe durch Zusatz einer Metallbeize zu verstärken. Man bedient sich in diesem Falle des Eisensulfates, von dem man $^1/_4$—$^1/_2$ kg in kaltem Wasser löst und mit einigen Tropfen Essigsäure ansäuert, oder des Titankaliumoxalats, von dem man 1 kg nimmt und in wenig heißem Wasser löst. Die Lösung einer dieser Metallbeizen wird dem Faßinhalt zugegeben und etwa 15 Minuten weiter gewalkt. Die Titanbeize ist der Eisenbeize allgemein vorzuziehen.

Methode B. Die Felle werden, wie für Methode A beschrieben, vorbereitet.

Für je 100 kg Falzgewicht nimmt man:

2 kg Hämatinkristalle
1 „   Direktschwarz (Chromlederschwarz)
60 g   Ammoniak.

Das verdünnte Ammoniak wird der Auflösung der Hämatinkristalle zugefügt. Das Direktschwarz (Chromlederschwarz) wird gesondert gelöst. Nachdem die Ware mit der erforderlichen Menge an Wasser in das Faß gebracht worden ist, gibt man zuerst das Chromlederschwarz zu und walkt während 20 Minuten; daraufhin wird die Blauholz-Ammoniaklösung zugefügt und im ganzen $^3/_4$ Stunden lang gewalkt. Will man ein intensives Schwarz erzielen, so läßt man nun etwa $^2/_3$ der erschöpften Farbflotte abfließen und setzt eine klare Lösung von 1 kg basischem Schwarz (gelöst inzwischen in 85° C heißem Wasser und leicht mit Essigsäure angesäuert) der Farbbrühe zu. Man fährt mit dem Walken noch eine halbe Stunde lang fort.

Methode C. Das Leder wird, wie bei Methode A, vorbereitet.

Für je 100 kg Falzgewicht nimmt man:

2 kg Hämatinkristalle
1 „   Gelbholzextrakt
60 g   Ammoniak.

Die Ware wird etwa $^3/_4$ Stunden lang in der Lösung dieser Chemikalien gewalkt. Daraufhin setzt man ½ kg Eisensulfat zu und läßt das Faß weitere 10 Minuten lang laufen. Nach Ablauf dieser Zeit setzt man eine Lösung von 250 g Borax zu und walkt weitere 10 Minuten, worauf man die Felle herausholt, auf den Bock schlägt und eine Stunde lang liegen läßt. Vor dem Fettlickern werden die Leder dann gründlich ausgewaschen. Das Eisensulfat kann vorteilhaft durch eine entsprechende Menge an Eisenazetat ersetzt werden.

Braune Farbtöne. Zur Erzielung von braunen Farbtönen muß die Gerbstoff- oder Farbholzbeize so gewählt werden, daß sie dem erstrebten Farbton entspricht. Die am meisten gebrauchte Beize besteht aus einer Mischung von Gambier- und Gelbholzextrakt. Wie bereits angeführt, ruft Gelbholz eine grünlichgelbe, Gambier eine bräunlichgelbe Farbe hervor. Bei helleren Färbungen verwendet man folglich einen größeren Anteil an Gelbholzextrakt, während man für dunklere Farbtöne steigende Mengen von Gambier nimmt. Die folgende Tabelle zeigt das Mengenverhältnis der beiden an, wie sie für den Gebrauch empfohlen werden können:

	Helle Farbtöne	Mittlere Farbtöne	Dunkle Farbtöne
Gelbholzextrakt	2%	1 ½%	1%
Würfelgambier	1%	1 ½%	2%
Rotholzextrakt	—	—	¼%

Für rötliche Farbtöne, wie z. B. Ochsenblut, erhöht man den Zusatz an Rotholzextrakt vorteilhaft bis 1%; die weinrote Farbe, die durch diese Beize hervorgerufen wird, eignet sich ausgezeichnet zum Grundieren von Chromleder, das auf Braunmaron gefärbt werden soll.

Die folgenden Formeln mögen als Leitsätze für die Erzielung brauner Farbtöne dienen. Eine vollständige Liste der Teerfarbstoffe, die für das Färben dieser Lederklasse geeignet sind, befindet sich im Anhang A.

Methode A. *Ein helles Gelbbraun.* Das Leder wird nach dem Waschen und Neutralisieren zunächst eine $^3/_4$ Stunde lang bei der Anfangstemperatur von 60° C in folgender Lösung gebeizt:

Für je 100 kg Leder (Falzgewicht)

    2 kg festes Gelbholzextrakt
    1 „ Würfelgambier.

Wenn die Beize praktisch vollständig aufgenommen ist, gibt man eine Lösung von ½ kg Titankaliumoxalat zu und walkt eine weitere halbe Stunde. Nach Ablauf dieser Zeit setzt man die folgende Farbstoffmischung zu[1]):

    750 g Zitronin R
    250 „ Säurebraun.

---

[1]) Die im folgenden angeführten Farbstoffrezepte sind aus Farbstoffen englischer Fabrikate zusammengestellt. Diese Rezepte sollen in der Hauptsache, sowohl die Auswahl des Farbstoffes wie auch die Mengen be-

Man beginnt das Färben durch Zugabe der Hälfte der Farbstoffmischung und walkt 15 Minuten lang. Nun setzt man die wässrige Lösung von

500 g Natriumbisulfat

zu und walkt weiter etwa $^1/_4$ Stunde. Schließlich wird die zweite Hälfte der Farbstofflösung zugesetzt und die Färbeoperation insgesamt auf etwa eine Stunde ausgedehnt, damit eine möglichst restlose Aufnahme des Farbstoffes erzielt wird.

Methode B. *Ein mittleres Braun.* Für je 100 kg Leder (Falzgewicht) nimmt man

1,5 kg Gambier
1,5 „ festes Gelbholzextrakt

und beizt die Leder eine $^3/_4$ Stunde lang in dieser Lösung. Dann färbt man sie auf dieselbe Weise, wie in Methode A beschrieben, unter Verwendung folgender Quantitäten:

½ kg Ledergelb
1 „ Säurebraun
93 g Säuregrün G und
815 „ Natriumbisulfat.

Methode C. *Dunkelbraun.* Man beizt die Felle für je 100 kg Leder (Falzgewicht) mit

1 kg Gelbholzextrakt
2 „ Gambier
250 g Rotholzextrakt

während $^3/_4$ Stunden. Das Färben erfolgt, wie bei Methode A, mit folgender Mischung:

1 kg Schokoladenbraun
½ „ Azoflavin
156 g Wollgrün und
815 „ Natriumbisulfat.

Um dieselben Effekte mit Hilfe von basischen Farbstoffen hervorzurufen, verwendet man die folgenden Quantitäten:

Beize:	Helle Farbtöne	Mittlere Farbtöne	Dunkle Farbtöne
	2% Gelbholzextr.	1½% Gelbholzextr.	1% Gelbholzextr.
	1% Gambier	1½% Gambier	2% Gambier
			¼% Rotholzextr.

treffend, als Typen angesehen werden, deren Anpassung an die jeweilige interne Fabrikation dem Färber vorbehalten bleibt. — Wie bekannt, verfügen die deutschen Farbstoffabriken über modern eingerichtete Versuchslaboratorien und geben außer den ausführlichen Broschüren über Lederfärbung auch auf jede einzelne Anfrage bereitwilligst Auskunft. — Der Leser findet im Anhang A das Verzeichnis der gebräuchlichsten und anerkanntesten deutschen Farbstofferzeugnisse.

	Helle Farbtöne	Mittlere Farbtöne	Dunkle Farbtöne
Fixierungs- mittel:	½% Kaliumtitan- oxalat	½% Kaliumtitan- oxalat	½% Antimonlak- tat oder Brech- weinstein
Farbstoffzu- sammen- setzung:	1% Auramin ¼% Bismarck- braun	½% Auramin ½% Bismarck- braun $^1/_{10}$% Malachit- grün	½% Chysoidin ½% Bismarck- braun $^1/_5$% Malachit- grün

Wenn man von diesen Farbstoffen Gebrauch macht, so ist es anzuraten, die Leder nach dem Beizen und Fixieren gut auszuwaschen, aus dem Fasse zu ziehen und in einem besonderen Bade, dem man den Farbstoff in zwei Portionen zusetzt, auszufärben. Das Walken soll etwa 45 Minuten lang dauern.

Methode D. *Rötliche Nuancen.* Für die Erzeugung von rötlichen Farbtönen, wie Kirschrot, Ochsenblut usw., dienen die folgenden typischen Methoden, unter Verwendung von sauren bzw. basischen Farbstoffen:

Die Beize besteht aus:

1% Gelbholzextrakt
1% Gambier
½% Rotholzextrakt.

Man beizt $^3/_4$ Stunden lang und fixiert, falls man mit basischen Farbstoffen arbeiten will. Für das Färben nimmt man:

Farbstoffe:

Saure

Basische

1% Resorzinbraun
½% Säureviolett
¾% Natriumbisulfat

Fixieren mit:
½% Brechweinstein oder
Antimonlaktat,
dann färben mit:
½% Auramin
1% Bismarckbraun
¼% Safranin.

Außer diesen gewöhnlichen braunen Farbtönen wird das Leder, wenn auch seltener, in verschiedenen Kunstfarben ausgefärbt, wie z. B. Chevreauleder in „Champagne", chromgare Lammfelle in blassen Farben von Grau, Rosa, Blau, Lavendel, Grün usw. für Phantasieleder und Schuhfutterleder.

Einige dieser Farbtöne werden auf folgende Weise erreicht:

Methode E. *„Champagne="- und „Rohseide"-Farben* werden durch Beizen des Leders mit Gambier und leichtes Tönen mit Säurebraun oder Direktbraun hervorgerufen.

Für je 100 kg Leder (Falzgewicht) nimmt man 3 kg Gambier und beizt eine $^3/_4$ Stunde lang. Man setzt dann eine sehr geringe Menge, etwa $^1/_{10}$ kg an Säurebraun oder Chromlederbraun (Direktbraun) zu und walkt weitere 15 Minuten.

Kunst- oder Pastellfarben werden bestens mit Hilfe von sauren Farbstoffen (ohne Säurezugabe) oder mittels direkter Farbstoffe erzeugt.

Methode F. *Grüner Farbton für Luxusleder.* Eine typische Methode ist die folgende:

Für je 100 kg Leder (Falzgewicht) nehme man 3 kg Sumachextrakt oder entsprechende Menge von Sumach, den man mit Wasser von 60° C während einer halben Stunde der Extraktion unterwirft und vor dem Gebrauch durch ein feinmaschiges Leinenfilter gießt, damit die ungelösten Teilchen zurückbleiben. Man beizt das Leder eine $^3/_4$ Stunde lang mit der klaren Sumachlösung, setzt dann $^1/_2$ kg Säuregrün zu und walkt weitere 30 Minuten lang.

(Für weitere Farben siehe Anhang A.)

Unter den vielen Modifikationen der Färbeverfahren, die in der Praxis Anwendung finden, seien die folgenden erwähnt:

a) Die Leder werden mit einer Gerbstoff- und Farbholzbeize, wie z. B. Gelbholz-Gambier, zusammen mit einem sauren oder direkten Farbstoff grundiert und daraufhin ohne Fixierung mit einer basischen Farbstofflösung überdeckt.

b) Beim Färben mit sauren Farbstoffen wird ein Titansalz gleichzeitig mit der sauren Farbstofflösung in Anwendung gebracht.

Die Schwefelsäure oder das Natriumbisulfat, die zur Entwicklung des sauren Farbstoffes verwendet werden, können vorteilhaft durch Ameisensäure ersetzt werden. Man gibt hierbei den angewandten Farbstoffen gleiche Gewichtsmengen an handelsüblicher (60 %iger) Ameisensäure zu.

X. Das Fettlickern.

Die Operation des Fettlickerns besteht in der Behandlung des Leders mit einer fein verteilten Emulsion von Öl oder Fettstoffen in einem passenden Medium.

Das Fettlickern bezweckt ein Schmieren der Lederfaser, damit das fertige Leder dann weich und geschmeidig wird. Wahrscheinlich wird hierbei auch etwas vom Chromsalz durch Umsetzung in ein unlösliches Produkt auf der Faser fixiert und dadurch die Wasserbeständigkeit des Leders erhöht.

Der Fettlicker muß in einer möglichst vollkommen emulgierten Form vorliegen und keine Tendenz zum Ausscheiden der Ölteilchen besitzen. In einer solchen Emulsion befinden sich die Ölteilchen gesondert, einzeln und koagulieren nicht, d. h. sie vereinigen sich nicht untereinander zu größeren Komplexen. Dieses Nichtkoagulieren ist die Hauptbedingung einer jeden Emulsion; weist die Emulsion eine merkliche Tendenz zum Koagulieren auf, so fällt der emulgierte Körper rasch in Form eines unlöslichen Niederschlages aus.

Das Fettlickern ist zweifellos eine der schwierigsten Operationen im Falle von Chromleder, das im Laufe des Zurichtens glanzgestoßen werden soll. Viele Fehler, die am fertigen Leder so oft beobachtet werden können, stammen entweder direkt von einem ungeeigneten Fettlicker her oder haben in einer sorglosen Vorbereitung der Felle oder in einer schlechten Arbeitsweise ihren Ursprung. Eine jede Tendenz zur Aus-flockung der Fettemulsion führt unweigerlich zu einer irregulären Ab-lagerung der Öl- oder Fetteilchen auf der Lederoberfläche und hat die unvermeidliche Folge, daß die Fasern ungenügend gefettet, dagegen die Narben- und Fleischseite hart und zu fettig werden. Die Ölteilchen der Emulsion müssen in möglichst fein verteilter Form in der Lösung suspendiert sein, damit sie das Leder gut durchdringen können, ohne sich auf der Narben- oder Fleischseite ungleichförmig abzusetzen; sind die Fasern gründlich geschmiert, so läßt sich das Leder auch leicht spannen und strecken.

Die Herstellung einer in jeder Hinsicht befriedigenden Fettlicker-emulsion ist keine leichte Aufgabe. Die gewöhnliche Methode, die Emulsion durch Kochen einer Mischung von Seife und Öl zu bereiten, soll nicht empfohlen werden, sie wird selten gute Resultate liefern. Die praktischen Gerber haben viele Methoden eingeschlagen, um eine voll-kommene Emulsion zu erzielen, doch gibt es leider sehr wenige Mittel, die den Ölbestandteil des Fettlickers in einen günstigeren Zustand der Verteilung zu bringen vermögen, ohne es in seinen Eigenschaften, namentlich in seiner härtenden Wirkung auf das Leder, schädlich zu beeinflussen. Die von den Pharmazeuten verwendeten Emulgierungs-mittel für medizinische Zwecke, wie z. B. für die Emulgierung von Dorschleberöl, sind für die Herstellung von Fettemulsionen für Chrom-leder nicht zu gebrauchen. Man müßte nämlich solche Quantitäten von diesen Emulgierungsmitteln, wie Gummiarabikum, Gummitraganth usw. verwenden, daß sie das Leder hart oder steif machen würden, womit die weichmachende Wirkung des Fettlickers eben in ungünstigem Sinne be-einflußt wäre.

Eigelb besteht aus etwa 28—30% Fett und 16—18% eines Stoffes, das dem in der Milch enthaltenen Kasein sowohl in seiner Zusammen-setzung wie auch in seinen Eigenschaften recht ähnlich ist. Eigelb ist selbst eine Emulsion und ist ein ganz hervorragendes Emulgierungs-mittel für Klauenöl, Rizinusöl, Dorschleberöl, Wallratöl, Olivöl, Baum-wollsaatöl und Leinöl. Durch einen hinreichenden Zusatz an Eigelb zu irgendeinem dieser Öle kann dasselbe so gut emulgiert werden, daß die so bereitete Emulsion mehrere Tage lang aufbewahrt werden kann, ohne daß sie ausflockt. Wenn man das Eigelb durch Zusatz von einer genügenden Menge an Seife in eine halbflüssige Form bringt und eine konzentrierte Emulsion bereitet, so widersteht diese einige Monate hindurch der Ausflockung. Die Emulgierungskraft des Eigelbes befindet sich in dem darin enthaltenen kaseinartigen Eiweißstoff. Konserviertes Eigelb ist nicht geeignet für Fettemulsionen, die Seife enthalten, denn das als Konservierungsmittel dienende Salz flockt die Seife aus und „bricht" folglich auch die Emulsion.

Kasein ist auch ein ausgezeichnetes Emulgierungsmittel, doch soll ihm vom Gesichtspunkte der Lederfabrikation das Eigelb vorgezogen werden, da dieses letztere neben der erwähnten Emulgierungskraft auch die Eigenschaft besitzt, dem Leder selbst eine hervorragende „Nahrung" zu erteilen.

Kasein ist das Emulgierungsmittel in der Milch, einer idealen Emulsion, die durchschnittlich 3,5% Fettstoffe in feinstverteilter Form enthält. Gegen die Anwendung von Kasein als Emulgierungsmittel für Fettlicker spricht auch die Tatsache, daß es, in den erforderlichen Quantitäten angewendet (man ist gezwungen, um eine befriedigende Emulsion herbeizuführen, etwa die gleiche Menge, wie Fette oder Öle vorhanden sind, in Rechnung zu ziehen), das behandelte Leder hart und steif werden läßt, anstatt es, wie das z. B. für Glanzchevreau oder Boxkalb verlangt wird, recht geschmeidig zu machen. Beim Fettlickern von feinsten Ledersorten sei die Verwendung von Eigelb (falls eine kleine Kostenerhöhung erträglich ist) als Zusatz zu einem Öl wärmstens empfohlen.

Die Fettlickeremulsion des Chromgerbers besteht gewöhnlich aus einem Gemisch von Seife und Öl. Der Seifenbestandteil eines solchen Fettlickers ist nicht nur deshalb von Bedeutung, weil er, eine unlösliche Chromseife bildend, die Wasserbeständigkeit des Leders erhöht, sondern auch aus dem Grunde, weil er zweifellos füllende und mollig machende Eigenschaften besitzt und dem Leder einen charakteristischen Griff verleiht, der mittels Ersatzstoffe nicht zu erzielen ist.

Nichtsdestoweniger muß man sehr sorgfältig mit der Seife umgehen, da eine zu große Menge derselben eine schädliche Wirkung auf das Leder ausübt. Insbesondere wenn das Leder nach dem letzten Aufstollen recht geschmeidig auftrocknen soll, wird es infolge eines übermäßigen Seifengehaltes hart und setzt dem Glanzstoßen, wo es sehr hohen Drucken ausgesetzt ist, infolge Verkleben der Fasern beträchtliche Schwierigkeiten entgegen. Die Elastizität des Leders wird dadurch auch ungünstig beeinflußt. Man nehme aus diesem Grunde zum Fettlicker die möglichst kleinste Portion an Seife, namentlich bei Ledersorten, die glanzgestoßen werden.

Es ist nach des Verfassers Meinung nie ratsam, eine größere Menge an Seife als an Ölen in Anwendung zu bringen, obwohl dies verschiedent-

lich empfohlen wird; es ist bedeutend vorteilhafter, umgekehrt größere
Mengen an Ölen als an Seife zu verwenden. Die von manchen Gerbern
gebrauchte Methode, die Emulgierung des Öls durch Zusatz von Soda
oder anderen Alkalikarbonaten zu vervollkommnen, soll nicht empfohlen
werden. Durch die Zugabe dieser Alkalien werden die freien Fettsäuren
des Öles verseift, und man bekommt in den Fettlicker nur eine größere
Portion an Seife.

Der Verfasser konnte in mehreren Fällen beobachten, daß der Gerber
so viel Alkalikarbonat seinem Fettlicker zugegeben hat, daß dieser nunmehr eine einfache Seifenlösung, nicht aber eine Seifen-Ölemulsion dargestellt hat. Die Qualität der bei der Herstellung eines Fettlickers ge-
nommenen Seife ist ein sehr wichtiger Faktor, den man bei Auswahl
der Seife sorgfältig berücksichtigen soll. Für besonders weiche Ledersorten verwende man eher eine Schmierseife (Kaliseife) als eine harte
Seife (Natronseife), denn bei einem eventuellen Überschuß ist die
härtende Wirkung der ersteren bei weitem nicht so groß als die der
letzteren.

Die Herstellung einer Seife zum Fettlicker ist eine Operation, die
der Praktiker selbst ohne große Mühe ausführen kann; es handelt sich
dabei nur um die Neutralisation von Fettsäuren mit kaustischem Alkali,
und diese ist äußerst einfach. Die eigene Fabrikation der Seife hat für
den Gerber viele Vorteile. Das erhaltene Produkt ist von einheitlichem
Charakter; man weiß, welche Art Seife man verarbeitet, ob eine Talg-
seife oder eine Ölseife, ob Rizinus-, Olivenöl oder andere Sorten; man weiß
ferner, daß die Seife unbedingt frei von den üblichen Verfälschungen der
Handelsseifen ist, wie Harzseife, Wasserglas u. a., die von schädlicher
Einwirkung auf das Leder sein können.

Die sogenannte „kalte Verseifung" wird so ausgeführt, daß man das
Fettmaterial, das verseift werden soll, mit der erforderlichen Menge von
Kali- oder Natronlauge im offenen Kessel mischt. Man muß sorgfältig
darauf achten, daß die Mischung vollkommen durchgerührt wird. Dann
muß diese stehenbleiben, bis die Reaktion der Verseifung vollständig
beendet ist.

Die erforderliche Menge von geschmolzenem Fett oder Öl wird bei
einer Temperatur von ungefähr 40—45° C in einen hölzernen Bottich
getan, die Natron- oder Kalilauge hinzugegeben und die Masse dann
mit einem flachen hölzernen Rührer so lange durchgerührt, bis die Bestandteile vollständig gemischt sind und eine pastenartige Konsistenz
angenommen haben. Dann wird die Masse in einen flachen hölzernen
Kessel ausgelassen und für einige Stunden in einen warmen Raum gebracht,
bis die Verseifung beendet ist. Im allgemeinen ist die Seife dann schon
zum Gebrauche fertig. Die Mischung des Fettes mit der Kali- oder
Natronlauge erfolgt am besten in einem Apparat, der ein mechanisches

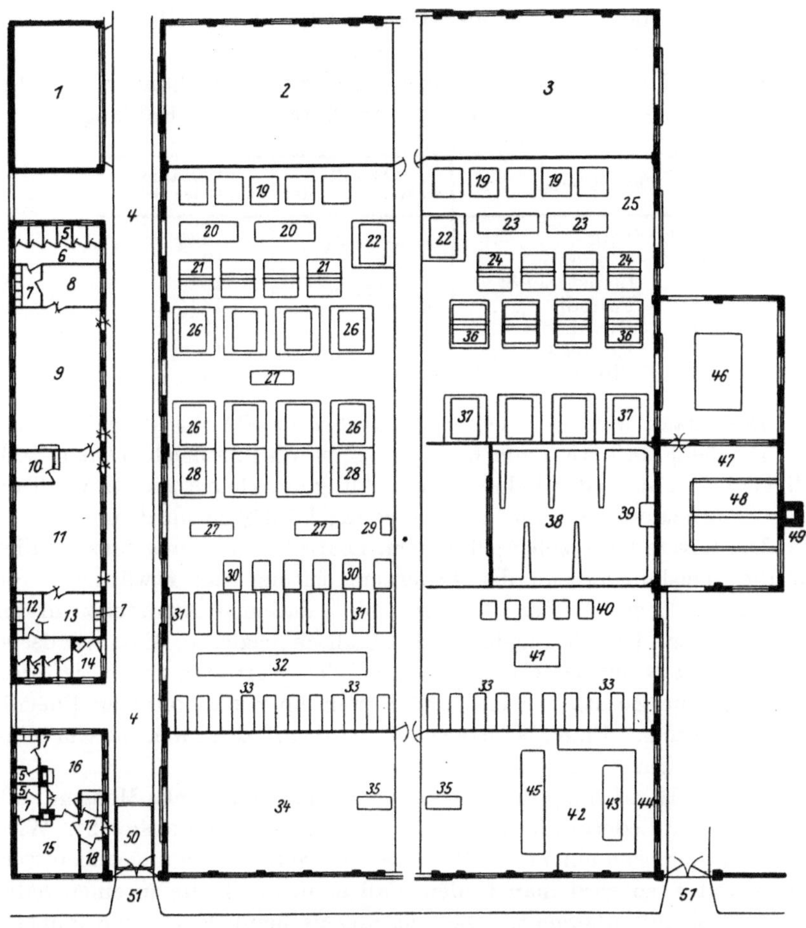

Abb. 47. Plan einer Chromgerberei.

1. Garage	19. Weichgruben	35. Meßmaschinen
2. Abladeraum	20. Enthaarmaschinen	36. Beizhaspeln auf dem Boden
3. Rohhautlager und Sortier-	21. Äscherhaspeln in den Boden	stehend
raum	eingelassen	37. Waschfässer
4. Fahrstraße	22. Weichfässer	38. Trockenraum
5. W. C.	23. Entfleischmaschinen	39. Heizkörper
6. Passage	24. Waschhaspeln in den Boden	40. Abschleifmaschinen
7. Waschräume	eingelassen	41. Appretiermaschine
8. Ankleideraum für Frauen	25. Anschwöderaum	42. Lager für fertiges Leder
9. Kantine für Frauen	26. Gerbfässer	43. Gestelle
10. Küche	27. Ausreckmaschinen	44. Regale
11. Kantine für Männer	28. Farbfässer	45. Sortiertafel
12. Pissoir	29. Presse	46. Maschinenhaus
13. Ankleideraum für Männer	30. Falzmaschinen	47. Kohlenraum
14. Zeitkontrolle	31. Stollmaschinen	48. Kesselhaus
15. Privatbüro	32. Aböltafel	49. Schornstein
16. Beamtenzimmer	33. Glanzstoßmaschinen	50. Wägebrücke
17. Vorraum	34. Packraum und Abfertigung	51. Ausfahrt
18. Wägebüro		

Rührwerk besitzt. In Abb. 49 ist ein solcher dargestellt, wie er zum Bereiten von Fettlicker gebraucht wird.

Für 100 kg Fettmaterial braucht man zur Herstellung von harter bzw. weicher Seife folgende Mengen an Natron- bzw. Kalilauge:

Fettmaterial	Ätzkali zu weichen Seifen	Ätznatron zu harten Seifen
100 kg Talg	20 kg	14¼ kg
100 „ Klauenöl . . .	19 „	13 „
100 „ Leinsamenöl .	19½ „	14 „
100 „ Palmöl	20 „	14¼ „
100 „ Rizinusöl . . .	18 „	13 „
100 „ Kokosöl . . .	25 „	18 „
100 „ Olivenöl . . .	19½ „	14 „

Das Alkali wird in jedem Falle vorher in 50 l Wasser gelöst.

Bei der Fabrikation von weichen Seifen mit pflanzlichen Ölen, z. B. Olivenöl, Rizinus- oder Palmöl, wird häufig ein kleiner Zusatz von Talg oder Stearinsäure gegeben, um die Seifen körnig zu machen.

Die fertige Seife soll vollkommen neutral sein; wenigstens ist dies für die meisten Zwecke der Lederverarbeitung sehr erwünscht. Sie soll sich in reinem Wasser klar lösen, ohne daß sich Öltröpfchen in der Lösung zeigen. Die Lösung darf nicht alkalisch reagieren. Eine alkalische Reaktion ist leicht zu erkennen durch das Auftreten einer tiefroten Färbung beim Zusatz von einigen Tropfen einer alkoholischen Phenolphthaleinlösung. Eine „Neutralseife“ wird mit diesem Indikator eine leichte rosa Farbe geben.

Bei der Herstellung des Fettlickers nehme man solche Mengen, daß man zu einer Lederproduktion von etwa einer Woche ausreicht. Wird ein Fettlicker nach einem der Rezepte, die weiter unten angegeben werden, bereitet, so wird man finden, daß er in der Kälte in einen halbstarren Zustand übergeht. Dies ist augenscheinlich sehr vorteilhaft; denn es ermöglicht, in einer einzigen Operation so viel von dem Fettlicker herzustellen, wie zu einer gewissen Menge von Ware erforderlich ist, und jedesmal so viel zu nehmen, wie man eben braucht. Das ist natürlich viel besser, als jedesmal für jeden Posten gerade vor dem Fettlickern die nötige Menge herzustellen. Wenn die Emulsionierung zu Anfang gut durchgeführt worden ist, so wird sich der konzentrierte Fettlicker mit warmem Wasser leicht mischen lassen, ohne daß sich auch nur eine Spur von Fett in gesonderten Partikelchen abscheidet.

Um eine gute Emulsion zu erzielen, ist eine Apparatur nötig, die das Öl bis auf die kleinsten Teilchen zerteilt; denn nur dann kann das Eigelb seinen Zweck erfüllen. Nach Meinung des Verfassers ist der in Abb. 48 abgebildete Apparat vollkommen ausreichend, wenn man keine andere Kraft als Handarbeit zur Verfügung hat. Der Apparat wird ge-

wöhnlich von Pharmazeuten angewandt, um Emulsionen von Leber-
tran und ähnlichem für medizinische Zwecke herzustellen. Er besteht
aus Zinn und hat eine Höhe von 90 cm und einen Durchmesser von 20 cm.
Für die Lederindustrie ist es ratsam, die Größenverhältnisse etwas reich-
licher zu bemessen; indessen muß das Verhältnis der Maße innegehalten
werden, da diese durch viele Versuche als die passendsten für einen
solchen Typ von Emulsifikator festgestellt worden sind.

Nachdem der Fettlicker in heißem Wasser gelöst ist, kommt die
Mischung in den Emulsionsapparat, und der Stempel wird auf und nieder
bewegt. Auf der Ab-
bildung ist der Arbeiter
mit diesem Auf- und
Niederpressen beschäf-
tigt. Man muß hierbei
darauf achtgeben, daß
der Stempel nicht über
die Oberfläche der
Mischung hinausgeho-
ben wird; denn sonst
spritzt man über, wenn
man den Stempel wie-
der hineinpreßt. Man
muß dieses pumpenar-
tige Bewegen des Stem-
pels ungefähr eine Vier-
telstunde lang fortset-
zen, jedenfalls solange,
bis eine vollkommene
Emulsion erreicht ist.

Für die Herstel-
lung größerer Mengen
von Fettlicker ist eine
Maschine mit Kraft-
betrieb notwendig. In
Abb. 49 ist eine solche

Abb. 48. Emulgieren von Hand.

abgebildet. Sie besteht aus einem Bottich mit Rührwerk. Das Rührwerk
wird aus Brettern oder Schaufeln, die an einer vertikalen Achse befestigt
sind, gebildet. Die Schaufeln wirken, da sie die Fortsetzung eines auf-
gesetzten kontinuierlichen Schraubengewindes sind, ähnlich wie die
Schaufeln einer Dampferschraube. Der Bottich trägt außerdem an den
Seiten starre Arme, die in der Abbildung nicht zu sehen sind. Die Rührschaufeln sind mit Löchern versehen. Wenn das Rührwerk in Bewegung
gesetzt wird, entsteht eine heftige Bewegung in dem Fettlicker. Diese

Bewegung bricht sich an den starren Armen, wodurch die größeren Öl-
kügelchen zu kleineren zerfallen. Die an den Rührschaufeln angebrachten
Löcher verstärken durch ihre Wirkung diesen Zerfall, so daß die Mischung
vollkommen verteilt und eine ausgezeichnete Emulsion erzielt wird.

Sulfurierte und lösliche Öle. Der Gebrauch von sulfurierten und
leicht löslichen Ölen zur Bereitung von Fettemulsionen in der Chromlederfabrikation hat sich neuzeitlich sehr verallgemeinert. Man verwendet sie für sich oder in Verbindung mit tierischen oder pflanzlichen
Ölen, auch finden sie als völliger oder partieller Ersatz für Seife Anwendung. Der hauptsächliche Vorteil der sulfurierten und löslichen Öle
gegenüber den gewöhnlichen Fettlickeremulsionen aus Öl und Seife beruht auf der Leichtigkeit, mit welcher sie eine tadellose Emulsion mit

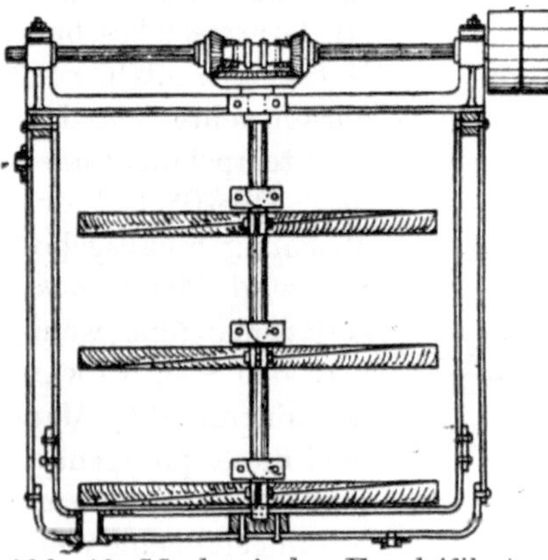

Abb. 49. Mechanischer Emulsifikator.

Wasser zu bilden imstande sind.
Das erste für diesen Zweck verwendete sulfurierte Öl war das „Türkischrotöl“. Dies letztere wird aus berechneten Mengen von Rizinusöl oder
Olivöl mit Schwefelsäure wie folgt
hergestellt:

Die erste Operation wird in einem
hölzernen rechtwinkligen Bottich
vorgenommen, der wohl auch gelegentlich mit Blei ausgeschlagen
ist, und der hauptsächlich eine Vorrichtung hat, um den Inhalt des Gefäßes durchzumischen. Das Gefäß ist
in geeigneter Höhe mit Abflußhähnen

versehen, um einerseits die Waschwässer, anderseits das fertige Produkt
ablaufen zu lassen. Das Rizinusöl, von einem bestimmten Volumen, wird
in den hölzernen Bottich gelassen. Die geeignete Menge Vitriolöles wird
dann langsam hinzugegeben und der ganze Inhalt ordentlich durchgerührt, entweder mit dem Rührwerk oder in Ermanglung eines solchen
mit großen hölzernen Schaufeln. Die Menge der Schwefelsäure schwankt
von 15% bis zu 40% an Gewicht des Öles, und zwar nimmt man im
Winter mehr, im Sommer weniger. Im übrigen weicht die Praxis des
einzelnen Fabrikanten hier voneinander ab. Manche Fabrikanten geben
die ganze Menge des Vitriolöls auf einmal zu, andere in zwei Portionen,
je die Hälfte an zwei aufeinanderfolgenden Tagen. Die Temperatur darf
nicht zu hoch gehen, denn sonst erhält man dunkelgefärbte Produkte.

Man läßt das Gemisch 12—24 Stunden lang stehen, wonach es
zum Waschen fertig ist. Zum Waschen nimmt man entweder warmes
Wasser oder Salzlösung; mit der letzteren wird der Verlust an Öl durch
Auflösung auf ein möglichst geringes Maß beschränkt. Einige Fabri-

kanten waschen erst mit gewöhnlichem Wasser und nachher mit Salzlösung. Wenn man zum Waschen Salzlösung verwendet, so ist es wichtig,
darauf zu achten, daß diese anfangs nicht zu warm ist; sonst macht der
Überschuß an Schwefelsäure aus dem Salz Salzsäure frei, die ihrer-
seits das sulfurierteÖl zersetzt und die ganze Operation rückgängig
macht.

Nach dem Waschen wird das Öl teilweise neutralisiert, wozu man
Soda oder Ammoniak nimmt. Das letztere ist entschieden vorzuziehen,
wenn auch das erstere im allgemeinen mehr angewandt wird. Um das
Endprodukt auf einen Fettgehalt von 45—50% zu bringen, wird dann
die nötige Menge Wasser hinzugesetzt; gelegentlich wird aber bei weitem
weniger Wasser zugegeben.

Um erstklassige Türkischrotöle herzustellen, ist eine viel peinlichere
Fabrikation nötig. Die obigen Vorschriften stellen in großen Zügen die
allgemein angewandte Methode dar. Im Sommer zersetzt sich das
Türkischrotöl zuweilen, indem sich zugleich die Fettschicht vom Wasser
scheidet und ein Gärungsgeruch auftritt.

Türkischrotöl kann in kleinem Maßstabe vom Lederzurichter selbst
hergestellt werden. 5 kg Rizinusöl werden beispielsweise bei einer Temperatur von möglichst 15⁰ C in ein gewöhnliches Faß gegossen und dem
Öl 1165 g Schwefelsäure zugegeben. Während des Zusatzes der Säure
muß das Öl dauernd in Bewegung gehalten werden. Der Säurezusatz
selbst geschieht sehr langsam und soll sich über eine halbe Stunde hin-
ziehen. Hierauf wird die Mischung ordentlich und energisch mindestens
15 Minuten lang durchgerührt und das Faß 24 Stunden bedeckt stehengelassen. Man nimmt nun eine Probe und setzt ungefähr das hundert-
fache Volumen Wasser hinzu. Mit Hilfe einiger weniger Tropfen Ammoniak muß es eine klare Lösung geben. Löst sich das Öl nicht im
Wasser, so muß man dem Gemisch im Faß noch etwas mehr Schwefelsäure geben, etwa $^1/_3$ kg; wenn man aber die eben gemachten Angaben
sorgfältig innehält, wird dieser erneute Säurezusatz gewöhnlich nicht
nötig sein. Auch dieser Zusatz muß mit aller Vorsicht und langsam
gemacht werden und die Mischung dann wieder 24 Stunden sich selbst
überlassen bleiben. Man zieht dann eine neue Probe, um sich zu vergewissern, ob sie in Wasser völlig löslich ist.

Ist die Probe gut ausgefallen, so wird die Mischung nun mit dem
gleichen Volumen Wasser gewaschen und dann so lange stehen gelassen,
bis das Öl sich an der Oberfläche gesammelt hat. Das Waschwasser wird
sorgfältig abgezogen und eine zweite Wäsche vorgenommen, indem man
Wasser und Öl ordentlich durchmischt, wie zuerst wiederum stehenläßt
und das Waschwasser wieder abzieht. Nun wird es zum dritten Male
gewaschen, indem man die Mischung ordentlich durchrührt, und nachdem
das Öl sich abgesetzt hat, das Waschwasser wieder ablaufen läßt. Jetzt

setzt man zum Öl 40 g konzentriertes Ammoniak zu, rührt Ammoniak und Öl gehörig durch und hat ein gebrauchsfertiges Gemisch.

Das Sulfurieren ist außer dem Rizinusöl auch auf andere Öle ausgedehnt worden, und man findet heute auf dem Markte sulfurierte Klauenöle, sulfurierte Trane, sulfurierte Baumwollsaatöle und andere noch.

Die Sulfurierung beeinträchtigt merklich die fettenden Eigenschaften dieser Öle; sie sind weniger wirksam als die unbehandelten Öle. Dies ist namentlich beim Rizinusöl der Fall. Während das unbehandelte Öl ein dickes, strengflüssiges, stark fettendes Produkt darstellt, besitzt das sulfurierte Rizinusöl eine viel geringere Viskosität und hat an seinen fettenden Eigenschaften infolge der erlittenen Behandlung bedeutend eingebüßt.

Aus diesem Grunde ist es allgemein empfehlenswert, den Fettlicker aus einem unbehandelten und einem sulfurierten Öl zusammenzustellen, wobei der sulfurierte Bestandteil als „Träger" des unbehandelten Öles, d. h. als Emulgierungsmittel Anwendung findet.

Außer den sulfurierten Ölen werden noch andere Produkte, die sogenannten löslichen Öle, allein für sich oder in Verbindung mit anderen öligen Substanzen für den Fettlicker verwendet. Sie bestehen gewöhnlich aus Gemischen von Harz und Mineralölen und werden nach dem Bolegschen Patent wie folgt zubereitet:

Das fragliche Mineralöl wird mit einem gewissen Zusatz von rohem, aber wasserfreiem, hellfarbigem Harzöl in einen Waschtrog gebracht. Dieser Zusatz beträgt je nach dem spezifischen Gewicht des Mineralöls 15—25%. Das Harzöl wird mit Hilfe von eingeblasenem Dampf unter einem Druck von etwa fünf Atmosphären fein und gleichmäßig durch das Mineralöl verteilt. Die Mischung wird nicht höher als 100—105° C erhitzt. Nun wird 5—7% einer Natronlauge von 40° Bé zugegeben, deren Quantität von dem spezifischen Gewicht des Mineralöls und von dem Zusatz an Harzöl abhängt und, wie gesagt, 5, 6, 7% betragen kann. Man erhitzt dann die Mischung 20—30 Minuten lang zum Kochen, bis man wahrnimmt, daß das Öl sich klar von der Seifenlauge abgeschieden hat. Nachdem die Mischung $\frac{1}{2}$—$\frac{3}{4}$ Stunde sich selbst überlassen wurde, wird das klare Öl mit etwa $2\frac{1}{2}$—3% von der klaren, verseiften Lauge, die sich über der Harzöl-Seifenlösung befindet, abgezogen und in einen Oxydationsapparat übersetzt. Das Öl wird hier zunächst bei einer Temperatur von 60—80° C zwei Stunden lang und hierauf bei 80—110° C noch eine Stunde lang mit fein verteilter Druckluft behandelt, um vermittels des zugeführten Sauerstoffs ein weiteres Verseifen herbeizuführen; das langsam verdampfende Wasser der Lauge muß beinahe Tropfen für Tropfen kontinuierlich während des Prozesses zugegeben werden. Dieser Oxydationsprozeß kann auch vermittels flüssigen

Sauerstoffs oder Ozon durchgeführt werden. Unmittelbar auf die Oxydation wird das Öl in einen Destillationsapparat geblasen oder gesaugt, wo es unter Zusatz von 3% Alkohol (oder besser Spiritus), 2—3% starker Ammoniaklösung und vorteilhaft von 1% im Wasser gelöster Gelatine während ½—1 Stunde unter einem Druck von 1—1½ Atmosphären und bei verschiedenen Temperaturen behandelt wird, bis das beim Beginn der Operation ursprünglich trübe Ölseifengemisch vollständig klar und leicht löslich geworden ist. Die Operation ist nun beendet; das Öl muß aber nach dem Erkalten abgezogen werden, damit es nicht wiederum trübe wird.

Es soll bemerkt werden, daß der Zusatz von Spiritus, Ammoniak und auch von Gelatine nicht unbedingt notwendig ist; trotzdem wird ein solcher empfohlen, da das so resultierende Öl leichter im Wasser löslich ist, bessere Emulsionskraft besitzt und auch beständigere Lösungen liefert.

Auf dieselbe Weise können wasserlösliche Teeröle mit Hilfe von Harzöl (an Stelle von fettsauren Seifen) hergestellt werden.

Damit diese Erzeugnisse den erwünschten Grad an Beständigkeit aufweisen, müssen alle drei beschriebenen Prozesse in ihrer Reihenfolge durchgeführt werden; denn wird nur einer von ihnen durchgeführt, so ist das erhaltene Resultat auch nur ein unvollständiges. Die nach obigem Prozeß erhaltenen löslichen und emulgierbaren Öle und Ölgemische können mit beliebiger Menge von Wasser leicht vermischt werden und eignen sich ganz speziell für Fettungen; behandelt man sie weiter mit 50—75% destillierten Wassers (oder auch gewöhnlichen Wassers) während $^1/_4$—$^1/_2$ Stunde im Destillations- oder Oxydationsapparat, so erhält man nach dem Klarwerden ein leicht opaleszierendes, aber unveränderliches und beständiges Ölwassergemisch von einem hohen Wert und allgemeiner Anwendbarkeit.

Diese löslichen Mineralöle besitzen ausgezeichnete emulgierende Eigenschaften und sind auch imstande, das Eindringen anderer Fettstoffe in das Leder bedeutend zu erleichtern.

Es ist sehr merkwürdig, daß die in Amerika verfolgte Arbeitsweise im Fettlickern von Chromleder von der in England allgemein adoptierten Methode etwas abweicht, obwohl die erhaltenen Resultate sich gleichbleiben.

Während man in England ganz allgemein einen Fettlicker verwendet, der aus einem unbehandelten pflanzlichen oder tierischen Öl in Verbindung mit löslichen Ölen oder sulfurierten Ölen besteht, gebrauchen die amerikanischen Gerber ein Gemisch aus sulfurierten tierischen oder pflanzlichen Ölen in Verbindung mit reinem oder unbehandeltem Mineralöl.

In beiden Fällen verfolgt man dasselbe Ziel, d. h. die vollständige Durchdringung des Leders mit Hilfe von einem sulfurierten oder löslichen Ölprodukt.

Es ist oben bereits darauf hingewiesen worden, daß ein durch Sulfurierung verändertes Öl tierischen oder pflanzlichen Ursprungs nicht mehr dieselben fettenden Eigenschaften besitzt, die es vor der Behandlung mit Schwefelsäure besaß. Aus diesem Grunde scheint dem Verfasser die englische Methode rationeller als die amerikanische zu sein, da nach ersterem das sulfurierte oder wasserlösliche Mineralöl nur als Emulgierungsmittel für das unbehandelte und folglich in seinen fettenden Eigenschaften unberührte tierische oder pflanzliche Öl verwendet wird. Sorgfältig durchgeführte Versuche haben diese Auffassung bestätigt.

Nach obigem wird es nun klar erscheinen, daß in der Zusammensetzung von Fettlickern für verschiedene Chromledersorten eine lange Reihe von Variationen möglich ist. In der Tat ist es zu bezweifeln, ob zwei oder drei Chromgerber aus der ganzen Welt genau dieselben Formeln gebrauchen. Als Beispiele seien aber zwecks Bereitung von Fettlickern für verschiedene chromgare Ledersorten doch einige Vorschriften gegeben.

Rezepte für Fettlicker.

Schaf- und Lammfelle:

a) 2% lösliches Mineralöl
   ½% Olivenöl
   ½% Kaliseife.

b) 1% lösliches Mineralöl
   1% sulfuriertes Klauenöl.

Ziegenfelle für Glanzchevreau:

a) 1% sulfuriertes Klauenöl
   2% kältebeständiges Klauenöl
   ½% Eigelb.

b) 1% sulfuriertes Klauenöl
   1% Kaliseife (Schmierseife)
   2% Eigelb.

c) 1% Kaliseife
   2% kältebeständiges Klauenöl
   ½% Eigelb.

Schwarzes und farbiges Boxkalbleder:

a) 2% sulfurierter Tran
   1% Rizinusöl

b) 1% lösliches Mineralöl
   1% Rizinusöl
   1% Seifenschnitzel (Natronseife)

c) 1% Degras
   1% Seifenschnitzel (Natronseife)
   1% sulfuriertes Rizinusöl.

Rindboxleder (Kipsboxleder):

a) 2% lösliches Mineralöl
   2% Rizinusöl

b) 2% sulfuriertes Rizinusöl
   1% Mineralöl.

Bereitung des Fettlickers. Bei Herstellung von Fettlickeremulsionen, die mittels Seife zusammengestellt werden, verfährt man am besten wie folgt:

Man löst die nötige Menge Seife in möglichst wenig kochendem Wasser ($3\frac{1}{3}$ l Wasser für je 1 kg Seife kann im allgemeinen als Regel angenommen werden). Dann gibt man die nötige Menge Öl zu und läßt die beiden Bestandteile einige Minuten kochend aufeinander einwirken. Die Mischung wird nun in einen passenden Emulgierungsapparat gebracht und dort die gegenseitige Durchdringung vervollständigt. Verwendet man Eigelb, so muß dieses mit einer kleinen Menge lauwarmen Wassers, dessen Temperatur 35⁰ C nicht übersteigen soll, gesondert gelöst werden. Wenn die Temperatur der Mischung unter 35⁰ C gesunken ist, wird das Eigelb hinzugegeben und das Ganze so lange durchgearbeitet, bis die Emulsion eine vollständige ist.

Anwendung des Fettlickers. Die gefärbten Leder können nach mehreren Methoden gefettet werden. Der meist gebräuchliche Prozeß besteht darin, daß man den Fettlicker der beinahe fertiggefärbten oder auch der vollkommen ausgefärbten Ware im Faß zugibt und das Walken so lange fortsetzt, bis die Fettlickeremulsion möglichst restlos aufgenommen wird. Diese Prozedur führt aber nicht zu einheitlichen Resultaten, da die Temperatur der überschüssigen Farbflotte leichten Schwankungen unterworfen ist, und das gewöhnlich sehr große Volumen der vorhandenen Lösung, zu dem auch noch der Fettlicker kommt, die vollkommene Absorption des letzteren ungünstig beeinflussen kann. Ein besseres Verfahren besteht in dem Verwerfen von $^2/_3$—$^3/_4$ der erschöpften Farbbrühe, Anwärmen des rotierenden Fasses durch Einblasen von Dampf auf etwa 48—53⁰ C, Zugabe der auf etwa 60⁰ C erhitzten Fettlickeremulsion und Walken bis zur vollständigen Absorption. Diese letztere Methode, obwohl sie große Vorteile über die erstere besitzt, ist von einem idealen Verfahren noch weit entfernt. Die Anwesenheit von löslichen Salzen, von Säure und unlöslichem Farbstoff in der erschöpften Farbbrühe kann dem Fettlicker Schaden zufügen und ihn namentlich zur Ausflockung veranlassen.

Die beste Methode ist die folgende: Die Ware wird nach dem Färben aus dem Faß gezogen, womöglichst mit Wasser gewaschen und dann entweder durch Pressen oder durch Abtropfenlassen von jeder oberflächlichen Feuchtigkeit möglichst befreit. Die auf S. 110 beschriebene, in Abb. 39 dargestellte Presse ist für diesen Zweck gut geeignet. Die halbtrockenen Leder werden nun in einem heizbaren Walkfaß, das man sonst zum Schmieren von Leder gebraucht und welches aus den Abb. 50 und 51 in zwei verschiedenen Ausführungen ersichtlich ist, dem Fettlickerprozeß unterworfen. Im Falle man sich eines solchen Schmierwalkfasses bedient, ist es wichtig, die Leder anzuwärmen, bevor sie der Einwirkung des Fettlickers im Faß ausgesetzt werden. Sind die Leder und das Faß kalt, so kann der Fettlicker sehr leicht erstarren. Wenn warmer Fettlicker auf kaltes Leder kommt, so wird die Seife des Fettlickers auf der Oberfläche des Leders oder nahe an ihr fest, und der Fettlicker kann nicht nach dem Innern des Leders vordringen. Die Ware, besonders Chromleder, wird infolgedessen auf

der Oberfläche fettig, ohne daß die Fasern im Innern irgendeine Geschmeidigkeit bekommen, und das Leder wird nach dem Zurichten unzweifelhaft „blechig" sein. Ist das Leder warm, das Faß und natürlich auch der
Licker heiß, so können die Felle, ohne daß das fertige Leder irgendwie
fettig wird, beinahe die doppelte Menge von Öl und Seife aufnehmen,
als wenn die Operation bei einer niedrigen Temperatur ausgeführt wird.
Ist ein heizbares Faß eigens zum Anwärmen der Leder nicht zur Hand,

Abb. 50.   Heizbares Faß für Fettlicker.

so muß man sich mit einem gewöhnlichen Faß auch hierfür behelfen.
Das Faß wird durch Einblasen von Dampf während 20—30 Minuten
angewärmt, bis es etwa 48° C warm ist. Die hierfür nötige Zeit hängt von
dem Dampfdruck und von den Dimensionen des Dampfrohres und des
Fasses ab. Das Kondenswasser läßt man auslaufen und den Dampf
aus dem Innern entweichen. Dann bringt man die ausgestreckten oder
abgewelkten Felle hinein. Man läßt sie ungefähr fünf Minuten im warmen Faß laufen und gibt den heißen Fettlicker hinzu.

Das Quantum des verdünnten Fettlickers, wie man ihn in emulgierter Form verwendet, soll nicht allzu groß sein. 350—400 l Flüssigkeit für je 500 kg Leder dürften reichlich genügen. Für mehr als 500 kg Leder

Abb. 51. Heizbares Schmierfaß „Impregnator".

soll diese Proportion *pro rata* verringert, für weniger als 500 kg etwas erhöht werden.

Die verdünnte Fettlickeremulsion soll durch die hohle Achse in das Innere des Fasses fließen, und zwar bei einer Temperatur von etwa 50—55° C für chromgare Leder. Das Walken im Fettlicker soll ungefähr

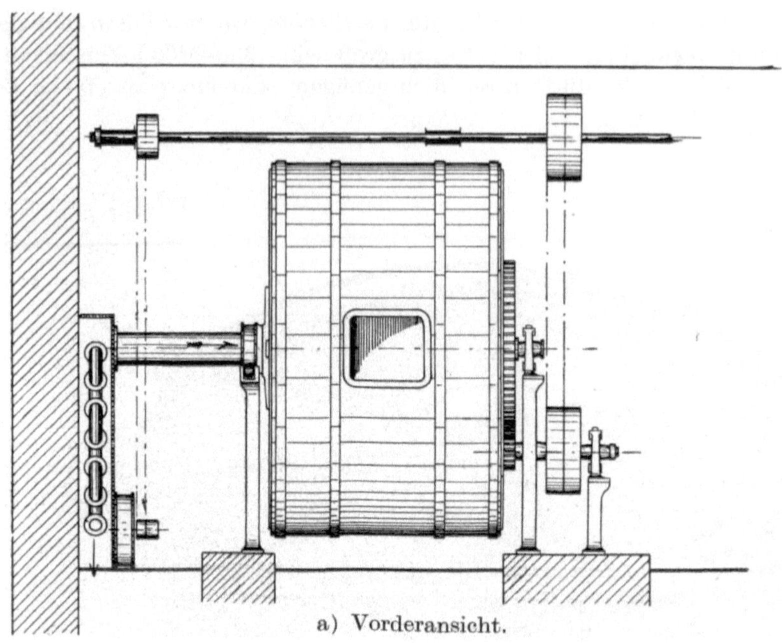

a) Vorderansicht.

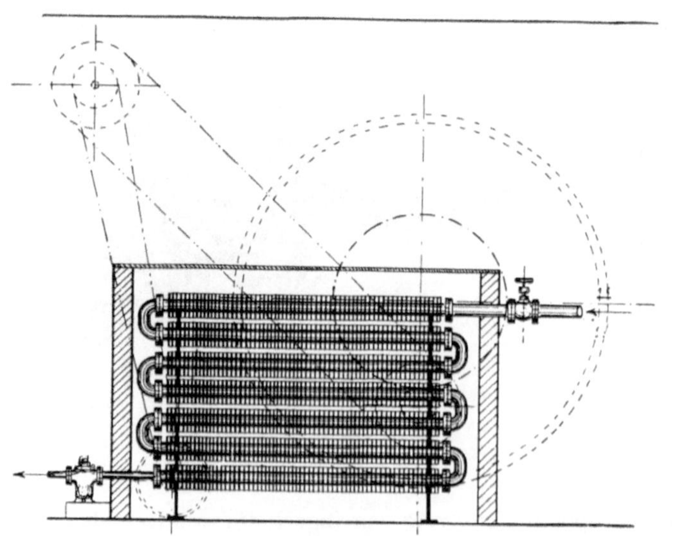

b) Seitenansicht.

Zu Abb. 51.

$^3/_4$ Stunden lang fortgesetzt werden. In dieser Zeit werden die Leder alles Fett aufgenommen haben und nur eine kleine Menge mehr oder minder schmutzigen Wassers im Faß hinterlassen.

Beim Fettlickern gefärbter Felle mit Seifen-Ölemulsionen soll man möglichst wenig von der konzentrierten Fettlickeremulsion anwenden. Denn wenn die Leder in einer verhältnismäßig großen Flüssigkeitsmenge durchgewalkt werden, so wird eine nicht unbeträchtliche Menge von Farbstoff aus dem Leder wieder ausgewaschen. Eine gute Methode beim Fettlickern gefärbter Leder ist die, den Fettlicker zu einer geringen Menge des teilweise schon erschöpften Farbbades zuzugeben oder den Fettlicker selbst zu färben, indem man ihm ein wenig natürlich vorher gelösten Farbstoffes, der der Nuance des fertigen Leders entsprechen soll, zusetzt.

Der Nachteil in der Ausführung dieser Methode besteht in dem besonderen Arbeitsaufwand, mit welchem das Herausziehen der Felle aus dem Faß nach dem Färben und das Aufschlagen oder Pressen zwecks möglichster Entfernung der oberflächlichen Feuchtigkeit vom Leder verbunden ist.

Der Verfasser ist aber der Ansicht, daß die Spesen dieses besonderen Arbeitsaufwandes vielfach durch die besseren Resultate im fertigen Leder und durch die Vermeidung einer Menge Arbeit ausgeglichen sind, die sonst im Zurichtprozeß dem Reinigen der Narbe vor dem Glanzstoßen gewidmet werden muß.

Es ist oft ein Zusatz von Glyzerin zum Fettlicker, besonders für Chromleder, empfohlen worden, obwohl er eigentlich wenig Zweck hat. Dieser Zusatz soll das Wiederanfeuchten der Leder zum Stollen erleichtern, da vollkommen trockenes Chromleder nur äußerst schwierig oder überhaupt gar nicht wieder anzufeuchten ist. Glyzerin ist sehr hygroskopisch, d. h. es hat eine starke Affinität zum Wasser. Daher hat der Zusatz zum Fettlicker nur geringen Wert, denn der größte Teil des Glyzerins — mehr als 85% nach Aufzeichnungen des Verfassers — geht in die Abfallbrühe des Fettlickers über. Wenn man aber durchaus Glyzerin zu dem genannten Zweck verwenden will, so gibt man es am besten den Fellen direkt zu, wenn sie nach dem Fettlickern gestreckt werden, und zwar nimmt man eine wässrige Lösung (1 Teil Glyzerin auf 3 Teile Wasser), die man mit Bürste oder Schwamm aufträgt. Nach dem Fettlickern sollen die Felle aus dem Faß gezogen und für 3 oder 4 Stunden zum Abtropfen auf Böcke gehängt werden, bevor man sie ausstreicht und der Trocknung zuführt.

Das Ausrecken. Die Operation des Ausreckens wird ausnahmslos auf der Maschine vorgenommen. Mehrere verschiedene Typen von Maschinen sind für diesen Zweck konstruiert worden.

Das Ausrecken erfolgt nach dem Fettlickern, nachdem das Leder einige Stunden zum Abtropfen auf dem Bock gelegen hat. Mit der Ausreckoperation wird bezweckt:

1. Entfernung der überschüssigen oberflächlichen Feuchtigkeit.

2. Entfernung der Falten und völlige Glattlegung der Narbe.

3. Entfernung des überschüssigen, unvollkommen absorbierten Fettlickers.

Diese Operation ist außerordentlich wichtig, denn wird das Leder nicht sauber ausgereckt, so wird ihm das flache, sorgfältig zugerichtete Aussehen, das vom fertigen Leder im Handel erfordert wird, durchaus mangeln.

Im Falle von leichten Hautsorten, wie Lamm- und Ziegenfellen und leichten Kalbfellen, wird die Operation häufig auf der „vertikalen Eintisch-Ausreckmaschine" (Abb. 35) ausgeführt.

Einer der Nachteile dieser vertikalen Eintisch-Ausreckmaschine besteht darin, daß das Rückgrat der Haut, wie sie rittlings über die Kante des Tisches gelegt wird, von den rotierenden Messerwalzen, während diese den Tisch abstreichen, nicht bearbeitet wird. Wenn daher der Tisch in seine ursprüngliche Lage zurückgekehrt ist, muß jedes einzelne Fell darauf verschoben und die Rückenlinie bei einem zweiten Durchgang des Tisches zwischen den rotierenden Walzen ausgereckt werden. Um dieses zweimalige Bearbeiten eines jeden Felles durch die Maschine zu vermeiden, ist ein anderer Maschinentyp eingeführt worden, die sogenannte „vertikale Reihentisch-Ausreckmaschine", die in Abb. 26 dargestellt ist. In dieser Maschine passiert der Tisch zwei Paare von Messerwalzen. Nachdem das Fell das erste Walzenpaar passiert hat, wird es auf der Tischkante automatisch verschoben, so daß die vom ersten Walzenpaar nicht bearbeitete Rückenlinie durch das zweite Walzenpaar ausgereckt wird.

Die Reihentischmaschine besitzt auch einen Nachteil; der Arbeiter kann nämlich, während das Fell durch die Walzen läuft, seine Lage auf dem Tisch nicht verändern, wodurch die Gefahr entsteht, daß das Fell Falten bekommt. Aus diesem Grunde findet diese Maschine heute für diesen Zweck keine allgemeine Anwendung.

Auf der Eintisch-Ausreckmaschine ist das Fell von beiden Seiten zugänglich und kann in seiner Lage festgehalten werden, während es die Messerwalzen passiert; der Arbeiter und sein Gehilfe, ersterer auf der einen, letzterer auf der anderen Seite der Maschine, ergreifen die Vorder- und Hinterklauen des Felles, während dies durch die Maschine geht, und sorgen dafür, daß das Fell flach ausgereckt wird.

Einige Fabrikanten bevorzugen indessen die „Gummiwalzen-Ausreckmaschine" (Abb. 36), da diese, namentlich für die Bearbeitung schwererer Hautsorten, entschieden Vorteile besitzt. Beim Arbeiten mit dieser Maschine wird das Fell über eine Gummiwalze von verhältnismäßig kurzem Durchmesser gelegt und von einer gewöhnlich mit Filz bedeckten weiteren Führungswalze in seiner Lage festgehalten, während

es von einem mit Spiralmessern besetzten Zylinder bearbeitet wird.
Diese Maschine leistet in bezug auf Geschwindigkeit der Arbeitsweise
ausgezeichnete Dienste. Es ist indessen zu beklagen, daß bei Bearbeitung
von kleineren Fellen dieselben bei weitem nicht so flach ausgereckt werden, wie das mittels der ursprünglichen Handarbeit, durch Ausrecken
des Felles von Hand auf einem Tisch, vollbracht werden konnte.

Abb. 52 zeigt einen weiteren Typ von Ausreckmaschinen, der sich
insbesondere zur Bearbeitung von Boxkalb, Rindbox und Kipsbox eignet.
Diese Maschine ist in ihrer Konstruktion etwas der vertikalen Reihentischmaschine ähnlich, mit der Ausnahme, daß hierbei der mit Spiral-

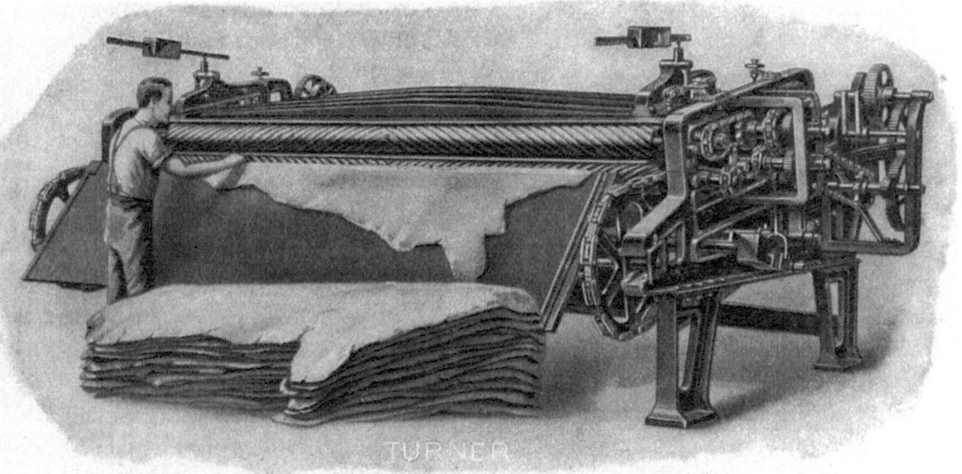

Abb. 52. Horizontale Reihentischausreckmaschine.

messern besetzte Zylinder horizontal über den Tisch läuft. Sie stellt
für die Bearbeitung von schwereren Chromledersorten vielleicht den
passendsten Typ aller Ausreckmaschinen dar und reproduziert in bester
Annäherung das Ausstreichen von Hand. Sie arbeitet kontinuierlich;
die Leder werden auf der einen Seite eingesetzt und kommen fertig ausgereckt auf der anderen Seite heraus, nachdem sie auf mehreren Tischen,
die mit einer endlosen Kette verbunden sind, weiterbefördert werden.
Man kann die Felle mit Hilfe dieser Maschine mit einem erheblich höheren
Druck belasten als in der vertikalen Tischmaschine, außerdem wird
auch eine viel größere Produktion erreicht, als z. B. mit der Gummiwalzen-Ausreckmaschine.

Das Aussetzen. Es ist vorteilhaft, namentlich bei Rindbox und Boxkalb, das Leder nach dem Ausrecken nochmals auszustreichen oder auszusetzen, um eine recht flache Narbe zu erzielen.

Man läßt die Ware vor dieser Operation zunächst während einiger Stunden abwelken oder trocknen, was man durch Aufhängen der Leder herbeiführt. Manche Fabrikanten lassen das Leder zuerst mit Hilfe der Gummiwalzen-Ausreckmaschine ausrecken und setzen es dann auf irgendeiner Tischmaschine aus; dies ist nach des Verfassers Meinung eine der besten Methoden, womit bei Bearbeitung von Rindbox und Boxkalb die bestmöglichen Resultate erzielt werden können.

Der Feuchtigkeitsgehalt des Leders ist vor dieser Operation von entscheidender Bedeutung. Die Ware darf weder zu feucht noch zu trocken sein. Bei zu feuchtem Leder neigt die Narbe zum Zurückspringen, wenn der Druck der Walze nachläßt, und man erreicht folglich nicht das erwünschte Resultat. Wenn das Leder anderseits zu trocken oder ungleichmäßig getrocknet ist, kann der Narben nicht mehr flach gepreßt werden.

XI. Das Trocknen.

Das Trocknen von Chromleder ist nicht so schwierig durchzuführen wie dasjenige von vegetabilisch gegerbtem Leder, und zwar aus dem Grunde, weil das Chromleder hohen Temperaturen ausgesetzt werden kann, ohne irgendwie beschädigt zu werden. Es ist in der Tat vorteilhaft, das Trocknen von Chromleder bei verhältnismäßig hohen Temperaturen vorzunehmen, um eine vollständige Fixierung des basischen Chromsalzes auf der Faser herbeizuführen. Das Trocknen bei hohen Temperaturen beeinflußt auch die Absorption des Fettlickers, da dieser, besonders wenn man die Temperatur gegen das Ende des Trockenprozesses steigen läßt, von der Narbenoberfläche gegen das Innere des Leders hindurchdringt.

Aus diesem Grunde wird das Trocknen von Chromleder, ungeachtet der hierbei verfolgten Ausführungsweise, stets bei einer verhältnismäßig hohen Temperatur durchgeführt.

Das Trocknen bei gewöhnlicher Temperatur, wie dies für vegetabilisches Leder oft im Gebrauche ist, ist bei Chromleder eine sozusagen unbekannte Arbeitsmethode.

Das Chromleder wird zwecks Trocknung einem Luftstrom von passender Temperatur und Feuchtigkeit ausgesetzt und der Prozeß gewöhnlich mit mechanischen Hilfsmitteln beschleunigt.

Bei einer Temperatur von 6^0 C und einer relativen Luftfeuchtigkeit von 89% sind für die Entfernung von 1 kg Wasser nicht weniger als etwa 1200 m^3 Luft erforderlich; um dieselbe Wassermenge bei einer Temperatur von 28^0 C und einem Feuchtigkeitsgrad von 75% zu verdampfen, werden nur etwa 150 m^3 Luft benötigt, vorausgesetzt, daß die Luft, die die Lederoberfläche verläßt, vollständig mit Wasserdampf gesättigt ist. In der Praxis ist aber die zur Verdampfung von 1 kg Wasser erforderliche Luftmenge bedeutend größer als oben angegeben.

Nach dem Gesagten ist es leicht verständlich, daß bei jeder beliebigen Temperatur nur eine gewisse, von der Temperatur abhängige Menge Feuchtigkeit von der Luft absorbiert werden kann, bevor der Sättigungspunkt erreicht ist. Ist dieser Punkt aber erreicht, so kann man kein Wasser mehr aus dem zu trocknenden Leder verdunsten und es kann von einer Trocknung dann keine Rede mehr sein.

Die Menge Wassers, die von einem bestimmten Volumen Luft aufgenommen werden kann, also ihr Trockenvermögen, wächst schnell mit Erhöhung der Temperatur, wie folgende Tabelle erkennen läßt:

Temperatur ⁰ C	10	15	20	25	30	35
Wasser in g pro 1 m³ gesättigter Luft	9,2	12,7	17,1	22,7	30,0	39,1

Dieses rapide Anwachsen des Trocknungsvermögens der Luft mit dem Steigen der Temperatur führt zu dem Schlusse, daß man ein Minimum an Luftvolumen möglichst hoch erhitzen muß, um die Verdampfung einer möglichst großen Wassermenge aus dem zu trocknenden Material zustande zu bringen. Vom theoretischen Gesichtspunkte sind für die Erreichung einer raschen Trocknung zwei hauptsächliche Bedingungen zu befriedigen, die hier angedeutet werden sollen, obwohl sie in der Praxis, wie wir später sehen werden, gewöhnlich nicht befolgt werden:

1. Die Temperatur soll so hoch wie nur möglich gewählt werden.

2. Die mit Feuchtigkeit geladene Luft soll kontinuierlich fortgeschafft und durch frische, heiße Trockenluft ersetzt werden; je rascher dieser Luftwechsel vor sich geht, um so rascher wird das Trocknen des Leders fortschreiten.

Bei einer bestimmten Temperatur kann die Luft nur eine bestimmte Menge Wasser aufnehmen. Wenn also die Luft des Trockenraumes mit dem aus dem Leder verdunsteten Wasser gesättigt ist, wirkt sie nicht mehr trocknend. Dann muß sie notwendigerweise erneuert werden, und diese Erneuerung kann nur durch eine vollständige Ventilierung des Raumes bewerkstelligt werden. Die Ventilation kann auf drei Weisen erfolgen: 1. mittels eines Exhaustors, 2. durch Ventilatoren am Boden des Trockenraumes, wobei Vorrichtungen dafür angebracht sind, daß die Luft durch die Decke oder kurz unter ihr entweichen kann, oder 3. durch Öffnungen (Luftklappen) an allen Seiten des Raumes, die einen freien Durchzug der Luft durch den ganzen Raum ermöglichen.

Mit Hilfe eines der im folgenden beschriebenen Instrumente läßt sich über den Fortgang des Trockenprozesses eine recht gute Kontrolle ausüben. Abb. 53 zeigt ein Hygrometer, aus zwei Thermometern bestehend. Ein selbsttätiges Hygrometer mit graphischer Registrierung ist in Abb. 54 dargestellt.

Das erstere Instrument besteht aus zwei gleichen Thermometern, die auf eine gemeinsame Holzunterlage montiert sind und deren eines die Temperatur des Trockenraumes anzeigt. Die Kugel des anderen Thermometers ist mit einem Stück baumwollenen Lampendochtes umwickelt, dessen anderes Ende in ein kleines, Wasser enthaltendes Gefäß taucht. Auf diese Weise wird die betreffende Thermometerkugel durch die kapillare Anziehung des Wassers seitens des Dochtes stets feucht erhalten. Das von der Oberfläche der Kugel verdampfende Wasser ruft eine Temperaturerniedrigung hervor, die von diesem Thermometer angezeigt wird. Die Differenz der Ablesungen der beiden Thermometer ist dem Trocknungsvermögen der Luft proportional: sie ist am größten, wenn die umgebende Luft am trockensten ist, ist geringer bei feuchter Luft und wird ein Minimum, wenn die Luft mit Feuchtigkeit gesättigt ist, mithin keine Verdampfung mehr an der nassen Kugel stattfinden kann.

Derjenige Betrag an Wasserdampf, der in der Luft vorhanden ist, läßt sich aus der Differenz der Ablesungen angenähert, wie folgt, berechnen: Die abgelesene Differenz in Grad Cel-

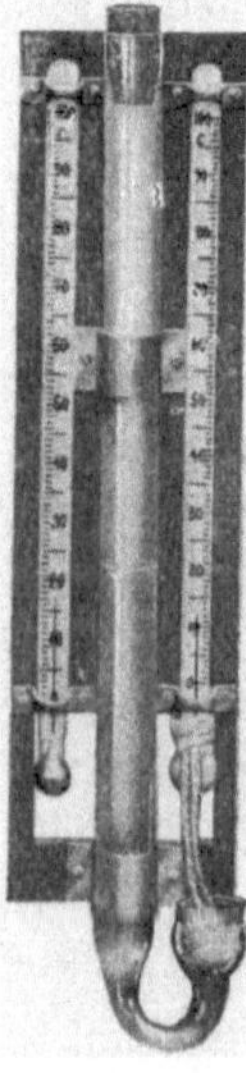

Abb. 53. Hygrometer aus zwei Thermometern, mit nasser bzw. trockener Kugel.

Abb. 54. Selbsttätiges Hygrometer.

sius multipliziert man mit 0,64 und subtrahiert das Produkt von dem Wert für die Feuchtigkeitskapazität aus der oben gegebenen Tabelle, wobei man diejenige Zahl, die der Temperatur des feuchten Thermometers entspricht, in Rechnung zieht. Die so erhaltene Differenz ist die in der Luft enthaltene Feuchtigkeit in Grammen pro Kubikmeter.

Im praktischen Betriebe kann man sich mit der Ablesung der Temperaturdifferenz der beiden Thermometer begnügen. Man kennt die Differenz, die für die Behandlung des betreffenden Materials die zweckmäßigste ist, und hat die Wärmezufuhr nun so zu regeln, daß diese Differenz konstant erhalten bleibt.

Die Luftzirkulation im Trockenraum und die Ventilation des Raumes werden heute meist mittels Vorrichtungen bewerkstelligt, bei denen die Exhaustoren die wichtigste Rolle spielen. Die alte Form des Trockenraumes mit Dampfröhren am Boden, über die das Leder unmittelbar gehängt wird, und mit Luftlöchern an den Seiten oder an der Decke des Raumes, durch welche die verdampfende Feuchtigkeit entweichen soll, ist heute außer Gebrauch. Die Atmosphäre eines mit nassem Leder behängten Raumes wird unter diesen Bedingungen bald an Wasserdampf gesättigt sein, und wenn diese gesättigte Luft mit Hilfe irgendeiner mechanischen Vorrichtung nicht aus dem Raume entfernt wird, muß sich die Feuchtigkeit unvermeidlich an den inneren Wänden des Raumes niederschlagen; dadurch wird die Trocknungsoperation außerordentlich verlangsamt und erschwert.

Das grundlegende Prinzip aller modernen Einrichtungen zum Trocknen mittels Exhaustoren ist, reichlich zugeführte warme Luft durch den Trockenraum zirkulieren zu lassen. Die Luft muß vorher durch ein Register von Dampfröhren erhitzt sein. Es ist stets besser, das Leder mit einer reichlichen Menge mäßig warmer als mit wenig, aber stark erhitzter Luft zu trocknen. Diese Methode ist außerdem sparsamer als die zuletzt erwähnte, denn die Kosten, die Luft mit einem Ventilator zu bewegen, sind geringer als diejenigen, um eine verhältnismäßig hohe Temperatur mit Hilfe von Dampf- oder Heißwasserröhren gleichmäßig zu erhalten.

Das Trocknen mittels Exhaustoren wird vielfach falsch ausgeführt und daher oftmals durchaus wirkungslos befunden. Mancher Gerber glaubt, wenn er einen Exhaustor an dem einen Ende seines Trockenbodens, der mit Luftklappen versehen ist, eingerichtet hat, er habe nun alles getan, was nötig ist. Eine solche Einrichtung ist indessen fast so gut wie nutzlos. Denn unter solchen Verhältnissen ist die Wirkung des Exhaustors vollkommen lokal, indem er einfach die Luft durch die ihm zunächst befindlichen Luftklappen ansaugt. Um die durch die Rotation des Exhaustors hervorgerufene Luftzirkulation völlig auszunutzen, ist es vielmehr nötig, daß die Wände des Raumes vollkommen geschlossen sind und daß die Kommunikation zwischen dem Innern des Trockenraumes und der Außenluft nur am Ende des Raumes, möglichst weit vom Exhaustor entfernt, stattfindet. Ein Nachteil, der dem beschriebenen System mit einem Exhaustor an der einen Seite des Trockenraumes anhaftet, ist der, daß die Luftbewegung viel mehr in der Richtung des geringsten Widerstandes stattfindet, und daß infolgedessen ein stärkerer Luftstrom durch die Mitte des Raumes in gerader Linie zum Exhaustor hin zieht, als an den Wänden, wo die Luft sozusagen stillsteht. Das bringt leicht eine unregelmäßige Trocknung mit sich; denn die Schnelligkeit des Trocknens hängt größtenteils von der Ent-

fernung der Felle von der geraden Linie des starken Luftstromes ab.
Anstatt also nur einen großen Exhaustor zu haben, ist es in jedem Falle
besser, zwei oder drei kleinere anzuwenden, denn das Trocknen des
Leders wird dann viel gleichmäßiger.

Nachdem im obigen der Umlauf der Luft im Trockenraum mit
Hilfe von Exhaustoren beschrieben worden ist, ist noch zu bemerken, daß die Exhaustoren entweder zum Ansaugen oder auch zum
Fortblasen der Luft angewendet werden können. Im ersteren Falle ist
ihr Wirkungsgrad im allgemeinen erheblich besser. Legt man Wert darauf, die Luft in den Trockenraum hineinzublasen, wie weiter unten
beschrieben, durch sogenannte Luftführungen aus Weißblech, so muß
der Exhaustor für den besonde-
ren Fall als Druckventilator
konstruiert werden.

Ein Exhaustor von 1,82 m
Durchmesser ist bei schnellster
Rotation, das ist bei etwa 400 Umdrehungen in der Minute, imstande, gegen 2250 m³ Luft in
der Minute in Bewegung zu versetzen und braucht dazu eine
Antriebskraft von etwa 6 PS;
doch ist, wie oben bereits erwähnt,
die Anwendung mehrerer klei-
nerer Exhaustoren gegenüber
einem einzigen großen vorzuziehen. Ein Exhaustor von halb
so großem Durchmesser wie der
oben beschriebene, mit 500 Umdrehungen per Minute und einer
Leistung von etwa 340 m³ in der

Abb. 55.   Exhaustor.

Minute, benötigt eine Antriebskraft von nur $1\frac{1}{4}$ PS. Anderseits ist
zu berücksichtigen, daß der größere Exhaustor, der langsamer läuft,
einen günstigeren Wirkungsgrad hat als der kleinere Exhaustor mit
seiner höheren Umdrehungszahl. Diese hängt nämlich von dem Durchmesser des Exhaustors und von der erwünschten Leistung ab. Bei
einem Exhaustor von 3 Fuß Durchmesser hat man durchschnittlich mit
450 Umdrehungen in der Minute zu rechnen, während die Umlaufzahl
für einen Ventilator von 6 Fuß Durchmesser zwischen 300 und 400
liegt. Sehr empfehlenswert ist der direkte elektrische Einzelantrieb
des Exhaustors für Trockenräume, da sich hierdurch die Möglichkeit ergibt, ohne größeren Kosten den Exhaustor die Nacht durchlaufen zu lassen.

Die Einzelheiten in der Konstruktion von Exhaustoren sind von
großer Wichtigkeit, da sie den Wirkungsgrad derselben bedingen. Ein
Exhaustor, der den Namen „Sirocco“ trägt und allgemein als sehr zufriedenstellend bezeichnet wird, ist in Abb. 55 dargestellt.

Im Laufe der letzten Jahre hat man gewöhnlich einer Vorrichtung
den Vorzug gegeben, die in der Verwendung eines Exhaustors, kom-

Abb. 56.   Exhaustor mit Lufterwärmer.

biniert mit einem Luftwärmer, bestand, und welche eine zufriedenstellende Verteilung der Heißluft im Trockenraume gestattet. (Siehe
Abb. 56.) Der Lufterwärmer besteht aus einer großen Anzahl von
Dampfröhren oder Stahlkästen, die auf eine jede erwünschte Temperatur
erhitzt werden können, indem man Dampf in diese einströmen läßt; dieselben sind mit dem Exhaustor in Verbindung, welcher die Luft über
die erhitzten Teile des Apparates hindurchtreibt.

Die Heißluft wird mittels Rohrleitungen in den Trockenraum geleitet; diese letzteren können aus Metall konstruiert sein und endigen nahe an dem Boden des Trockenraumes, wie dies aus den Abb. 57 und 58 zu ersehen ist, welche die Vorrichtung der „Sturtevant Engineering Co." veranschaulichen; die Fortleitung und Verteilung der Heißluft

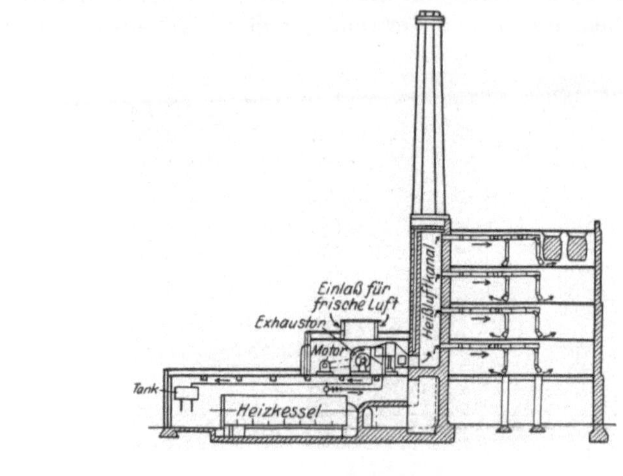

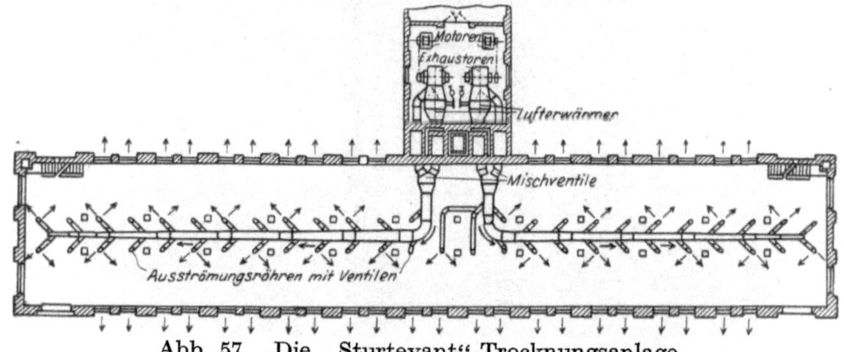

Abb. 57. Die „Sturtevant"-Trocknungsanlage.
Oberes Bild: Seitenansicht.   Unteres Bild: Grundriß.

geschieht in der Anlage von „Keith Blackman Co." mittels einer Holzkonstruktion, die in Abb. 59 dargestellt ist.

Im ersteren Falle entströmt die Heißluft den verschiedenen Zuleitungsrohren, steigt die aufgehängte Ware entlang und entweicht schließlich mit Hilfe von Ventilatoren, die nahe an der Decke angebracht sind.

Im letzteren Falle entströmt die Heißluft aus kleinen Luftklappen, die an den Seiten oder auf der Decke der Leitungsröhren angebracht sind und welche nach Belieben geöffnet oder geschlossen werden können;

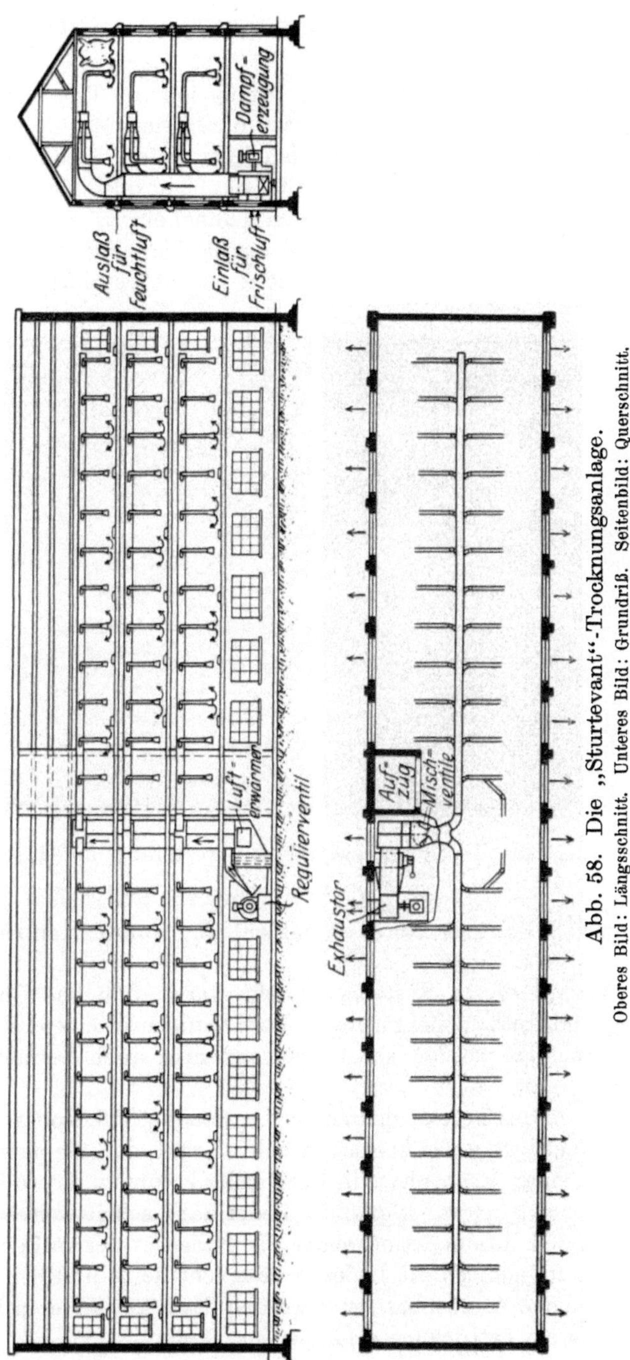

Abb. 58. Die „Sturtevant"-Trocknungsanlage.
Oberes Bild: Längsschnitt. Unteres Bild: Grundriß. Seitenbild: Querschnitt.

die Luft entweicht hier, wie im ersten Falle, durch die Decke des Trockenraumes.

Die letzte Entwicklung in der Konstruktion von Trockenmaschinen
stellt der sogenannte „Tunneltrockner“ dar. Dieser ist in der Tat nur
eine Modifikation des Trockensystems vermittels Exhaustoren; anstatt die Heißluft durch einen verhältnismäßig großen Raum hindurch-
zuleiten, läßt man sie hierbei in einen Tunnel einströmen, in welchem
das Leder mit Hilfe irgendeiner mechanischen Vorrichtung weiterbefördert wird; der Tunnel ist entweder aus Asbestplatten aufgebaut

Abb. 59. „Keith“ Trockenanlage mit Luftverteilung auf dem Boden.

oder aus gewöhnlich mit Asbest ausgekleideten Stahlplatten zusammen-
gesetzt.

Der Vorteil dieses Systems besteht darin, daß das Chromleder
selbsttätig und unter gleichförmigen Bedingungen in einer sehr kurzen
Zeit ausgetrocknet werden kann, während man auch beträchtlich an
Arbeitsraum spart.

Der Vorteil des Trocknens in einer begrenzten Atmosphäre, wie dies
bei dem Tunnelsystem der Fall ist, beruht darauf, daß die nassen Leder
zunächst mit einer Atmosphäre in Berührung kommen, die an Feuchtigkeit beinahe gesättigt ist. Indem die Leder dann schrittweise vorwärts-
rücken, passieren sie eine Atmosphäre, die immer ärmer an Feuchtigkeit
ist. Schließlich gelangen die Leder in eine sehr heiße und beinahe vollkommen trockene Atmosphäre und werden dann am anderen Ende des
Tunnels, falls sie getrocknet sind, herausgeholt.

Der Trocknungsvorgang auf diese Weise ist ein kontinuierlicher; die Leder passieren in einer konstant gehaltenen Bewegung durch den Tunnel, und zwar unter solchen Bedingungen, daß die hierfür erforderliche Zeit, Temperatur und Feuchtigkeitsverhältnisse auf den gewünschten Grad eingestellt sind. Die Art, wie die Leder durch den Tunnel transportiert und in diesem aufgehängt werden, ist bei verschiedenen Systemen verschieden.

Abb. 60 stellt einen Tunneltrockner nach dem Sturtevant-System

Abb. 60. „Sturtevant"-Tunneltrockner.

dar, bei welchem die Leder auf Stangen aufgehängt und mittels eines Kettengetriebes fortbewegt werden.

Ein ähnliches System, bei welchem die Leder von einem Ende des Tunnels zum anderen Ende hin wandern, ist aus Abb. 61 ersichtlich; dieser Tunneltrockner ist bei der Firma „Helburn Thompson Co., Salem" (Ver. St.) durch „Procter & Schwarz" angelegt worden.

Abb. 62 zeigt den Eingang einer neunteiligen Tunnelanlage, die zur Trocknung von Chevreauleder dient; die Felle werden hierbei auf Stangen gehängt, die zwischen den Zähnen des Kettengetriebes eingesetzt sind. Diese Anlage findet in der Gerberei von „Dungan Hood Co., Philadelphia" Anwendung.

Die Abb. 63, 64 und 65 stellen eine Tunnelanlage dar, die von der Firma Sturtevant gebaut und als das „Multistage-System" bezeichnet

Abb. 61. Kontinuierliche Trockenmaschine für Kalbfelle.

Abb. 62. Kontinuierliche Trockenmaschine für Chevreauleder.

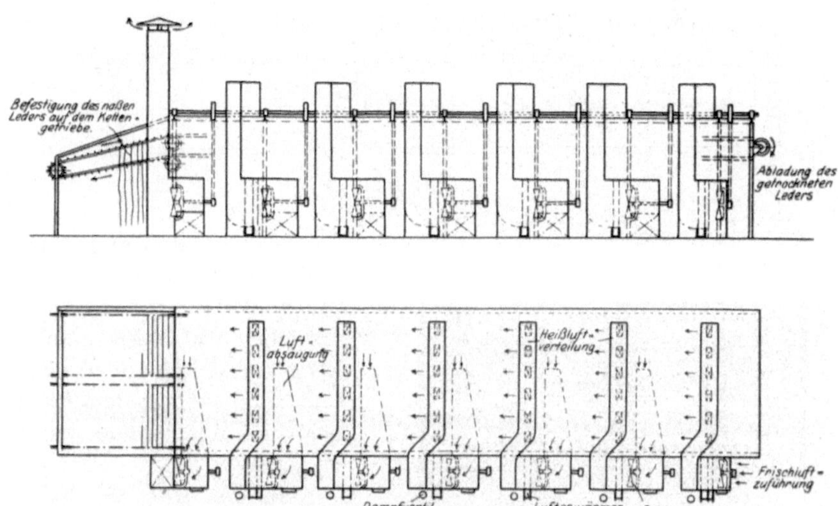

Abb. 63 und 64. Grundriß und Seitenriß zur Sturtevant-Trocken-
maschine System „Multistage".

wird. Der Tunnel wird hierbei mittels sechs unabhängigen Exhaustoren und Luftwärmern gespeist, die gleichförmigere Resultate liefern sollen; die Temperatur und die Luftzuführung können nämlich besser reguliert

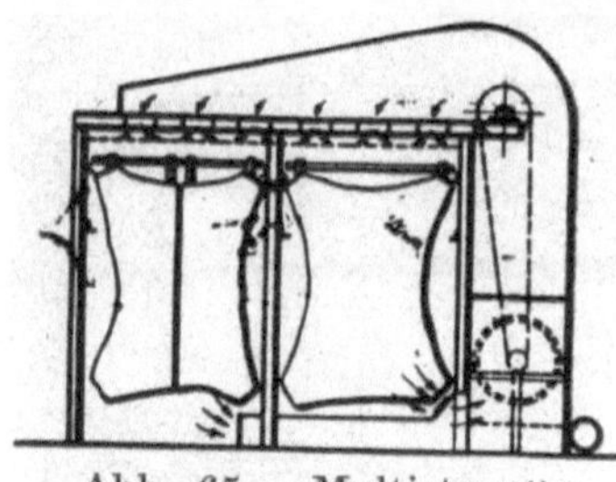

Abb. 65. „Multistage"-Trockner. Querschnitt.

werden. Die Leder schreiten progressive den Tunnel hindurch. In den ersten Stadien der Trocknung kommen die Leder in eine Atmosphäre, die viel niedrigere Temperatur besitzt als die Atmosphäre, die die Leder schließlich verlassen. Gleichzeitig wird die Tunnelluft von dem gesättigten Feuchtdampf mittels Exhaustoren befreit.

Die Abb. 66 und 67 zeigen die Pläne des Marrschen Tunneltrockners. Dieser weicht in seiner Konstruktion von den vorhergehend beschriebenen Systemen in dem Punkte ab, daß die Lufterwärmer der ganzen Länge

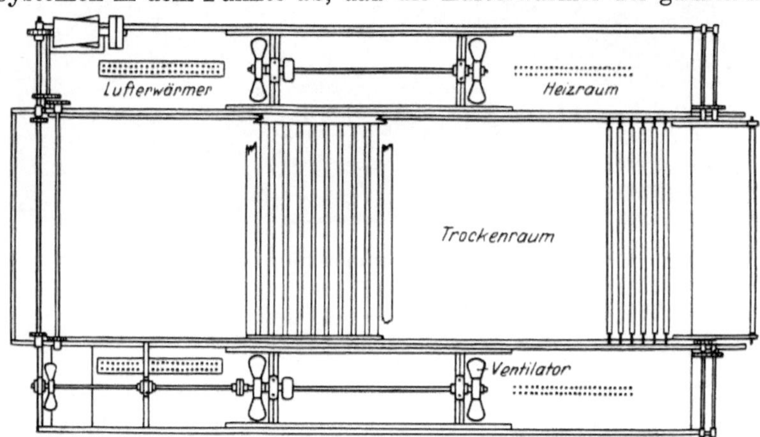

Abb. 66.

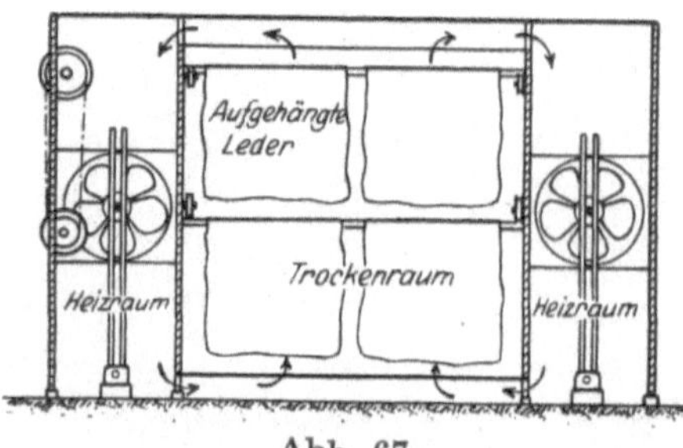

Abb. 67.

Abb. 66 und 67. Progressiver Trockner „Marr-System".

des Tunnels nach angeordnet sind. Die Ware wird in ähnlicher Weise, wie oben beschrieben, auf Stangen aufgehängt in den Tunnel eingeführt und verläßt den Trockner am selben Ende, wo sie eingetreten ist.

In den Abb. 68, 69 und 70 ist eine Vorrichtung dargestellt, die in einer anderen

Transportmethode der Leder durch den Tunnel besteht. Die Leder werden hierbei an Karren befestigt, die vermöge ihres eigenen Gewichtes auf einer oben angelegten Bahn den Tunnel durchrollen; die leeren

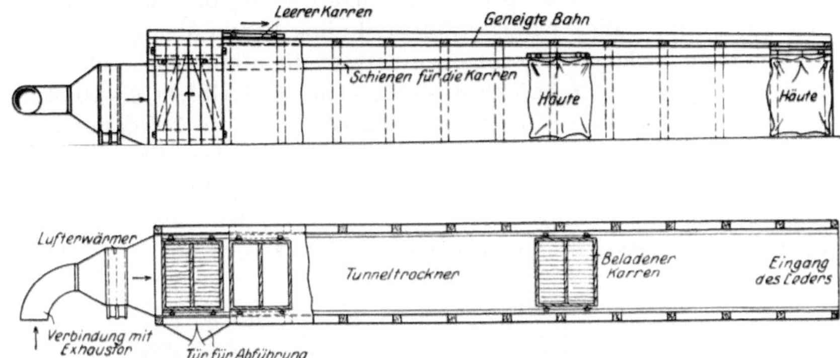

Abb. 68 und 69. Tunneltrockner. Progressives System mittels oberhalb angelegter Karren.

Karren kehren auf einer anderen Bahn, die über der erstgenannten angelegt ist, zum Eingang des Tunnels zurück.

Diese Methode besitzt den Vorteil, daß zur Beförderung der Ware im Tunnel keine Antriebskraft erforderlich ist.

Der Verfasser ist der Meinung, daß die Tunneltrockner im Vergleich zu den älteren Trockenanlagen verschiedene Vorteile bieten, was die Geschwindigkeit und Bequemlichkeit der Operation anbetrifft. Der Nachteil besteht darin, daß, falls nur kleine Ledermengen in Bearbeitung kommen, die äußerst hohen Anlagekosten und Spesen für die Instandhaltung der Apparatur den Herstellungspreis des Leders beträchtlich belasten.

Ein Trockenraum, ausgerüstet mit den gewöhnlichen Heißluftzuführungen oder mit Dampfrohren, kann erheblich verbessert werden, wenn man in Abständen von etwa je 3 m Umkreis einen Ventilator anbringt, wie dies in Abb. 71 angedeutet ist.

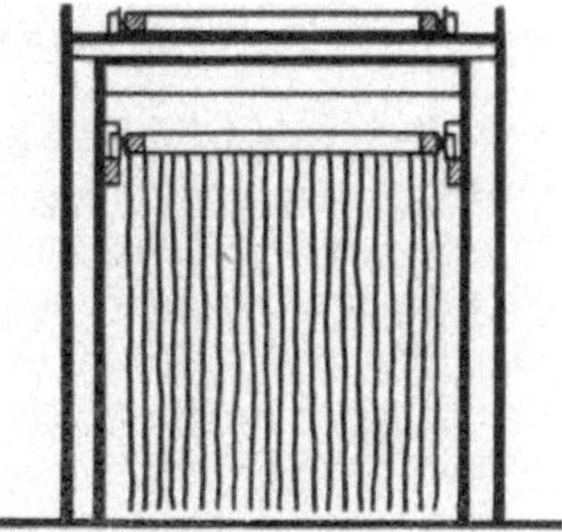

Abb. 70. Querschnitt. Progressiver Trockner.

Bei dem Luftverteilungssystem besteht die Gefahr, daß die Heißluft viel zu rasch entweicht, ohne sich mit Feuchtigkeit genügend zu sättigen.

Die Ventilatoren, die im obigen Sinne über den aufgehängten Ledern angeordnet sind, verhindern das rasche Entweichen der Heißluft und zwingen diese zu den Ledern zurückzukehren, wodurch für die Absorption der Feuchtigkeit mehr Zeit gewonnen wird.

Welches Trocknungssystem man auch anwenden mag, so soll die Operation doch stets so bewerkstelligt werden, daß das Trocknen vollständig, in möglichst kurzer Zeit und ohne Beschädigung der Ware vor sich geht. Allgemein gesprochen beträgt die minimale Trocknungsdauer für Ziegen- und Schaffelle 6—8 Stunden; für Kalbfelle 8—10 Stunden; für Rindboxleder 10—12 Stunden, obwohl diese Zeitdauer beim Arbeiten nach dem Tunnelsystem merklich kürzer ausfällt.

Es ist wünschenswert, daß die vollkommen getrockneten Leder nach dem Trocknen einige Tage lang in einer kalten, feuchten Atmosphäre gelagert werden, damit sie eine gewisse Menge Feuchtigkeit aus

Abb. 71. Luftverteiler.

der Luft anziehen und weicher werden. Dieses Lagern der scharf getrockneten Ware hat einen wichtigen Einfluß auf das fertige Leder, und wenn es auch im allgemeinen nicht ratsam ist, dieses Lagern auf eine allzulange Dauer auszudehnen, steht es ohne Zweifel fest, daß die unter geeigneten Bedingungen etwa eine Woche lang gelagerten Leder in ihrer Qualität wesentlich verbessert werden.

XII. Das Anfeuchten und Stollen.

Das Anfeuchten. Die Leder werden vor dem Stollen, sei es von Hand oder von Maschine, gewöhnlich auf folgende Weise angefeuchtet:

Eine genügende Menge von sauberem Kiefernholzmehl wird mittels einer gewöhnlichen Gießkanne mit einer angemessenen Menge Wassers bespritzt, gut durchmischt und so lange in Haufen gelassen, bis es gleich-

Abb. 72.   Kontinuierliche Anfeuchtmaschine.

mäßig durchfeuchtet ist. Die Leder werden vor dem Stollen in dieses feuchte Sägemehl verlegt. Zu diesem Zwecke legt man zwei Felle, Narben auf Narben, zusammen, breitet das Fellpaar auf dem Boden des Anfeuchtzimmers flach aus und bestreut es in dünner Schicht mit dem feuchten Sägemehl. Ein zweites Fellpaar, ebenfalls Narben auf Narben zusammengelegt, wird auf das erste Fellpaar gelegt, mit feuchtem Sägemehl bestreut usw. Nachdem man die ganze Partie auf diese Art behandelt hat, überdeckt man sie und läßt sie so lange liegen, bis die Feuchtigkeit die Ware gleichmäßig durchzogen hat, wofür etwa 12—48 Stunden erforderlich sind, je nach dem Wassergehalt der Sägespäne und der Dicke der Leder. Es ist besser, ein eben angefeuchtetes Sägemehl zu verwenden und dem Durchzug der Feuchtigkeit die genügende Zeit zu widmen, als mittels nassen Sägemehls ein rasches Durchfeuchten erzwingen zu wollen. Im letzteren Falle wird das Anfeuchten der Ware sicherlich ungleichförmig vor sich gehen.

Eine weitere Methode, die vom Verfasser vorgezogen wird, besteht darin, daß man die Felle paarweise rasch durch reines Wasser zieht, das sich in einem Bottich befindet; man legt sie dann in Haufen und bedeckt sie, sobald der Haufen eine passende Höhe erreicht hat, mit einem Teertuch oder mit irgendeiner wasserdichten Decke, die man am Boden auf passende Weise beschwert, um jeder Verdampfung von Feuchtigkeit vorzubeugen. Infolge der Verdampfung des Wassers aus den Fellen in dem verschlossenen Raum und durch die kontinuierliche Kondensation dieses Wasserdampfes werden die Leder gleichmäßig durchfeuchtet. Diese Methode ist etwas einfacher in der Ausführung als das Verfahren mittels Sägemehl.

Das Anfeuchten der Leder kann auch durch Bespritzen mit Wasser wirksam bewerkstelligt werden. Die Leder werden einzeln auf eine Gitterunterlage gelegt oder an eine Gitterwand gehängt und mit einer passenden Menge von feinem Wasserstaub, erzeugt durch einen Zerstäuber, bespritzt. Dann stapelt man sie in Haufen auf, um eine gleichmäßige Verteilung der Feuchtigkeit herbeizuführen.

Der Erfindungsgeist des Ledertechnikers hat auch dieses Problem durch die Einführung einer Maschine, die gegenwärtig im Gebrauche ist und in Abb. 72 dargestellt wird, gelöst. Diese Maschine arbeitet etwa nach demselben Prinzip wie der kontinuierliche Tunneltrockner. Die Felle werden am einen Ende der Maschine eingelegt, passieren unter einer Reihe von feinen Spritzapparaten, wobei sie mit genügend Wasser bespritzt werden, um gleichmäßig feucht die Maschine zu verlassen.

Man legt die Felle hierauf in Haufen, um eine größere Gleichmäßigkeit in der Verteilung der Feuchtigkeit zu erwirken, bevor man die Felle der Operation des Stollens zuführt.

Das Stollen. Die Operation des Stollens kann von Hand oder mittels Maschine geschehen. Nach ersterer Methode wird das in geeignetem feuchten Zustand befindliche Fell über eine halbkreisförmige Stahlklinge gezogen, die vertikal auf einen kräftigen hölzernen Ständer montiert ist, der seinerseits fest in dem Boden fußt. Diese Methode des Stollens von Hand, oder wie man es auch zuweilen nennt, des „Kniestollens", falls der Arbeiter, um einen höheren Druck auszuüben, auch von seinem Knie Gebrauch macht, ist heute bei Bearbeitung von Chromleder beinahe ganz verlassen.

Das Stollen auf der Maschine wird manchmal durch das „Schlichten" ergänzt, wobei das Leder auf einen Schlichtbaum gehängt und mit einem gewöhnlichen Stolleisen bearbeitet wird, insbesondere, um die Ränder und die Klauen des Felles noch weicher zu bekommen.

Das Stollen auf der Maschine. Zwei Arten von Stollmaschinen sind gewöhnlich im Gebrauch, und zwar das System „Baker" und die „Slocomb"-

Abb. 73. Stollmaschine, System „Slocomb".

Maschine. Die letztere wird eher für die Bearbeitung von leichten Fellen, wie Schaf-, Ziegen- und Kalbfellen verwendet, während die erstere manchmal für Rindboxleder Anwendung findet.

Die Wirkungsweise der Maschine ist aus Abb. 74 ersichtlich. Der Stollkopf wird mittels eines Exzenters und einer Kurbel auf einem horizontalen Rahmen hin und her bewegt. Das „Maul" des Stollkopfes schließt den Gleitrahmen ein; vorne am Stollkopf sind die Werkzeuge angebracht, die das Leder bearbeiten. Die Zeichnung auf Seite 172 erläutert die Arbeitsweise der Maschine.

B und C sind Rollen, die am oberen Stollkopf fest gelagert sind. Die Stahlklingen D und E werden vom unteren Stollkopf festgehalten. Die Klinge E befindet sich zwischen den Rollen B und C. F ist eine Brustwehr oder Rolle, die am Ende des Gleitrahmens angebracht ist. A, A, A, stellen das in Bearbeitung befindliche Fell dar. Dieses wird über die Brustwehr oder Rolle F gelegt und vom Körper des Arbeiters durch Andrücken festgehalten. Das „Maul" der Maschine wird in der vordersten Lage seines Hubs, also gegen F zu, automatisch, der Dicke der Haut entsprechend, geschlossen. Das Maul packt die Haut und bringt sie in die Lage, die aus der Figur ersichtlich ist, wobei das Maul

zurückläuft und während dieser Bewegung die betreffende Hautpartie
der Einwirkung der Stollklingen aussetzt. Die Klinge D verhütet eine
jede Faltenbildung. Am anderen Ende dieses Hubes gibt das Maul die
Haut frei und bewegt sich wieder nach vorwärts, gegen F zu. Während
dieser Vorwärtsbewegung verlegt der Arbeiter das Fell auf dem Rahmen
und läßt so nach und nach die ganze Haut von der Maschine bearbeiten.

Sämtliche Typen von Stollmaschinen müssen für die Arbeit entsprechend und verschiedentlich eingestellt werden. Diese Einstellungen
brauchen hier nicht einzeln besprochen zu werden, doch soll eine Einstellung, die der Slocomb-Maschine eigen ist, erwähnt werden. Mit Hilfe der
Speichen, die aus dem rechten Ende der Abb. 73 ersichtlich sind, kann
der Druck des Stollkopfes während der Arbeit vom Arbeiter mittels

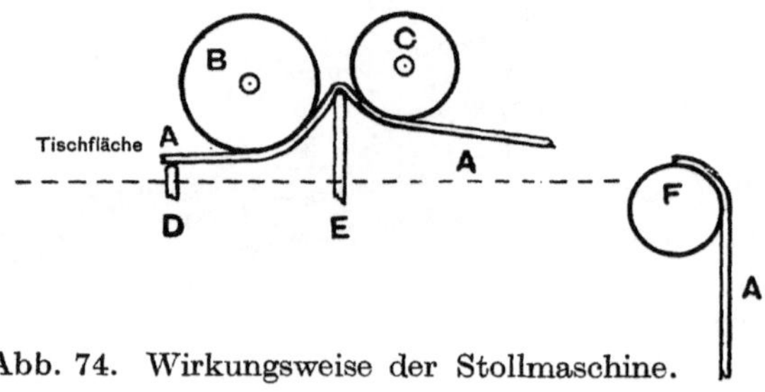

Abb. 74. Wirkungsweise der Stollmaschine.

des Knies reguliert und somit der Druck des Stollmessers auf das Fell
eingestellt werden.

Die Operation des Stollens erfordert viel Erfahrung und beträchtliche Sorgfalt seitens des Arbeiters, wenn gute Resultate erzielt werden
sollen. Das Leder soll beim Ausführen des Stollens nicht allzu feucht
sein, da es sonst hart auftrocknet; anderseits soll das Leder auch nicht
allzu trocken sein, denn man müßte es in diesem Falle während des
Stollens äußerst fest bearbeiten, um es, wie erforderlich, weich zu bekommen. Die Beschaffenheit des Leders beim Stollen ist also von erster
Bedeutung.

Der erfahrene Arbeiter wird das Leder auf der Stollmaschine so
bearbeiten, daß dieses nach der Operation vollständig flach ausgebreitet
werden kann. Wenn man die Bearbeitung des Leders von der Mitte
nach den Enden zu vornimmt, wird das Fell in der Mitte einen Buckel
zeigen und nicht völlig flach aufliegen. Auf diesen Fehler muß sorgfältig geachtet werden, und der geschickte Arbeiter hat das Leder auf die
Weise zu bearbeiten, daß dieses nach der Zurichtung vollkommen flach
aufliegt.

Wenn man mit solchen Fellen zu tun hat, die in den Flanken und
dünneren Hautpartien bereits etwas lose sind, so kann dieser Fehler

Abb. 75. Stollen von Rindboxleder.

durch einen Mangel an Geschicklichkeit beim Stollen noch vergrößert werden. Der Druck der Stollarme muß hierbei der Dicke des Felles angepaßt werden, indem die dickeren Hautpartien einen größeren, die dünneren dagegen einen merklich kleineren Druck bekommen sollen, falls man den obigen Fehler vermeiden will.

Das Stollen soll womöglichst in zwei Richtungen die ganze Haut entlang vorgenommen werden, und zwar vom Schwanz zum Nacken und vom Nacken zum Schwanz, und dann von Bauch zu Bauch, wobei man für die loseren Fellpartien nur einen sehr leichten Druck anwendet.

Im Falle von Hälften ist es gebräuchlich, die Haut von der Schnittlinie gegen die Bauchpartie in einem kleinen Winkel zu stollen, doch

Abb. 76. Stollmaschine, System „Baker".

werden die Hälften ihrer ganzen Länge nach nicht so gestollt, wie dies im vorigen Absatz beschrieben ist.

Um die beträchtliche Kraftaufwendung, die für das Festhalten von Hälften und schwereren Häuten durch das Anpressen der Haut an die Brustwehr-Rolle erforderlich ist, herabzusetzen, ersetzt man manchmal die Slocomb-Maschine durch die sog. „Baker-Maschine".

Bei dieser Maschine, die in Abb. 76 dargestellt ist, wird das Leder von einer Klampe automatisch festgehalten, sobald es mit den Stollklingen in Berührung kommt; die Klampe läßt das Leder los, wenn der Stollarm die Vorwärtsbewegung antritt und das Leder nicht mehr bearbeitet. Dieser Typus von Stollmaschinen ist nur für schwerere Kalbfelle und Rindshäute geeignet und wird nicht in so großem Maßstabe verwendet wie die Slocomb-Maschine.

Die Ware wird gewöhnlich zweimal gestollt, einmal im feuchten Zustande, wie sie vorbereitet worden ist, das zweitemal, nachdem sie von diesem Anfeuchten wiederum getrocknet ist. Im Falle von sehr harten Fellen sollte das Stollen auch noch ein drittes Mal vorgenommen werden, damit die verlangte Geschmeidigkeit erreicht wird; dies ist aber bei gut gegerbtem und gefettetem Leder nicht notwendig.

Im Falle von Rindbox, Boxkalb und manchmal auch von Schaffellen und gewissen Sorten von Chevreauleder ist es gebräuchlich, das Leder auf einen Rahmen zu spannen oder auf ein Brett zu nageln. Dies

Abb. 77. Spannraum.

geschieht nach dem ersten Stollen; das Leder wird nun so getrocknet, bevor man es zum zweiten Male stollt.

Der Zweck dieses Trocknens im gespannten Zustande ist:

1. Ein vollkommen flaches Auftrocknen des Leders und die Korrektion mancher Unregelmäßigkeiten, die beim Stollen unvermeidlich sind.

2. Die Erhaltung der maximalen Oberfläche.

3. Die Erleichterung zur Erlangung einer flachen Narbe und einer angemessenen Zügigkeit.

Die Operation des Ausspannens kann auf mehreren Wegen erfolgen. Sie wird meistens so bewerkstelligt, daß das Leder flach auf einer an ihm befestigten Kordel vom Arbeiter vor der Befestigung am Rahmen besser ausgespannt, als dies durch Ziehen mit der Hand möglich ist, und dadurch wird auch eine flachere Oberfläche erzielt. Die Art der Befestigung wechselt mit der Form der Klammer, die eine schleifenartige oder zangenähnliche Beschaffenheit besitzen kann.

In Abb. 82 ist die Klammer und die Art der Befestigung ersichtlich, so, wie sie meistens im Gebrauch ist.

Abb. 81. Trockenmaschine für Ziegenfelle nach dem Stollen.

Eine andere Methode, die ähnliche Resultate liefert, wird wie folgt ausgeführt:

Das Spannen erfolgt auf horizontal aufliegenden Rahmen oder Brettern. Die Arbeiter stehen an beiden Seiten des Rahmens einander gegenüber, etwa so, wie in Abb. 78 dargestellt. Beide sind mit einem Gürtel ausgerüstet, an welchem mit Hilfe einer Kordel oder auf irgendeine andere passende Weise eine große Kneifzange befestigt ist. Die beiden Arbeiter fassen das Fell mit der Zange an jeder Seite an und spannen dasselbe, sich kräftig entgegenstemmend, gleichzeitig und so weit wie möglich aus, bevor sie es an den Rahmen festnageln. Sie sich über die Berührungslinie der beiden Tafelhälften. Ist das Fell an dem Rahmen festgenagelt, so wird an beiden Seiten mittels eines Holz-

hammers je ein Keil eingeschlagen, der eine auf der
Halsseite, der andere auf der
Seite des Schwanzes; hier-
mit wird eine Spannung erzeugt, so daß das Fell vollständig flach ausgespannt
wird und beinahe sämtliche
Falten entfernt werden.

Abb. 81 illustriert eine
andere Vorrichtung. Hier-
bei besteht der Rahmen
aus einem Drahtnetz, in
dessen Öffnungen das Fell
an beliebiger Stelle mit
Hilfe von Stiften festge-
halten werden kann.

Abb. 79. Das Aufnageln der Felle.

Gleichzeitig zeigt diese Abbildung eine Trockenmaschine für auf Rahmen gespanntes Leder, wie sie direkt für diesen Zweck kon-

struiert worden ist. Die Felle
werden, wie oben erwähnt, auf
den Rahmen gespannt und in den
Trockenapparat geschoben. Eine
sinnreiche Vorrichtung erlaubt
die Felle zunächst horizontal auf
den Rahmen zu befestigen (je ein
Fell an jeder Seite) und den
Rahmen darauffolgend in verti-
kaler Lage in den Ofen zu schie-
ben. Diese Trockenmaschine ist
bei der Firma Helburn, Thompson & Co., in Salem (Ver. St.),
in Gebrauch.

Neuerdings hat sich noch eine
andere Methode zur Befestigung
des Leders auf dem Rahmen ver-
breitet, die von den amerikanischen Lacklederfabrikanten her-

Abb. 80.   Spannrahmen.

stammt und in einer bestimmten Form der Befestigungsstifte besteht.

Diese Methode ist dem gewöhnlichen Befestigen des Leders mittels Nägeln vielleicht vorzuziehen. Das Leder wird an allen Seiten mittels einer an ihm befestigten Kordel vom Arbeiter vor der Befestigung am Rahmen besser ausgespannt, als dies durch Ziehen mit der Hand möglich ist, und dadurch wird auch eine flachere Oberfläche erzielt. Die Art der Befestigung wechselt mit der Form der Klammer, die eine schleifenartige oder zangenähnliche Beschaffenheit besitzen kann.

In Abb. 82 ist die Klammer und die Art der Befestigung ersichtlich, so, wie sie meistens im Gebrauch ist.

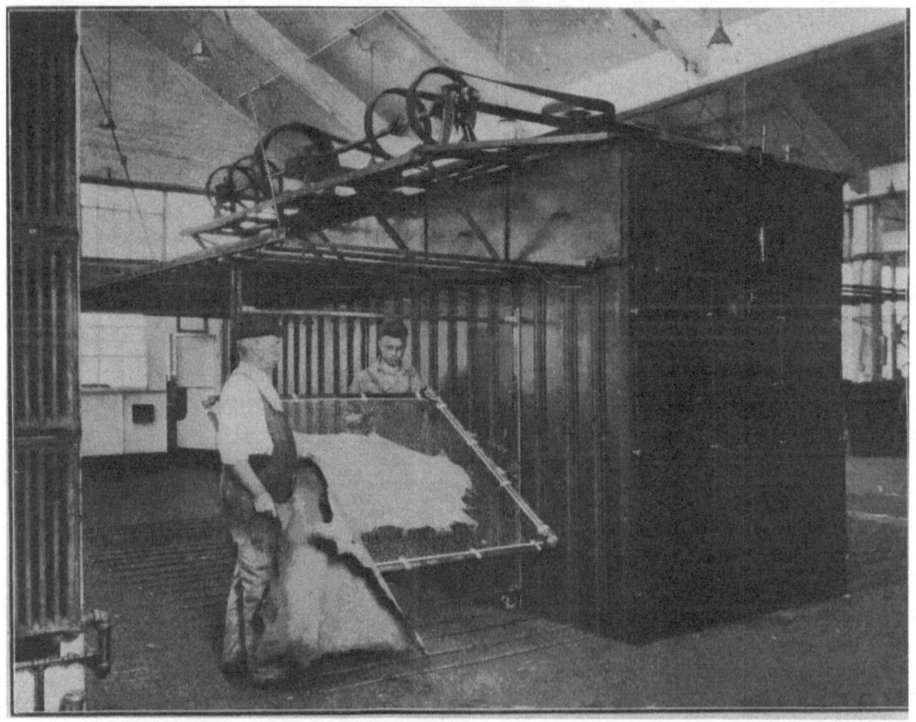

Abb. 81. Trockenmaschine für Ziegenfelle nach dem Stollen.

Eine andere Methode, die ähnliche Resultate liefert, wird wie folgt ausgeführt:

Das Spannen erfolgt auf horizontal aufliegenden Rahmen oder Brettern. Die Arbeiter stehen an beiden Seiten des Rahmens einander gegenüber, etwa so, wie in Abb. 78 dargestellt. Beide sind mit einem Gürtel ausgerüstet, an welchem mit Hilfe einer Kordel oder auf irgendeine andere passende Weise eine große Kneifzange befestigt ist. Die beiden Arbeiter fassen das Fell mit der Zange an jeder Seite an und spannen dasselbe, sich kräftig entgegenstemmend, gleichzeitig und so weit wie möglich aus, bevor sie es an den Rahmen festnageln. Sie fahren so nun rings um das Leder herum, und zwar so lange, bis das ganze Fell an den Rahmen befestigt ist.

Man wird die Erfahrung machen, daß die so erzielte Spannung bedeutend größer ist als die mit bloßer Hand hervorgerufene, wenn auch letztere Methode gewöhnlich in Anwendung steht.

Die Leder werden in diesem gespannten Zustande bei mäßig hoher Temperatur getrocknet, etwa bei 30—32⁰ C, werden dann vom Rahmen abmontiert, zum zweiten Male gestollt und — falls dies nicht vor dem Ausspannen bereits erfolgt ist — auf der Fleischseite mittels Maschine abgeschliffen oder abgebimst. Sie sind dann soweit zum Appretieren und Fertigmachen bereit.

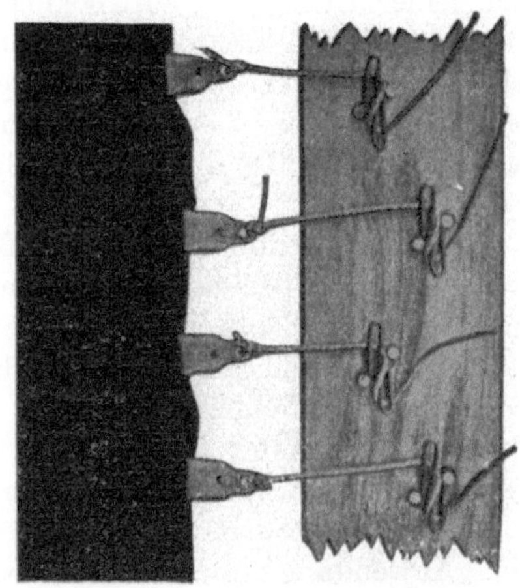

Abb. 82.   Spannklammer.

XIII. Das Reinigen des Narbens und das Appretieren.

Auf die Operation des Trocknens folgt die Zurichtung des Narbens. Der Engländer bezeichnet die zum Glanzstoßen vorbereitende Arbeit mit dem Worte „clearing", d. h. aufklären, reinigen. Im Deutschen wird hierfür in der Praxis der Ausdruck „entfetten" verwendet, doch wollen wir diese Arbeit richtiger mit dem Worte „reinigen" oder „säubern" bezeichnen. Man bezweckt mit dieser Operation die Entfernung des überschüssigen Fettlickers oder des natürlichen Fettes von der Narbenschicht und bedient sich gewöhnlich einer schwachen Säurelösung.

Die Anwesenheit von Fett auf der Lederfläche verhindert die Erzeugung eines Hochglanzes, den man mit Hilfe der Glanzstoßmaschine auf der Narbenfläche erzielen will. Ferner würde das vorhandene Fett der Absorption des Appretiermittels, mit welchem das Leder vor dem Glanzstoßen behandelt wird, Schwierigkeiten entgegensetzen.

Es ist heute deswegen allgemein üblich, das Leder auf der Narbenseite mit einer schwachen Lösung einer geeigneten Säure abzubürsten; man bedient sich hierfür meistens der Milch-, Essig-, Zitronen- oder Weinsäure, und verwendet hinreichend starke Lösungen, um den gewünschten Effekt herbeizuführen.

Die Art und die gewählte Konzentration der verwendeten Säure variiert mannigfaltig in den Händen von verschiedenen Zurichtmeistern.

Die Stärke der Säure wird gewissermaßen durch die Beschaffenheit des Leders bedingt. Wenn der Fettlicker im Laufe der Fettlickeroperation befriedigenderweise absorbiert worden ist, und wenn das Leder fettfrei auf seiner Oberfläche auftrocknet, wird eine sehr verdünnte Lösung einer passenden Säure den gewünschten Effekt hervorrufen. Wenn aber die Fettlickeroperation nur leidlich durchgeführt worden ist und eine ziemlich dicke Fettschicht auf der Narbenfläche lastet, so ist es wesentlich, die Reinigung gründlich mit einer starken Säurelösung vorzunehmen.

Die anzuwendende Säure muß sorgfältig ausgesucht werden. Gewöhnlich wird Milchsäure verwendet, obwohl sie für diesen Zweck nicht immer die passendste ist. Eine starke Milchsäurelösung ist imstande, das Chromsalz auf der Narbenfläche aufzulösen und kann unter bestimmten Bedingungen — falls sie in sehr konzentrierter Form in Anwendung kommt — sogar ein Narbenziehen oder Brüchigwerden veranlassen und somit ernsthaften Schaden anrichten.

Zitronensäure und Weinsäure finden zuweilen auch zu dieser Operation Anwendung. Sie sind aber zu diesem Zwecke in konzentrierter Lösung nicht besonders geeignet, da sie später auf dem Narben auskristallisieren können und somit zu einem Ausschlag Veranlassung geben.

Der Verfasser empfiehlt für diese Operation speziell die Ameisensäure und die Essigsäure; beide sind flüchtige Säuren und kann ein jeder Überschuß beim Trocknen vor dem Glanzstoßen entweichen; somit können diese Säuren keinen schädigenden Einfluß auf das Leder ausüben; sie sind ferner ebenso wirksam, wie die anderen Säuren und machen den Narben von der Fettschicht frei.

Das Reinigen des Narbens von Chromleder soll stets mit der möglichst verdünntesten, also schwächsten Lösung der betreffenden Säure ausgeführt werden.

Eine 2%ige Lösung von 40%iger Ameisensäure oder von 40%iger Essigsäure dürfte im allgemeinen für einen jeden diesbezüglichen Verwendungszweck genügen.

Das Auftragen soll eher mit einem Leinentuch als mit einer Bürste geschehen. Die bei Verwendung eines Leinentuchs erforderliche Reibwirkung trägt zur Entfernung der Fettschicht günstig bei.

Der Säurelösung wird zuweilen eine kleine Menge von Kalium- oder Natriumbichromat zugesetzt; manche Zurichter behaupten, dies habe eine besonders gute reinigende Wirkung. Der Gebrauch von Bichromat soll indessen nicht empfohlen werden, wenn das erwünschte Resultat mit Säure allein erzielt werden kann. Ferner besitzt die freigemachte Chromsäure in starker Lösung entschieden einen härtenden Einfluß auf den Narben und ist infolge ihres ausgesprochen oxydierenden Charakters imstande, ein Brüchigwerden des Narbens zu veranlassen.

Das Appretieren. Das Appretieren besteht in dem Auftragen einer Substanz auf die Narbenfläche des Leders, die nach dem Trocknen eine hinreichend harte Schicht hinterläßt, um auf der Glanzstoßmaschine darauffolgend einen hochpolierten Glanz bekommen zu können.

Die Mischung, die für das Appretieren des zu glänzenden Leders dient, setzt sich aus folgenden Komponenten zusammen:

1. Ein Mittel, wie Albumin, Kasein, Gummiarabikum, Schellack usw., deren wässerige Lösung nach dem Verdampfen einen dünnen harten Belag hinterläßt, der dann zu Glanz poliert werden kann.

2. Ein Weichmittel, das die härtenden Eigenschaften der unter 1. erwähnten Substanzen, die zu einem Erstarren außerordentlich geneigt sind, herabsetzt.

3. Ein Mittel, das die Reibung der Glanzstoßmaschine und die dabei entstehende Gefahr der Überhitzung des Leders vermindert.

4. Obigen Substanzen setzt man zuweilen ein Füllmittel zu, das eine feinere Narbe hervorrufen soll. Dies wird gewöhnlich mittels einer schleimigen Substanz bewirkt, wie z. B. Leinsamen, Irlandmoos, Mehl, Blut usw.

Zu jedem bestimmten Zwecke müssen die Bestandteile des Appretiermittels mit großer Sorgfalt ausgesucht werden. Die meisten Fehler, denen man begegnet, haben in einer ungeeigneten Zusammensetzung oder in der Verwendung einer zu starken Lösung ihren Ursprung.

Die geeignetste Mischung für die Erzeugung eines Hochglanzes, wie z. B. für Glanzchevreauleder, besteht wohl aus einer Lösung von Eialbumin, Blutalbumin oder Blut, in Verbindung mit Milch oder mit einem löslichen Öl zur Verminderung der Reibung, mit einem kleinen Zusatz von Glyzerin als Weichmittel und einer mäßigen Zugabe von Leinsamenschleim oder Irlandmoos als Füllmittel.

Für die Lederklassen Rindbox und Boxkalb, die keinen so hohen Glanz beanspruchen, erreicht man wohl die besten Resultate mit folgender Mischung: eine verhältnismäßig geringe Menge von Blutalbumin mit etwas Blauholzextrakt, Milch oder lösliches Mineralöl als Gegenmittel für die Reibung und ein schleimiger Stoff als Füllmittel.

Die Zugabe eines Farbstoffes zu der Mischung — Nigrosin oder Säureschwarz zu schwarzem und eine kleine Menge eines sauren Teerfarbstoffes zu farbigem Leder — ist aus dem Grunde von Bedeutung, weil sie das Grauwerden des Leders seitens der Appretur verhindert.

Wenn die Leder nachfolgend gepreßt werden und im Falle von chagrinierten Ledersorten, deren Narbe gewöhnlich durch Abschleifen ausgeglichen wird, muß die Appretur beträchtliche Füllwirkung haben, damit sie eine Art von künstlicher Narbenschicht auf dem Leder erzeugt, die dann gut auf Muster gepreßt werden kann. Außerdem muß eine Appretur für diese Lederklasse der Narbenschicht die erforderliche

Geschmeidigkeit verleihen, damit diese feine Schicht im Gebrauche und beim Falten des Leders keine Tendenz zum Brüchigwerden zeigt. Ein passendes Mittel, um dies zu verhüten, ist der Gebrauch von stark schleimigen Stoffen, wie Leinsamenabkochung, Irlandmoos, Gummitragant, in Verbindung mit löslichem Öl oder Glyzerin, die der Appreturschicht die nötige Elastizität verleihen; die Zugabe einer kleinen Menge harten Wachses erhöht den Glanz und eine hinreichende Menge an Farbstoff vertieft dann die Farbe des Leders.

Anwendung der Appretur. Das Appretieren kann entweder von Hand oder mittels Maschine erfolgen. Im ersteren Falle wird die Appretur mit einem Schwamm, einer Bürste oder einem Sammetkissen aufgetragen. Diese Operation ist nicht ganz so einfach, falls man wirklich gute Resultate erzielen will.

Will man dem Leder einen Hochglanz beibringen, wie z. B. für Glanzchevreauleder, so ist es durchaus nicht nötig, das dichtfügige Narbengewebe mit einer großen Menge der Appreturmischung zu füllen. Die Qualität des Leders hängt vielfach von dem Aussehen der Narbenfläche ab, und wenn diese mit einer übermäßigen Menge oder mit einer zu dicken ungeeigneten Lösung bestrichen worden ist, wird sie bei weitem nicht so befriedigend ausfallen als bei Verwendung von mäßigeren Quantitäten an Appretiermittel. Die Operation des Appretierens erfordert Geschicklichkeit und Intelligenz seitens des Arbeiters; die Appretur soll in so dünner Schicht aufgetragen werden, daß die Leder in einigen Minuten vollkommen trocken der Glanzstoßmaschine zugeführt werden können. Die losere Narbe der Flanken und des Bauches soll etwas mehr Appretur bekommen als das Schild, die Schultern und die übrigen dichteren Hauptpartien; Geschicklichkeit und Intelligenz des Arbeiters sind in dieser Richtung am Platze. Die Handarbeit, falls sie einwandfrei durchgeführt wird, ist dem maschinellen Appretieren vorzuziehen, denn im letzteren Falle ist es nicht möglich, zwischen den loseren und dichteren Narbenpartien eine Unterscheidung zu treffen, und die gesamte Lederfläche wird praktisch mit einer gleich dicken Schicht von Appretur belegt.

Das Wesentliche dieser Operation ist das Einreiben der Appretur in die Haut. Die Appretur soll so lange in das Leder eingerieben werden, bis sie trocken ist, so daß sie eben in die Narbenfläche eindringt und nicht etwa als eine zu dicke Schicht die ganze Lederfläche bedeckt.

Das Appretieren auf der Maschine. Die Anwendung von Appretiermaschinen hat in den letzten Jahren eine größere Verbreitung gefunden, hauptsächlich aus dem Grunde, weil die für die Handoperation erforderlichen Tische einen großen Raum und eine beträchtliche Anzahl von Arbeitskräften in Anspruch nehmen, besonders wenn eine große Produktion erzielt werden soll.

Abb. 83 und 84 zeigen die am meisten verwendete Appretiermaschine. Eine Serie von Walzen verschiedener Art und mit unter-

Abb. 83. Appretiermaschine Nr. 254.

schiedlichen Bewegungen besorgt das Auftragen, Verteilen und Einreiben des Glanzes, während das zu bearbeitende Leder mittels eines

Abb. 84. Appretiermaschine in Betrieb.

endlosen Gummibandes durch diese Werkzeuge geführt wird. Die
Maschine arbeitet außerordentlich rasch und ihre Arbeit ist in vieler

Abb. 85.

Hinsicht — unter Vorbehalt des oben Gesagten — der Handarbeit
gleichwertig.

Die Abb. 85 und 86 stellen rotierende Appretiermaschinen dar
Das Leder wird in diesen Maschinen mit einer Serie von drei bis vier

Abb. 86.
Abb. 85 und 86.   Rotierende Appretiermaschinen.

Bürsten bearbeitet, deren erstere teilweise in ein offenes Gefäß taucht, das den Glanz enthält, bzw. diese Bürste wird von einer halbversenkten Rolle mit dem Appretiermittel gespeist; die zweite Bürste dreht sich in entgegengesetzter Richtung und reibt den Glanz, den die erste Bürste auf das Leder aufträgt, in dieses ein. Die dritte Bürste setzt das Einreiben fort, während die vierte Bürste, die eine oszillierende Bewegung besitzt, das Einreiben sowohl in Quer- wie in Längsrichtung besorgt und somit die Handarbeit nachahmt.

Im folgenden seien typische Vorschriften von Appretiermitteln für verschiedene Sorten von Chromleder gegeben; nach dem weiter oben Gesagten wird es aber verständlich sein, daß diese Rezepte gemäß den zu bearbeitenden Ledersorten modifiziert werden sollten, je nachdem, ob das Leder eine offene oder geschlossene, eine ursprünglich grobe oder rohe Narbe besitzt, und ob man einen Hochglanz oder nur einen mittleren Glanz hervorrufen will.

Vorschriften für Appreturen.

Glanzchevreauleder.

a) Man löse:

$\frac{1}{2}$ kg Hämatinkristalle
$\frac{1}{2}$,, Nigrosin

in 25 Liter Wasser.

Man löse gesondert:

1 kg Eialbumin

in 10 Liter lauwarmem Wasser (35⁰ C).

Nach Erkalten mische man die beiden Lösungen zusammen.

Dann gebe man zu:

160 g Glyzerin
160 ,, lösliches Öl,

und fülle das Ganze auf 50 Liter auf.

b) Man löse:

2 kg Blutalbuminschuppen

in 25 Liter lauwarmem Wasser (35⁰ C).

Man löse gesondert:

$\frac{1}{2}$ kg Nigrosin
$\frac{1}{2}$,, Hämatinkristalle

in 15 Liter kochendem Wasser.

Man löse gesondert:

125 g Rubinschellack

in einer kleinen Menge von Wasser, das zuvor durch Zusatz von

60 g Ammoniak

alkalisch gemacht worden ist.

Nach Erkalten mische man die drei Lösungen zusammen.
Dann gebe man zu:

190 g Glyzerin
2,5 l Milch

und fülle das Ganze zu 50 Liter auf.

Boxkalb.

a) Man löse:

½ kg Nigrosin
½ „ Hämatinkristalle
15 g Ammoniak.

in 25 Liter Wasser.

Man löse gesondert:

½ kg Kasein
¼ „ Borax

durch Kochen in 5 Liter Wasser.

Man mische die beiden Lösungen zusammen.
Dann gebe man zu:

125 g Glyzerin
60 g Karbolsäure
2,5 l Ochsenblut.

Man fülle das Ganze zu 50 Liter auf.

b) Man löse

1½ kg Blutalbuminschuppen

in etwa 15 Liter lauwarmem Wasser von 35⁰ C.
Man löse gesondert:

½ kg Nigrosin
½ „ Hämatinkristalle
15 g Ammoniak.

Nach Erkalten vermische man die beiden Lösungen.
Man gebe dann zu:

190 g Glyzerin
1¼ l Spiritus.

Man fülle das Ganze zu 50 Liter auf.

Schwarzes Rindboxleder.

a) Man löse:

½ kg Nigrosin
½ „ Hämatinkristalle

in 10—15 Liter kochendem Wasser.
Man löse separat:

1½ kg Blutalbuminschuppen,

das man während einiger Stunden im Wasser von 35⁰ C einweichen läßt.

Man löse:

> 160 g Schellack
> 60—90 „ Ammoniak.

Man mische die drei Lösungen zusammen.
Dann gebe man zu:

> 2,5 l Gummitragantgallerte (etwa 1%ige Lösung)
> 1¼ „ Spiritus
> 160 g lösliches Öl.

Man fülle das Ganze zu 50 Liter auf.

b) Man koche: 375 g ganzen Leinsamen in 10—15 Liter Wasser
eine halbe Stunde lang. Man schöpfe den ungelösten Samen ab.
Man löse gesondert:

> 320 g Nigrosin
> 320 „ Hämatinkristalle

in 10—15 Liter kochendem Wasser.
Man. vermische die beiden Lösungen und lasse sie erkalten.
Man gebe dann zu:

> 5 l frisches Ochsenblut
> 190 g Karbolsäure (in wenig Wasser gelöst)
> 160 „ Glyzerin.

Man fülle das Ganze zu 50 Liter auf.

Mattnarbiges Rindbox- oder Boxkalbleder.

a) Man löse:

> ¾ kg Nigrosin

in 10—15 Liter kochendem Wasser.
Man löse gesondert:

> 1 kg neutrale Natronseife

in 10 Liter kochendem Wasser.
Man löse gesondert:

> ½ kg Schellack
> 125 g Ammoniak.

Man mische die drei Lösungen zusammen.
Dann füge man zu:

> 1¼ l lösliches Öl.

Man fülle das Ganze zu 50 Liter auf.

b) Man koche:

> 1 kg ganzen Leinsamen

in etwa 15 Liter Wasser eine halbe Stunde lang und schöpfe den ungelösten Samen ab.

Man löse gesondert:

½ kg Nigrosin

in einer kleinen Menge kochenden Wassers und gebe es zu dem gelösten Leinsamenschleim zu.

Man löse kochend:

1 kg Neutralseife

in 5—10 Liter Wasser.

Man füge zu:

1¼ l Glyzerin.

Man mische die Lösungen zusammen.

Dann gebe man

1¼ l sulfuriertes Öl

hinzu und fülle das Ganze zu 50 Liter auf.

Farbiges Glanzchevreauleder.

Man löse:

1 kg Eialbumin

in 10 Liter lauwarmem Wasser von 35⁰ C.

Man löse gesondert:

½ kg sauren Farbstoff.

Nach Erkalten vermische man die beiden Lösungen.

Dann gebe man zu:

2,5 l Milch
160 g Glyzerin
80 ,, krist. Karbolsäure (gesondert gelöst).

Man fülle das Ganze zu 50 Liter auf.

Farbiges Boxkalbleder.

Man löse:

1 kg Eialbumin

in 15 Liter warmem Wasser von 35⁰ C.

Man löse gesondert:

½ kg sauren Farbstoff

in 5—10 Liter kochendem Wasser.

Man vermische die beiden Lösungen.

Dann füge man zu:

2,5 l Milch
160 g Glyzerin
625 ccm Spiritus.

Man fülle das Ganze zu 50 Liter auf.

XIV. Zurichtprozesse.

Das Glanzstoßen. Für das Glanzstoßen der verschiedenen Chromledersorten gibt es eine große Anzahl von verschiedenen Maschinen.

Für das Glanzstoßen von Chevreauleder bedient man sich gewöhnlich der aus Holz gebauten Maschine, die in Abb. 88 dargestellt ist; Abb. 89 zeigt einen Typus von Glanzstoßmaschine, der für die Bearbeitung von chromgarem Boxkalb- und Rindboxleder fast ausschließlich verwendet wird. Die in Abb. 90 dargestellte Maschine findet auch ausgedehnte Verwendung für Boxkalb, Rindbox und Chevreauleder.

Die in Abb. 89 dargestellte Maschine vereinigt in sich die Festigkeit einer aus Eisen konstruierten Maschine und die Elastizität der aus Holz gebauten Maschine. Als Erklärung zur Abbildung soll noch bemerkt werden, daß die Pleuelstange, der Pendel als auch die Stoßbahn dieser Maschine aus Holz gebaut sind, und daß die Stoßbahn — ähnlich den älteren Waggonfederungen — auf einer Holzfederung ruht.

Praktisch genommen werden alle Chromleder zweimal glanzgestoßen. Manche Fabrikanten glänzen zuerst auf einer Maschine mit schräger Bahn und vollenden das Glanzstoßen auf einer Maschine mit horizontaler Stoßbahn. Der Vorteil dieses Verfahrens beruht darin, daß die Maschine mit schräger Bahn weniger gefährlich für das Anpacken und Zerdrücken des Leders seitens der Achat- oder Glanzrolle ist als die Maschine mit gerader Stoßbahn. Anderseits kann der Arbeiter diese Gefahr mit Hilfe der in Abb. 89 und 90 dargestellten Maschinen dadurch verhüten, daß er, sich seitwärts zu der Maschine stellend, das Leder mit der rechten Hand vor der Glasrolle, mit der linken Hand hinter der Glasrolle festhält, während das Werkzeug arbeitet und somit die Gefahr des Anpackens des Leders bedeutend herabsetzt.

Durch das Arbeiten auf der Maschine mit gerader Bahn ist man imstande, einen erheblich größeren Druck auszuüben, als dies mit der Maschine mit schräger Bahn möglich ist; der Druck seinerseits beeinflußt in hohem Maße den hervorgerufenen Glanz.

Das Glanzstoßen von Chromleder beansprucht, infolge seiner Geschmeidigkeit, eine viel größere Geschicklichkeit, wenn gute Resultate erzielt werden sollen, als das Glanzstoßen von dem härteren vegetabilischen Leder.

Abb. 87. Trockenmaschine für appretierte Leder.

Die Geschwindigkeit, mit welcher die Maschine arbeitet, ist bis zu gewissem Grade durch die zu bearbeitende Ledersorte und durch die Geschicklichkeit des Arbeiters bedingt. Man läßt die Maschine nach Abb. 88 z. B. oft mit 130—150 Huben pro Minute laufen, obwohl nach des Verfassers Ansicht 120 Hube reichlich genügen dürften. Die in

Abb. 88. Hölzerne Glanzstoßmaschine.

Abb. 89 dargestellte Maschine läuft am besten mit 100 Huben pro Minute.

Die Einstellung der Maschine muß sorgfältig geschehen, damit das Werkzeug bei jedem einzelnen Hub gleichmäßigen Druck ausübt. Es bestehen große Meinungsverschiedenheiten darüber, ob man eine Glasrolle oder eine Achatrolle verwenden soll; die erstere erzeugt vielleicht einen höheren Glanz als die letztere, doch kann die Glasrolle eher das Leder

bekratzen als die Achatrolle und nützt sich auch infolge ihrer weicheren
Beschaffenheit viel früher ab. Die Achatrolle ist wiederum viel kostspieliger, aber auch langlebiger als die Glasrolle. Der Achat erhitzt
sich auch viel mehr als das Glas. Die Reibungswärme, die beim Arbeiten
mit der Achatrolle oder Glasrolle auf der feuchten oder eben getrockneten
Lederfläche entsteht, bringt etwas vom natürlichen Fett, das im Leder
enthalten ist, auf die Oberfläche, doch ist sie von weniger schädigendem
Einfluß auf die Chromlederfasern als auf das vegetabilisch gegerbte

Abb. 89.   Glanzstoßmaschine mit schräger Bahn.

Leder. Um diese Gefahr zu verhüten, soll das Achat- oder Glaswerkzeug kalt gehalten werden; zu diesem Zwecke umhüllt man das Werkzeug am besten mit einer Asbestpackung, die mit einer dünnen Kupfer-
schicht umgeben ist. Durch dieses Hilfsmittel wird die Wärme viel
besser abgeleitet, als wenn man das Werkzeug, wie gewöhnlich, mit
schlechten Wärmeleitern, wie Leder, Papier, Pappdeckel usw., bedeckt.

Dolieren und Abbimsen. Die Operation des „Dolierens" bezweckt
das Absäubern der Fleischseite des Leders, um ihr eine samtartige Beschaffenheit zu verleihen und somit auch das Aussehen des Leders zu
verschönern.

Im Falle von kleinen Fellen, wie Glanzchevreauleder, chromgaren Lammfellen usw., ist es gebräuchlich, die Operation des Abschleifens oder Dolierens auf einer Schmirgelscheibe oder auf einer mit Karborundum bedeckten Scheibe, die in Abb. 91 dargestellt ist, vorzunehmen.

Das Leder wird nach dem Stollen, und gewöhnlich noch in einem leicht feuchten Zustande, auf der Doliermaschine bearbeitet, indem

Abb. 90. Glanzstoßmaschine mit horizontaler Bahn.

man die Felle einzeln mit der Fleischseite, unter Zuhilfenahme eines Leders oder eines Wollkissens, fest an die rotierende Schmirgelscheibe preßt und nach und nach auf der ganzen Fleischseite abschleift. Der Vorteil des Dolierrades gegenüber der Schleifmaschine Abb. 92 beruht hauptsächlich in seiner raschen Arbeitsweise. Die Operation des Dolierens oder Abschleifens erfordert sehr große Geschicklichkeit, insbesondere wenn man die Ware für Schwedenleder auf der Fleischseite zurichtet. Wenn das Abschleifen nur eine Säuberung der Fleischseite bezweckt, so ist es natürlich viel einfacher auszuführen.

Im Falle von Kalb- und Rindshäuten bedient man sich gewöhnlich einer Schleifmaschine, die in Abb. 92 dargestellt ist.

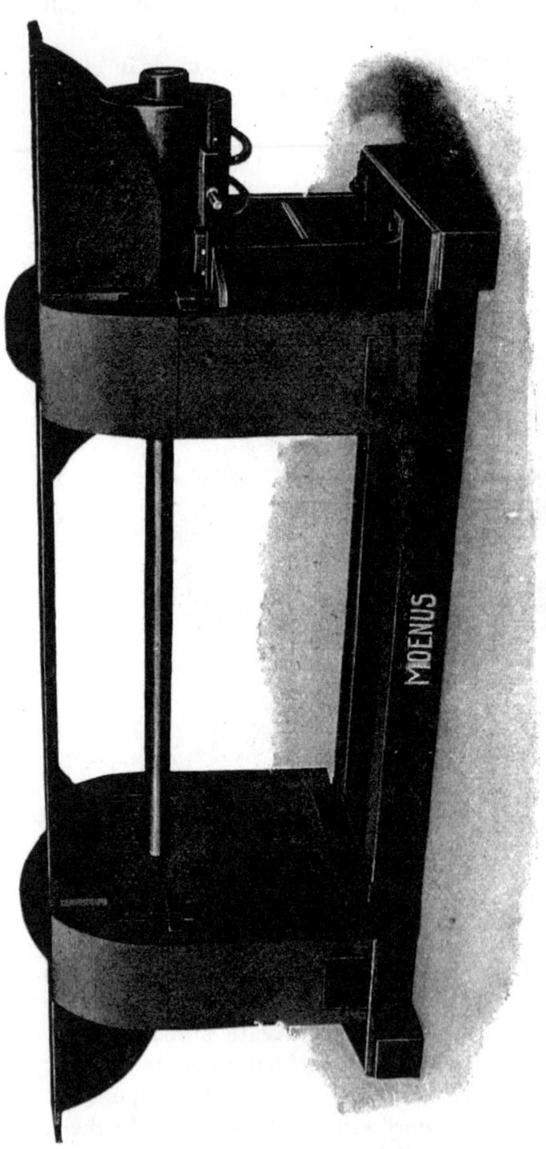

Abb. 91. Dolierräder.

Der Vorteil dieser Maschine gegenüber dem altmodischen Dolierrad besteht darin, daß der Arbeiter das Fortschreiten der Operation mehr oder minder überwachen kann, indem er das Leder mit der Fleischseite nach oben in die Maschine einführt und mittels eines mit Filz bedeckten Zylinders gegen die rotierende Schleifwalze preßt; diese letztere besteht aus einem Schmirgelstein oder ist mit Karborundum überzogen; diese Operation wird etwa so ausgeführt, wie das Falzen des Leders auf der Falzmaschine. Da die gesamte Fleischseite während der Operation sichtbar ist, besteht kaum die Gefahr, daß der Arbeiter manche Hautpartien übergeht.

Das Abbimsen der Narbenseite. Manchmal ist es erforderlich, die Narbenseite des Leders abzubimsen, und zwar:

1. um die Zurichtung des Leders zu vervollkommnen, oder

2. um der Lederfläche eine samtartige Beschaffenheit zu verleihen.

Wenn das Abschleifen des Leders auf der Narbenseite erfolgt, so ist eine große Sorgfalt und geschickte Arbeitskraft erforderlich, um die erwünschte Feinheit der Lederoberfläche zu erhalten.

Diese Arbeit wird stets auf einer Maschine ausgeführt, die in Abb. 92 dargestellt ist. Die Feinheit des Schmirgel- oder Karborundum-Belages übt natürlich einen bedeutenden Einfluß auf das erhaltene Resultat aus, ebenso die Umlaufsgeschwindigkeit der Maschine.

Das Abbimsen von Rindbox-, Boxkalbleder usw. zwecks Entfernung der Narbenfehler. In diesem Falle bearbeitet man das Leder gewöhnlich nur teilweise, indem man es an denjenigen Stellen abbimst, die entweder durch Fäulnis vor der Gerbung beschädigt wurden, oder andere kleine Narbenfehler, wie Drahtritze, Stachelritze usw., aufzeigen.

Man nimmt diese Operation auch manchmal im Falle von grobnarbigen Ziegenfellen vor, die für Glanzchevreauleder zugerichtet werden. Man beschränkt sich hierbei auf das Abbuffen der Mähnen- und Nackenpartien, um eine feinere Fläche und folglich ein weniger grobes Aussehen dem Leder zu verleihen, wenn dieses schließlich glanzgestoßen wird.

Abb. 92. Schleifmaschine Nr. 130.

Beim Bearbeiten von für Schwedenleder oder Samtkalbleder bestimmten Fellen ist eine besondere Sorgfalt am Platze, da das Fell auf seiner ganzen Narbenfläche zwecks Hervorrufung eines samtartigen Aussehens abgebufft wird.

Die Umdrehungszahl der Maschine ist von Bedeutung, denn es kann im allgemeinen gesagt werden, daß je größer die Umdrehungszahl des Dolierrades oder der Schleifmaschine, um so feiner die erhaltene Lederfläche ist. Die Umdrehungszahl kann von 350—400 bis auf 1200 pro Minute betragen. Wenn die Maschine mit der letzterwähnten, sehr hohen Tourenzahl läuft, so ist es wesentlich, daß das Schmirgelrad oder das Bimsrad sorgfältig in die Gleichgewichtslage eingestellt wird, und daß das Maschinengerüst fest auf dem Boden steht. Durch Sorgfalt in dieser Hinsicht und durch feste Lagerung und sicheren Aufbau des Maschinengerüstes läßt sich die die Arbeit begleitende Vibration bedeutend verringern. Wenn die Arbeit von einer großen Vibration begleitet ist, besteht die Gefahr, daß die Lederfläche dann eine zackige und gewellte

13*

Beschaffenheit aufweist, was durchaus unerwünscht ist, insbesondere,
wenn es sich um auf der Narbenseite zugerichtetes farbiges Phantasieleder handelt.

Mit Karborundum belegte Schleifwalzen sind den gewöhnlichen
Schmirgelscheiben oder Schmirgelpapieren vorzuziehen, da sie weniger
imstande sind, Risse hervorzurufen.

Das Krispeln. Schwarzes und farbiges Boxkalbleder sowie Rindboxleder werden auf der Maschine gekrispelt, um die charakteristische
Box-Narbe zu erzeugen.

Ein Maschinentyp, der für diesen Zweck allgemeine Anwendung

Abb. 93. Krispelmaschine.

findet, ist in Abb. 93 dargestellt. Diese Maschine ist bereits in einem
so fern liegenden Jahre wie 1873 von W. I. Coogan patentiert worden
und wurde im Jahre 1885 von W. I. Paul verbessert; seitdem hat sie
noch weitere Verbesserungen erfahren. Die Maschine besteht aus zwei
Zylindern, gewöhnlich von gleichem Durchmesser, die mit Kork oder
gepreßtem Filz belegt sind.

Die Maschine arbeitet äußerst einfach. Das zu bearbeitende Fell
wird mit der Fleischseite nach oben so auf den Arbeitstisch gelegt, daß die
eine Hälfte auf der Tafel ruht und die andere Hälfte frei über diese
herabhängt. Beide Zylinder rotieren in demselben Sinne. Der Arbeits-

tisch kann durch einen Druck auf den Fußhebel gegen die rotierenden
Zylinder verschoben werden, welche hierbei das Fell anpacken. Indem
die beiden Zylinder dieselbe Drehrichtung haben, werden die beiden
Hälften des gefalteten Leders in entgegengesetzte Richtungen verzogen;
der obere Zylinder zieht die obere Lederhälfte zwischen die Walzen,
während der untere Zylinder das Fell von den Walzen wegbewegt.
Es wird nur diejenige Partie des Leders bearbeitet, welche über die Tischkante doppelt gefaltet worden ist, und es entsteht hierbei ein „langgenarbtes" Leder. Auf ähnliche Weise wird dann das anderswie gefaltete Leder bearbeitet und somit das ganze Fell gekrispelt.

Man krispelt die Leder in zwei Richtungen, um den wohlbekannten
„Box-Narben" zu erhalten; zunächst vom Hals zum Schild, und dann
von Bauch zu Bauch.

Diese Maschine wird auch zum Geschmeidigmachen des Leders
verwendet, wobei dieses mit der Narbenseite nach oben zwischen die
Zylinder eingeführt wird, welche vermöge ihres Druckes das Leder
beträchtlich geschmeidiger machen.

Wenn ein sehr wenig ausgeprägter Narben verlangt wird, ist es
von Vorteil, das Krispeln im leicht feuchten Zustande vorzunehmen,
nachdem das Leder appretiert worden ist. Das Leder wird dann getrocknet, glanzgestoßen und daraufhin wieder gekrispelt. Wenn man
das Leder nach dem Glanzstoßen zum zweiten Male krispelt, so erzielt
man einen viel feineren Narben, als wenn man das Krispeln erst nach
dem letzten Glanzstoßen, in diesem etwas harten Zustande der Ware,
vornimmt.

Das Chagrinieren oder Pressen. Es ist üblich, in der Fabrikation
von schweren Kalb- und Rindshäuten, die für Sportstiefel, Winterstiefel usw. bestimmt sind, das Leder mit einem Ziegennarben oder
einem feinen Seehundnarben zu versehen.

Das Chagrinieren oder Pressen erfolgt auf einer der Maschinen,
die hier beschrieben werden.

Abb. 94 zeigt eine Chagriniermaschine. Sie arbeitet mit zwei
Walzen, von denen die obere die Narben- oder Satinierwalze und die
untere eine elastische Unterlagswalze ist. Das zu pressende Leder wird
zwischen den beiden Walzen hindurchgeführt und bahnenweise bearbeitet. Die Chagrinier-, Satinier- oder Bügelwalzen können für
Dampf- oder Gasheizung eingerichtet werden.

Beim Preßprozeß ist es sehr wesentlich, daß dieser in der Hitze
erfolgt; denn nur auf diese Weise kann man eine hinreichend tiefe
Narbung von bleibender Beschaffenheit erzeugen.

Ein anderer Typus von Preßmaschine wird durch die Abb. 95 angedeutet. Hierbei wird das Leder mit der Fleischseite nach unten auf
den Arbeitstisch gelegt, der sich in horizontaler Lage zwischen den

beiden Seitenständern der Maschine befindet. Der mittlere Teil dieses
Tisches hat eine Öffnung, deren Länge mit dem Hube der unterhalb

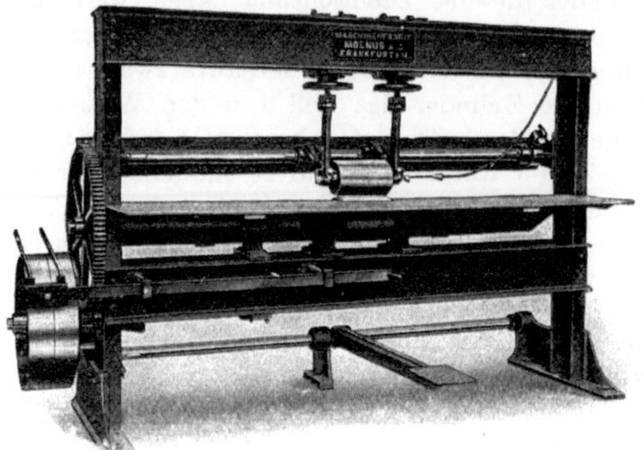

Abb. 94. „Prima"-Chagrinier-Walzenpresse.

befindlichen Walze übereinstimmt (s. die Abb.). Die Walze ist auf
einen Laufwagen montiert, der durch eine Leitspindel bewegt wird, die
sich ebenso wie der Tisch von einem Ständer zum andern erstreckt

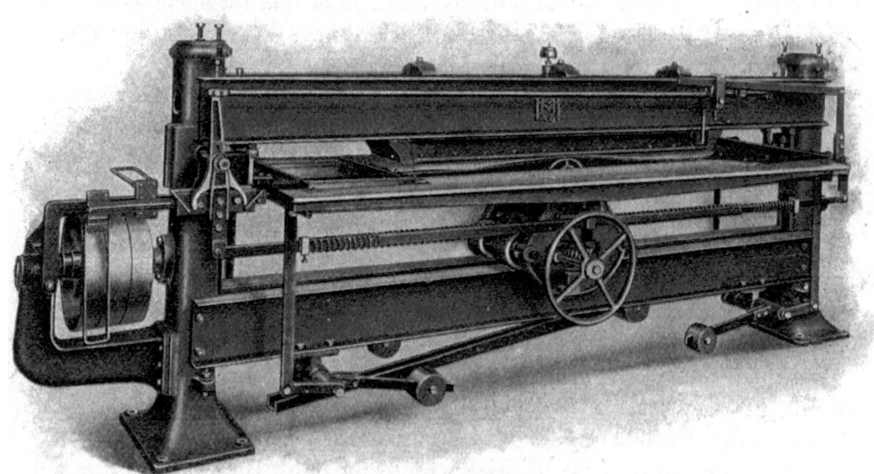

Abb. 95. „Altera"-Narbenpreß-, Satinier- und Bügelmaschine.

und in diesen gelagert ist. Die Öffnung in dem Tisch ist ebenso breit
wie die Walze des Laufwagens. Die Preßplatte ist mit der gemusterten

Seite nach unten an einem hohlen Kasten befestigt, welcher mit Hilfe von Konsolen an dem oberen Querbalken der Maschine angebracht ist. Wenn die Maschine in Betrieb gesetzt wird, wird der Tisch mit dem daraufliegenden Leder gegen die Preßplatte angehoben, die entweder durch Gas oder durch Dampf in dem daran befestigten hohlen Kasten beheizt wird. Wenn sich die Laufwagenwalze nun durch die Umdrehung der Leitspindel vorwärtsbewegt, preßt sie das Leder gegen die Platte, wodurch dasselbe gepreßt wird. Wenn die Laufwagenwalze das Ende ihres Hubes erreicht, so bleibt sie automatisch stehen; der Tisch wird dann automatisch ein wenig gesenkt, um das Leder frei zu geben, welches nunmehr um ein der Breite der Platte entsprechendes Stück vorgeschoben wird, worauf ein weiteres Pressen folgt. Die Pressung findet also in nebeneinanderliegenden Streifen statt, deren Breite und Länge von der Breite der Laufwagenwalze und von deren Hub bestimmt werden.

Abb. 96 zeigt vielleicht den besten Typus von Preßmaschine in bezug auf Geschwindigkeit und Präzision ihrer Arbeitsweise. Diese Maschine ist vermöge ihrer außerordentlich kräftigen Konstruktion imstande, einen Druck bis zu 300 Tonnen auszuüben; die Preßfläche beträgt 1370 × 660 mm und richtet sich im übrigen nach den Dimensionen der Preßplatte. Die Maschine arbeitet außerordentlich rasch, und es ist möglich, 12—18 Pressungen pro Minute mit ihr zu erhalten.

Abb. 96. Hydraulische Narbenpresse bzw. Bügelmaschine Nr. 136.

Wo eine große Produktion geleistet werden soll, ist diese hydraulische Maschine bestens am Platze.

Bügeln und Satinieren. Die Vorteile, die mit der Bearbeitung der Narbenfläche mittels eines heißen Bügeleisens verbunden sind, und die in der Produktion einer glatteren und feinfügigen Narbenschicht bestehen, sind schon seit langer Zeit gut bekannt; diese Methode wurde ursprünglich für alaungares Kalbkidleder angewendet. Die unmittelbare Wirkung einer sehr heißen, hochpolierten Metallfläche streicht die

Falten und das gröbere Gefüge der Narbenfläche aus und erhöht damit das allgemeine Aussehen des Leders.

Die älteste Methode des Bügelns besteht in der Anwendung von gewöhnlichen Schneider-Bügeleisen, die mittels Feuer, Gas oder Elektrizität erhitzt werden. Die Arbeit wird in derselben Weise. ausgeführt, wie man Tuch oder Leinen bügelt; man führt das heiße Bügeleisen über die ganze Narbenfläche des Leders, das auf einem Tisch aufliegt, welcher mit Kork, Wachstuch oder mit einer dicken Filzdecke belegt ist.

Diese Handarbeit wurde in den letzten Jahren in hohem Maßstabe durch Maschinenarbeit ersetzt. Abb. 97 zeigt eine Maschine, die für die Bearbeitung von leichten Fellen, wie Chevreau-, Lamm-Fellen usw. guten Dienst leistet. Sie ähnelt im Prinzip der Glanzstoßmaschino, mit dom Unterschied, daß hierbei das Achat- oder Glaswerkzeug durch eine elektropolierte Platte ersetzt ist, die die Gestalt des gewöhnlichen Bügeleisens trägt.

Abb. 97. „Volta“-Bügelmaschine.

Im Falle von Rindbox-, Boxkalb- usw. Leder führt man das Bügeln gewöhnlich auf einer der Maschinen aus, die man für das Pressen verwendet (Abb. 95 und 96). Die Preßplatte wird hierbei durch eine hochpolierte (elektropolierte) glatte Bügelplatte ersetzt, die mittels Dampf oder Gas geheizt wird, und das Leder wird unter hohem Druck mit dieser Platte bearbeitet.

Das Abölen. Bei Herstellung von schwarzem Chromleder besteht die letzte Operation im Abölen. Sie wird derart ausgeführt, daß man das geglänzte Leder mit einer warmen Ölschicht überzieht; man bedient sich hierbei gewöhnlich eines etwas dünnflüssigen Mineralöls, doch wird dieses für manche Zwecke manchmal mit etwas Walratöl vermischt.

Der Zweck dieses Abölens fußt auf folgenden Faktoren:

1. Dem fertigen Leder einen geschmeidigeren Griff zu erteilen.

2. Den hochpolierten Glanz etwas abzustumpfen.

3. Das Schmieren der Narbenfläche, um die Öl- und Farbstoffe, die beim Reinigen des Narbens vor dem Appretieren entfernt worden sind, zu ersetzen.

4. Den schwarzen Farbton zu vertiefen.

Die Operation des Abölens erfolgt meistens von Hand, am besten

Abb. 98. Abölmaschine.

mittels einer feinhaarigen Bürste. Wie oben erwähnt, muß das Öl heiß aufgetragen werden, am besten bei einer Temperatur von 60—70° C, insbesondere, wenn man durch das Abölen den Hochglanz der Lederfläche nicht abstumpfen will.

Das Leder wird mit einer sehr dünnen Schicht von Öl bestrichen und zum Trocknen aufgehängt, wonach es auf der Meßmaschine gemessen wird.

Wenn sehr große Posten von Leder zu bewältigen sind, führt man das Abölen am besten auf der Maschine aus. Maschinen, die zum Appretieren dienen, und die in Abb. 85 und 86 abgebildet sind, sind auch für diesen Zweck sehr gut geeignet. Abb. 98 zeigt eine der Maschinen, die speziell für das Abölen konstruiert worden sind. Die Konstruktion dieser Maschinen beruht auf demselben Prinzip: das Öl wird mittels einer Auftragwalze auf das Leder gebracht und mit einer rasch rotierenden Bürste auf diesem verteilt, indem das Leder während seines Durchganges gegen die rotierende Bürstwalze gepreßt wird.

Das Messen des Leders erfolgt auf einer Präzisions-Meßmaschine, deren gebräuchlichste Ausführung aus Abb. 99 ersichtlich ist.

Abb. 99. „Primesma"-Meßmaschine.

XV. Glanzchevreauleder.

Der Chevreaulederfabrikant hat sozusagen eine unbegrenzte Auswahl sein Rohmaterial betreffend. Der Ziegenbestand der Welt ist ein ungeheurer, was daraus ersichtlich ist, daß die Anzahl der Ziegenfelle, die allein für die Chevreaulederindustrie zusammengehäuft werden, schätzungsweise 60 Millionen jährlich beträgt. Vom Gesichtspunkte des Chevreaulederfabrikanten gibt es kein anderes Rohmaterial, dessen Qualität und Fehler in solchem Maße von der Beschaffungsquelle abhängt, wie dies bei Ziegenfellen der Fall ist.

In Amerika ist es allgemein üblich, daß der „Kidgerber" sich für ein oder zwei Sorten von Ziegenfellen spezialisiert und seine Fabrikation hierauf beschränkt; in England dagegen schenkt der Gerber seine Aufmerksamkeit nicht ausschließlich einer Fellsorte, sondern wechselt kontinuierlich die Auswahl seines Rohmaterials.

Die Ziegenfelle, die für die Chevreaulederfabrikation bestimmt sind, werden gewöhnlich unter den Namen der hauptsächlichsten Beschaffungsquellen, aber manchmal auch unter dem Namen des Exporthafens auf den Markt gebracht.

Für die Auswahl des Rohmaterials kommt einerseits die Beschaffenheit des nach Fertiggerbung erzielten Narbens in Betracht, ob dieser z. B. fein oder grob ausfällt, ob er eine bestimmte Zügigkeit oder ein festes Gefüge besitzt; andererseits kommen für die Beurteilung der Felle die folgenden wichtigen Faktoren in Betracht: die Form oder die Stellung der Haut, das Freisein von Beschädigungen, der von Insekten angerichtete Schaden, Narbenschäden durch Hautrisse, die Art der Schlachtung, „Fleischerschnitte" usw.

Es sei im folgenden die allgemeine Klassifikation der Ziegenfelle gegeben:

Ostindien	China	Südamerika
Patna	Tientsin	Mexikanische
Madras	Hankow	Brasilianische
Nordwest	Chow Chin	Curaçao
Amritsar		Bolivische
		Buenos Aires

Europa	Gewöhnlich als Mochas bezeichnete	Afrika	
Schweizerische	Arabische	Algierische	Abessinische
Spanische	Ghizan	Constantine	Nigerische
Deutsche	Konfidah	Mogador	Cape Town
Irländer	Jedda	Tangier	Natal
Hausziegen		Mogadiscio	Algoa Bay
		Berbera	

Angorafelle.

Für die Fabrikation von Glanzchevreauleder kann man das Rohmaterial nach seiner Qualität folgendermaßen einordnen:

1. Ostindische.
2. Südamerikanische.
3. Chinesische.
4. Nordafrikanische.
5. Arabische.

Die Behandlung der Felle seitens der Eingeborenen, die sie zu größeren Posten sammeln, übt einen bedeutenden Einfluß auf das Verhalten der Haut während der Fabrikation aus.

Nach der Art der Konservierung können die Felle folgendermaßen eingeteilt werden:

1. Scharf auf der Sonne getrocknet.
2. Mit salzhaltiger Erde belegt.
3. Trocken gesalzen.
4. Naß gesalzen.

Mit Ausnahme der letzteren, die jedoch verhältnismäßig selten geübt wird, ist die Konservierung durch trockenes Salzen am befriedigendsten.

Wie bereits erwähnt, variiert die Arbeitsmethode mit verschiedenen Fellsorten erheblich, was durchaus verständlich ist, wenn man bedenkt, daß z. B. ein scharf getrocknetes nordafrikanisches Fell sich anders verhält als eine trocken gesalzene „Nordwest"-Haut.

Um eine zusammenhängende Beschreibung für die Gerbmethode und Zurichtung von Glanzchevreauleder geben zu können, ist der Verfasser gezwungen, sich auf die Bearbeitungsmethode einer bestimmten Hautsorte zu beschränken. Der Verfasser wählt hierfür die auf der Sonne getrocknete Fellsorte nordafrikanischen Ursprungs.

Weichen. Zur Ausführung der Weichoperation von dieser Hautsorte ist die Zuhilfenahme von Chemikalien nicht zu vermeiden. Das beste Weichmittel ist hier nach des Verfassers Meinung das Ätznatron.

Nachdem man die Ware gewogen hat, legt man sie in die Weichgrube. Das Quantum des zum Weichen verwendeten Wassers soll am besten etwa 500% vom Gewicht der Felle betragen. Es ist ratsam, die Wassermenge womöglichst auf das Gewicht der Ware zu beziehen, damit die Konzentration der Weichflüssigkeit für jede Partie dieselbe ist.

Die Menge des Ätznatrons, die zum Weichen erforderlich ist, beträgt im allgemeinen $\frac{1}{2}$—1% vom Rohgewicht. Eine Hautpartie passender Größe besteht aus 500 Fellen.

Die erforderliche Menge von Ätznatron wird in dem obenerwähnten Quantum von Wasser gelöst, das Ganze gründlich durchmischt und die Felle so rasch wie möglich hineingelegt. Nach 1 oder 2 Stunden ist es vorteilhaft, die Felle aufzuschlagen und sie in die Grube zurückzuverlegen, wodurch ein günstiger Platzwechsel stattfindet. Die Felle bleiben über Nacht in der Grube und werden am nächsten Tage wiederum aufgeschlagen. Nach einer Weichperiode von 24 Stunden dürften die Felle ziemlich geschwollen und von einem weicheren Griffe sein.

Wenn das Weichen nicht befriedigend rasch vor sich geht, kann man eine weitere Menge an Ätznatron zusetzen. Nach etwa zweitägigem Weichen, wenn die Felle weich und mäßig geschwollen sind, setzt man sie in klares frisches Wasser über und beläßt sie so während 24 Stunden. Nach Ablauf dieser Zeit dürften die Felle genügend weich sein, um nun gewalkt werden zu können. Man läßt die Ware abtropfen, bringt sie in ein trockenes Walkfaß und walkt etwa 1 Stunde lang, um die Weichoperation zu vervollständigen. Wenn die Felle das Faß nicht in vollkommen geweichtem Zustande verlassen, so lege man sie für eine weitere Zeitdauer von 24 Stunden in reines Wasser.

Das Weichen von Ziegenfellen, insbesondere von scharf getrockneten, ist nicht ganz einfach durchzuführen, und es muß darauf geachtet werden, daß die Operation so rasch wie nur möglich beendet wird.

Der Zusatz von Ätznatron in vernünftigen Mengen ist ohne irgendwelche schädigende Gefahr für die Ware; er erleichtert die Freilegung der Faser, insbesondere bei auf der Sonne getrockneten Fellen, und setzt die Felle am nächsten in den Zustand zurück, in welchem sie kurz nach der Schlachtung verharrten.

Das Schwellen der Ware in der Natronlauge und das darauffolgende Verfallen im reinen Wasser trägt zu der Separation der Fasern bei, die durch das Trocknen bei den hohen Temperaturen und infolge der Verflüssigung der gelatinösen Hautsubstanz miteinander verklebt sind.

Anschwöden. Auf die Operation des Weichens folgt diejenige des Anschwödens. Nachdem die Felle gründlich durchweicht sind, werden sie vorteilhaft in Haufen gelegt, mit der Fleischseite nach oben; ein Haufen soll etwa fünf Dutzend Felle enthalten. Der Schwödebrei wird mittels Spritzapparat oder von Hand, mit Hilfe einer Bürste aus vegetabilischer Faser aufgetragen.

Bereitung des Schwödebreis. Man nehme 40 kg kristallisiertes Schwefelnatrium oder 20 kg geschmolzenes (konzentriertes) Schwefelnatrium und löse es in einem Faß von 200 Liter Inhalt in etwa 100 Liter Wasser. Man setze dann vorhergehend gelöschten Kalk hinzu, und zwar in einer solchen Menge, daß die Mischung eben die erwünschte Konsistenz besitzt. Der gelöschte Kalkbrei soll vor der Zugabe womöglich durch ein etwa 6 mm weitmaschiges Sieb filtriert werden. Die ganze Mischung wird dann zu 200 Liter aufgefüllt.

Die Felle werden auf der Fleischseite freigebig mit dem Schwödebrei bestrichen, dann über die Rückenlinie gefaltet, Fleisch- auf Fleischseite, und in eine trockene, saubere Grube gelegt.

Ist die ganze Warenpartie auf diese Weise behandelt, so beschwert man die Felle mittels Brettern, die man quer über sie legt und mit schweren Gewichten belastet; hierauf füllt man die Grube mit klarem Wasser auf.

Man beläßt die Felle in diesem Zustande zwei bis drei Tage lang, läßt dann die Brühe ablaufen und holt sie aus der Grube heraus. Das Enthaaren wird dann auf der Reihentisch-Enthaarmaschine (Fig. 26) vorgenommen.

Hierauf werden die Felle fertig geäschert, was am besten in der Haspel bewerkstelligt wird.

Äschern in der Haspel. Für je 100 kg enthaarter Felle lösche man 5 kg Kalk ab und setze diesem 3 kg Schwefelnatrium zu, das man zuvor in einer geringen Menge Wassers auflöst. Man lasse der Haspel genügend Wasser zufließen, lege die Felle hinein und lasse die gut durchgemischte Kalk-Sulfidlösung durch ein feines Drahtsieb zulaufen. Man läßt nun die Haspel während ungefähr 1 Stunde laufen und haspelt dann in Abständen von 2 Stunden je 15 Minuten lang den ganzen Tag über und läßt dann die Blößen über Nacht in der Haspel.

Nachdem man 2 Tage lang das Äschern auf die oben beschriebene Weise fortgeführt hat, bessert man die Brühe durch Zugabe von 2 kg Schwefelnatrium für je 100 kg Blöße zu und beläßt die Felle in dieser Lösung weitere 24 Stunden, unter zeitweiligem Haspeln, wie oben angedeutet.

Nach Ablauf dieser Zeit dürften die Blößen genügend geschwollen und gut durchgeäschert sein, so daß sie aus der Haspel gezogen werden können. Es ist ratsam, die Blößen vor dem Entfleischen von dem überschüssigen Schwefelnatrium zu befreien, was man durch Spülen mit Wasser oder am besten durch Haspeln oder Walken in fließendem Wasser während 15—30 Minuten bewirkt. Das Entfleischen erfolgt auf der Maschine, wonach die Felle zum Entkälken bereit sind.

Entkälken. Man bedient sich für diesen Zweck vorteilhaft einer großen, mit klarem Wasser gefüllten Waschhaspel (Abb. 29), in die man die Felle hineinsetzt, worauf man sie unter reichlichem Zufluß von Wasser etwa 2 Stunden lang haspelt. Wenn das Waschwasser klar geworden ist und keine scharfe alkalische Reaktion mehr zeigt, kann man zwecks Neutralisation des in den Blößen verbliebenen Kalkes eine geringe Menge an Salzsäure zufügen. Eine angemessene Quantität von Handelssalzsäure beträgt etwa $1\frac{1}{2}$—2% vom Gewicht der entfleischten

Ware. Die Salzsäure wird in verdünnter Form dem Haspelinhalt zugesetzt und die Felle etwa 1 Stunde lang in dieser schwachen Säurelösung bewegt; dann läßt man frisches Wasser zulaufen und wäscht die Blößen während einer weiteren Stunde unter ständigem Zulauf von klarem Wasser, dessen Temperatur man, insofern dies durchführbar ist, gegen das Ende der Operation auf etwa 35⁰ C erhöht. Nach dieser Operation sind die Blößen zum Beizen bereit.

Beizen. Für je 100 kg Blößen nehme man 0,75 kg einer Pankreasbeize, wie Oropon, Pankreol usw., das man in Wasser von 33⁰ C auflöst. Man fülle die Haspel auf etwa ein Drittel ihres Inhaltes mit Wasser von 36—37⁰ C und füge das gelöste künstliche Beizmittel zu. Man setze nun 1 oder 2 Eimer voll vergorenen Hundekotaufgusses zu und lasse die Mischung über Nacht stehen. Am nächsten Tage wärme man die Brühe auf 35⁰ C an, lege die gut gewaschenen Felle hinein und haspele 1 oder 2 Stunden lang oder jedenfalls so lange, bis die Blößen befriedigend verfallen sind.

Die so bereitete Beizflüssigkeit kann unter jeweiliger Zubesserung an Beizmittel und an etwas filtriertem Hundekotaufguß für mehrere Partien Anwendung finden.

Nachdem die Felle gut gebeizt worden sind, werden sie aus der Haspel gezogen und vorteilhaft sogleich ausgestrichen. Das Ausstreichen wird manchmal aus Gründen der Sparsamkeit vernachlässigt; es ist aber sehr zweifelhaft, ob man durch das Unterlassen dieser Operation einen Gewinn erzielt, da doch beim Zurichten die hierfür notwendige Arbeit sicherlich größer und schwieriger sein wird als das Ausstreichen der Felle in diesem Zustande; das Ausstreichen kann ferner verhältnismäßig rasch auf der Maschine bewerkstelligt werden. — Auf diese Operation folgt nun das Pickeln.

Pickeln. Für je 100 kg gebeizter Felle bringe man 20 kg Salz und 100 Liter Wasser in ein Walkfaß von passender Größe. Man füge dann 1 kg konzentrierte Schwefelsäure durch die hohle Achse zu und lasse das Faß laufen, bis das Salz vollständig gelöst ist, worauf man die Felle so rasch wie möglich hineinlegt und nach einem Walken von 10 Minuten eine weitere Menge von 1 kg Schwefelsäure zufließen läßt, die man aber diesmal vorher mit etwa 2 Liter kaltem Wasser vorsichtig verdünnt. Man walkt insgesamt 1 Stunde lang und schreitet dann zum Gerbprozeß.

Gerben. — Erstes Bad. Nach dem hier vorgeschlagenen Verfahren folgt das Gerben unmittelbar auf das Pickeln. Die erforderliche Menge von Natriumbichromat wird der oben beschriebenen Pickellösung zugesetzt und das Walken so lange fortgeführt, bis die Chromsäure die Haut vollständig durchdrungen hat; dies wird nach etwa $2\frac{1}{2}$ Stunden der Fall sein.

Man nimmt etwa 6 kg Natriumbichromat, das man zuvor in wenig Wasser löst, und läßt es der Pickellösung nach vollendetem Pickeln durch die hohle Achse des Fasses zulaufen.

Wenn die durch die Schwefelsäure des Pickels frei gemachte Chromsäure die Felle selbst in den dicksten Partien vollständig durchgebissen hat, zieht man die Felle aus dem Faß und schlägt sie auf den Bock, wo sie zum Abtropfen über Nacht verbleiben. Am nächsten Morgen werden die Felle auf der vertikalen Tischmaschine (Abb. 35) ausgesetzt und können dem zweiten Bade zugeführt werden.

Zweites Bad. Man nimmt die Reduktion am besten in der Haspel vor. Für die erste Warenpartie bereite man das Reduktionsbad durch Auflösen von 20 kg Natriumthiosulfat für je 100 kg Blößen in einer genügenden Menge Wassers, damit die Felle in der Haspel gut bedeckt werden. Man nehme dann 4 kg Schwefelsäure und verdünne diese mit kaltem Wasser in einem Gefäß, das sich in der Nähe der Haspel befindet.

Der klaren Thiosulfatlösung setze man ungefähr ein Drittel der verdünnten Schwefelsäure zu, mische das Reduktionsbad in der Haspel gut durch und lege die Felle so rasch wie möglich hinein, sobald man durch die leichte Opaleszenz der Lösung wahrnimmt, daß die Reaktion im Gange ist. Unmittelbar nach dem Einlegen der letzten Haut setze man das zweite Drittel der Schwefelsäure zu, vorsichtig, daß sie mit den Fellen nicht in direkten Kontakt kommt, hasple 1 Stunde lang und lasse dann das letzte Drittel der Schwefelsäure zufließen. Man fährt nun mit dem Haspeln etwa eine weitere Stunde lang fort, oder so lange, bis die Chromsäure vollständig in das blaue basische Chromsalz reduziert worden ist. Die Felle bleiben über Nacht im Reduktionsbad.

Man überzeugt sich am nächsten Tag durch die einfache Kochprobe, ob die Gerbung eine vollständige ist, und wenn das Leder die Kochprobe ohne nennenswerte Schrumpfung gut besteht, wird es auf den Bock geschlagen, damit es abtropft. Als Vorbereitung für das Falzen wird das Leder noch ausgepreßt und trocken gewalkt.

Nachdem man das Leder so in einen passenden Zustand versetzt hat, kann das Falzen erfolgen. Nach dieser Operation nimmt man das Waschen und Neutralisieren vor.

Waschen und Neutralisieren. Die Ware wird nach dem Falzen gewogen und in das Waschfaß gebracht. Das Waschen wird am besten in fließendem Wasser von 45° C während etwa ½ Stunde bewerkstelligt.

Inzwischen löst man für je 100 kg Falzgewicht 2 kg Borax oder 0,6 kg kalzinierte Soda in einer angemessenen Menge warmen Wassers auf.

Die Borax- oder Sodalösung wird durch die hohle Achse dem Fasse zugegeben, das zuvor mit einer genügenden Menge von Wasser von 45° C gefüllt worden ist. Man walkt das Leder etwa ³/₄ Stunde lang und überzeugt sich dann durch Prüfen mit Lackmuspapier, ob sich dasselbe in einer befriedigend neutralen Kondition befindet. Wenn das erwünschte Resultat erreicht ist, läßt man das Neutralisationsbad während des Walkens ablaufen und wäscht die Felle mit heißem Wasser von etwa 45—50⁰ C, das durch die hohle Achse zuläuft, bis die bei der Neutralisation gebildeten Salze vollständig entfernt sind. Hierauf können die Leder gefärbt werden.

Färben. Das Färben erfolgt am passendsten in demselben Walkfaß, das zum Waschen und Neutralisieren gedient hat, falls dieses eine passende Vorrichtung besitzt, um die erschöpften Brühen bzw. die Waschwässer ablaufen zu lassen, ohne daß die Felle herausgezogen werden müssen.

Man füllt das Faß mit Wasser von 55⁰ C und setzt die Farbstofflösung zu, die man auf folgende Weise bereitet:

Für je 100 kg Falzgewicht löst man

2,5 kg Hämatinkristalle und
1,0 ,, Nigrosin

in einer angemessenen Menge kochenden Wassers.

Man gebe dann diesen Farbstoffen 100 g konzentrierte Ammoniaklösung zu, mische das Ganze gründlich durch und lasse es dem rotierenden Faß durch die hohle Achse zulaufen.

Man walkt die Leder etwa $^3/_4$ Stunde lang. Nach Ablauf dieser Zeit setzt man als Nuancierungsmittel eine Lösung von

½ kg Kaliumtitanoxalat

zu und walkt weitere 15 Minuten.

Fettlickern. Wenn man den Fettlicker ohne Entleerung des Fasses dem erschöpften Farbbad zusetzen will, so lasse man etwa zwei Drittel der erschöpften Farbflotte ablaufen und gebe erst dann die Fettemulsion zu.

Für je 100 kg Falzgewicht emulgiert man auf einmal

1 kg neutrale Schmierseife (Kaliseife)
1,5 ,, Klauenöl
0,5 ,, sufuriertes Öl.

Man walkt die Ware in diesem Fettlicker etwa 1 Stunde lang.

Sobald der Fettlicker vollständig absorbiert ist, zieht man das Leder aus dem Faß und schlägt es auf den Bock, wo es nachts über verbleibt. Am nächsten Tage wird das Leder auf einer Gummiwalzen-Ausreckmaschine oder auf der vertikalen Tisch-Ausreckmaschine ausgereckt und der Trockenanlage zugeführt.

Anfeuchten und Stollen. Nach vollendeter Trocknung läßt man das Leder vorteilhaft etwa 1 Woche lang lagern, bevor man es anfeuchtet und stollt. Das Anfeuchten kann ausgeführt werden entweder durch Bespritzen der Ware, die man dann mit einer wasserdichten Decke bedeckt und im Haufen liegenläßt, oder durch Einlegen in Sägespäne von passender Feuchtigkeit auf etwa 24 Stunden. In jedem Falle muß die Ware gleichmäßig und genügend durchfeuchtet sein, um die Operation des Stollens wirksam ausführen zu können.

Das Leder wird hierauf auf der Maschine (Abb. 73) gestollt, auf der Fleischseite abgeschliffen oder abgebimst und dann zum Trocknen aufgehängt. Das getrocknete Leder wird nun zum zweiten Male gestollt und kann dann weiter zugerichtet werden.

Reinigen des Narbens und Appretieren. Man bürste das Leder auf der Narbenseite mit folgender Lösung ab:

2,5 kg Milchsäure werden mit 50 Liter Wasser verdünnt, in welchem man zuvor 60 g Natriumbichromat gelöst hat.

Die vorstehende Lösung wird in die Narbe eingerieben, worauf man das Leder zwecks Trocknen aufhängt.

Die Appretur bereitet man am passendsten wie folgt:
Man löse:

$$\frac{1}{2} \text{ kg Hämatinkristalle und}$$
$$250 \text{ g Nigrosinkristalle}$$

in 25 Liter Wasser.

Man löse gesondert:

$$1 \text{ kg Blutalbuminschuppen}$$
$$\text{oder } \frac{1}{2} \text{ ,, Eialbumin und}$$
$$190 \text{ g eingeweichtes Kasein}$$

in 25 Liter lauwarmem Wasser.

Man schöpfe die etwa ungelöst gebliebene Substanz ab, mische die beiden Lösungen gut zusammen, setze dann

$$125 \text{ g Glyzerin und}$$
$$125 \text{ ,, Karbolsäure}$$

zu und fülle das Ganze zu 50 Liter auf.

Das Appretieren erfolgt am besten auf der Maschine. Nach dem Appretieren werden die Leder entweder zwecks Trocknen aufgehängt oder in einem Trockenapparat getrocknet.

Glanzstoßen. Die Narbenfläche wird auf der Glanzstoßmaschine (Abb. 88) zweimal bearbeitet. Es ist von Vorteil, das Leder hierauf wiederholt zu stollen, zu appretieren, zu trocknen und den letzten Hochglanz mit dem möglichst kleinsten Drucke auf der Maschine hervorzurufen.

Fertigmachen. Zum Schluß wird das Leder entweder von Hand oder mit der Maschine (Abb. 97) gebügelt. Man gibt noch einen leichten Belag mit einem warmen, dünnen Mineralöl, worauf das Leder auf der Meßmaschine (Abb. 99) gemessen wird. Das Sortieren und Bündeln zum Verkauf beendet die Operation.

Abb. 100. Glanzstoßen von Chevreauleder.

XVI. Chromgares Rindboxleder.

Diese Ledersorte wird heute gewöhnlich aus Arsenikkipsen, auf der
Sonne getrockneten oder aus trocken gesalzenen Häuten hergestellt.
Zur Fabrikation von Rindboxleder bedient man sich meistens der
Hautsorten, die aus den tropischen Ländern importiert werden, da eine
große Anzahl derselben für die Herstellung von schwarzem Rindbox,
als guter Ersatz für Boxkalb, sehr gut geeignet ist.

Die hauptsächlichen Bezugsquellen sind die folgenden:

China und Java:	Trockene Arsenikhäute
Ostindien, „Daccas“:	Einheimische gesalzene Häute
Agras:	Sonnentrockene und Arsenikhäute
Abessinien:	Sonnentrockene und mit Meersalz konservierte Häute
Mombassa:	Sonnentrockene Häute
Algier:	Sonnentrockene Häute.

Die oben aufgezählten Hautsorten gehören zu denjenigen, die dem
Chromgerber im Laufe der Fabrikation am meisten Schwierigkeiten
machen. Da diese Hautsorten gewöhnlich auf der tropischen Sonne
getrocknet werden, ist die Fäulnisgefahr, sei es vor oder während des
Trocknens, außerordentlich groß, und eine teilweise Verflüssigung der
gelatinösen Hautsubstanz beinahe unvermeidlich.

Weichen. Das durchgehende Aufweichen dieser Rohware ist
von hervorragender Bedeutung für das Gelingen der übrigen Operationen. Wie bereits erwähnt, bietet dies Schwierigkeiten infolge der
Behandlungsweise, die diese Warensorte in ihrem Ursprungslande
erlitten hat.

Das Weichen dieser Häute ohne Zuhilfenahme von Chemikalien ist
in den meisten Fällen fast undurchführbar; wenn man die Weichoperation zu weit hinausdehnt, hat man eine erhebliche Bakterien-
wirkung zu befürchten.

In den achtziger Jahren bestand die Behandlungsweise dieses
Rohmaterials durchgehend darin, daß man die Weichoperation in einer
Brühe vornahm, die bereits für eine große Anzahl von Warenpartien
gedient hat. Eine solche Brühe besitzt in der Tat eine sehr rasche
Weichwirkung, die dem hohen Bakteriengehalt der Flüssigkeit zuzuschreiben ist. Es wäre unheilvoll, eine solche Weichbrühe für chromgares Leder in Anwendung zu bringen, denn obwohl das Weichen rasch
durchgeführt werden kann, würde der Verlust an Hautsubstanz unvermeidlich ein losnarbiges Leder resultieren.

Die befriedigendste Methode besteht in der Anwendung von ver-
dünnten Lösungen mancher Chemikalien, die eine ausgesprochene
Schwellwirkung besitzen; der Gebrauch von Säuren wurde für diesen
Zweck vielfach empfohlen.

Das meist gebrauchte chemische Hilfsmittel ist das Schwefelnatrium.

Wie in früheren Kapiteln bereits erwähnt, ist die Verwendung des Schwefelnatriums als Weichmittel darauf begründet, daß dieses in wässeriger Lösung in Natriumsulfhydrat und *Natronlauge* dissoziiert, wobei allein diesem letzteren die Schwellwirkung zuzuschreiben ist. Auf Grund dieser Tatsache verwendet der Verfasser mit Vorliebe das Schwefelnatrium für diesen Zweck.

Die Menge dieses Salzes wird am besten auf das Trockengewicht der Rohware bezogen. Die anzuwendende Menge soll genügen, um ein leichtes Aufwinden an den Rändern der Häute hervorzurufen, nachdem diese gut durchgeäschert worden sind. Es ist schwierig, eine bestimmte Quantität vorzuschreiben, da dieselbe von der Temperatur und von der Art des ursprünglichen Trocknens abhängig ist, d. h. ob man mit einer scharf getrockneten, einer gesalzenen oder mit einer Arsenikhaut zu tun hat. Allgemein gesprochen beträgt die anzuwendende Menge Schwefelnatriums 2—5% vom Rohgewicht der Ware.

Das Weichen von getrockneten Häuten. Die Weichoperation wird wie folgt ausgeführt:

Einer sauberen Grube, die mit genügend Wasser gefüllt ist, setzt man etwa ein Viertel der für das Weichen erforderlichen Natronlauge zu (d. h. etwa $\frac{1}{2}$% vom Hautgewicht) und mischt die Lösung gründlich durch.

Die Ware wird so schnell wie möglich in die Grube hineingelegt und 3—4 Stunden lang darin belassen, worauf man sie aufschlägt; dann fügt man der Äscherbrühe ein weiteres Viertel der berechneten Menge an Natronlauge zu, setzt die Häute in die Grube zurück und beläßt sie darin über Nacht.

Nach 24stündigem Weichen dürften die Häute beginnen, merklich weich zu werden. Wenn das Weichen so weit fortgeschritten ist, daß die Häute beim Falten wenig Tendenz zum Zurückspringen zeigen, so setzt man sie in ein Waschfaß über und walkt sie trocken zwecks Erleichterung der Weichoperation.

Es muß sorgfältig darauf geachtet werden, daß die Häute nicht eher gewalkt werden, bevor sie nicht genügend erweicht sind, sonst hat man es zu befürchten, daß diese etwas kräftige Beanspruchung der Häute ein Brüchigwerden der Narbe hervorruft. Das Walken soll nicht allzu lange ausgedehnt werden, und man setze hierbei vorteilhaft eine kleine Menge an Wasser zu, wodurch man die oben geschilderte Gefahr, die Beschädigung der Ware betreffend, herabsetzen kann.

Nach dem Walken, das etwa 30—45 Minuten in Anspruch nimmt, legt man die Felle in die Weichbrühe zurück, die man inzwischen mit dem dritten Viertel der Natronlauge zugebessert hat.

Man fährt so etwa 5—6 Stunden lang mit dem Weichen fort, schlägt dann die Häute wiederum auf und bessert die Lösung, falls dies nötig sein sollte, mit dem verbleibenden Viertel der Natronlauge zu. Man weicht so 48 Stunden lang, walkt trocken die Häute zum zweiten Male während 30—45 Minuten und legt sie dann für 24 Stunden in reines Wasser, bis sie vollständig erweicht sind.

Wenn die Weichoperation mit Erfolg durchgeführt worden ist, werden die Häute in Hälften geschnitten und können dann vorteilhaft „grün" auf der Maschine entfleischt werden. Sollten die Häute nach dem Entfleischen noch nicht genügend weich sein, so lege man sie in reines Wasser oder in eine klare, verdünnte Ätznatronlösung für weitere 24 Stunden zurück.

Das Entfleischen in diesem Stadium ist außerordentlich zu empfehlen. Die meisten dieser Häute besitzen auf ihrer Fleischseite einen Belag, der nebst dem anhaftenden Fleisch und Fett durch das Entfleischen mit entfernt wird; diese Arbeitsweise erleichtert und beschleunigt erheblich die Äscheroperation, da die Kalk-Schwefelnatriummischung nun leicht in das Innere der Haut eindringen kann.

Äschern. Die Behandlungsweise dieses Rohmaterials im Äscherprozeß ist außerordentlichen Variationen unterworfen.

Der Verfasser zieht folgendes Verfahren vor: Die Häute kommen zunächst in eine mäßig starke Lösung von Kalk und Schwefelnatrium, die in Zeitabständen durch weitere Zusätze verstärkt wird; hierauf werden die Häute enthaart und schließlich zwecks Vervollständigung des Äscherprozesses in eine frische, starke Kalklösung gebracht.

Der genauere Vorgang dieser Arbeitsweise wird im folgenden beschrieben:

Für je 1000 kg Weichgewicht lösche man 56 kg Kalk ab und setze diesen in eine Grube, die genügend Wasser enthält, um die Häute reichlich zu bedecken.

Dann gebe man 28 kg zuvor gelöstes kristallisiertes Schwefelnatrium zu, mische die Brühe gründlich durch und setze die Häute möglichst rasch hinein. Nach Ablauf von 24 Stunden werden die Häute aufgeschlagen und nach gründlichem Aufrühren der Äscherflüssigkeit in dieselbe zurückversetzt.

Nach Ablauf von insgesamt 2 Tagen verstärke man die Brühe durch Zusatz von weiteren 56 kg Kalkes und 28 kg kristallisierten Schwefelnatriums und belasse die Häute weitere 2 Tage in der Brühe, wobei man sie in je 24 Stunden einmal aufschlägt.

Am Ende dieser Zeitperiode dürften die Häute gut geschwollen sein und wird auch das Haar eine breiartige Konsistenz angenommen haben. Man legt nun die Häute in ein Walkfaß und befreit sie vom Haar durch Walken in reinem fließenden Wasser; hierauf setzt man sie in eine Lösung von 112 kg Kalk zurück, den man zuvor ablöscht und mit einer hinreichenden Menge Wassers verdünnt. Die Ware verbleibt weitere 2 Tage in dieser frischen Kalklösung, sie wird also insgesamt 6 Tage lang geäschert, oder jedenfalls so lange, bis sie gut geschwollen und völlig durchgeäschert ist.

Für die Behandlung der nächsten Warenpartie nimmt man diese letztgebrauchte Kalklösung als Anfangsbrühe für den Äscherprozeß, indem man dieser 28 kg Schwefelnatrium zusetzt, bevor die Häute eingelegt werden; nach zweitägigem Äschern wird diese Brühe zugebessert, die Häute weitere 2 Tage darin belassen, dann enthaart und schließlich, wie oben beschrieben, in eine frische Kalkbrühe verlegt.

Nach vollständig beendetem Äschern legt man die Häute in ein Waschfaß, wäscht sie etwa 10 Minuten lang in kaltem, fließendem Wasser, legt sie dann in Haufen und läßt sie 24 Stunden liegen, bevor man sie spaltet.

Man spaltet die Häute auf der Bandmesserspaltmaschine auf die erwünschte Dicke und streicht sie nachher aus.

Das Ausstreichen kann von Hand und auf der Maschine erfolgen. Der Verfasser zieht persönlich die Handarbeit vor. Unter den verschiedenen Gerbern wird diese Operation etwas verschiedentlich vorgenommen: manche führen die Operation des Ausstreichens vor dem Spalten aus, andere bewerkstelligen sie nach dem Spalten; andere wieder ziehen es vor, das Ausstreichen erst nach dem Entkälken vorzunehmen.

Es soll darauf hingewiesen werden, daß, im Falle das Entkälken mit schwach sauren Lösungen durchgeführt wird, die Grundhaare auf der Haut fixiert oder in diese hineingestrichen werden und das Ausstreichen folglich bei weitem nicht so befriedigend durchgeführt werden kann, wie dies mit einer alkalisch geäscherten Haut der Fall ist.

Waschen und Entkälken. Nach dem Ausstreichen können die Häute gewaschen und entkälkt werden. Die Operation wird entweder im Faß oder in der Haspel ausgeführt; der Verfasser zieht die letztere Arbeitsweise vor.

Man füllt zu diesem Zwecke ein großes Haspelgefäß mit Wasser von 24° C, dem man etwas Kalkmilch zusetzt, um die temporäre Härte des Wassers auszugleichen. Die Häute werden nun eingeführt und in fließendem Wasser etwa 1—2 Stunden lang gehaspelt, bis das Waschwasser praktisch klar ist; die Temperatur des Wassers wird dann stufenweise auf 35° C erhöht, das Haspeln eine weitere halbe Stunde fortgesetzt und die Häute dann herausgezogen; man läßt das Waschwasser ablaufen und füllt die Haspel mit frischem Wasser auf.

Inzwischen bereite man eine Auflösung einer passenden künstlichen Beize, wie Oropon, Pankreol usw. — etwa 0,5 kg für je 100 kg Blößengewicht in einer hinreichenden Menge Wassers.

Man hasple die Häute ½ Stunde lang in dieser Beizlösung, unterbreche das Haspeln für etwa 1 Stunde und hasple dann wieder 30 Minuten lang. Man setze dieses zeitweise Haspeln 2—4 Stunden lang fort, bis die Häute vollständig von Kalk befreit sind, worauf man dieselben herauszieht und abtropfen läßt. Hierauf folgt das Pickeln.

Pickeln. Für je 100 kg Blößen fülle man das Faß mit

200 l Wasser

und setze diesem

10 kg Salz und
0,5 ,, Schwefelsäure

zu.

Die Häute werden so rasch wie möglich in das Faß gebracht und dieses in Bewegung versetzt; unmittelbar darauf läßt man eine weitere Menge von 0,5 kg Schwefelsäure, die zuvor mit etwa 10 Liter Wasser verdünnt worden ist, durch die hohle Achse in das Faß laufen.

Man walkt die Häute in der Pickellösung etwa ³/₄ Stunde lang, schlägt sie dann auf den Bock und läßt sie über Nacht abtropfen. Am nächsten Tage kann man dann zum Gerben übergehen.

Gerben. Für je 100 kg Haut (Pickelgewicht) setze man 11 kg Salz mit etwa 200 Liter Wasser in das Gerbfaß.

Nachdem das Salz gelöst ist, werden die Häute eingelegt und 5—10 Minuten lang gewalkt, damit die Falten, die durch das Liegen auf dem Bock nachtsüber entstanden sind, entfernt werden.

Ein Fünftel der für die gesamte Gerbung in Rechnung gezogenen Chrombrühe wird durch die hohle Achse dem rotierenden Fasse zugegeben. Nach Ablauf von 1 Stunde wird ein weiteres Fünftel der berechneten Chrombrühe zugesetzt, das Walken auf weitere 2 Stunden ausgedehnt und dann wiederum ein Fünftel der konzentrierten Chromlösung zugegeben. Man läßt das Faß weitere 2 Stunden laufen, gibt das viertemal die obige Portion der Chrombrühe zu und läßt nach einem Zeitabstand von weiteren 2 Stunden das letzte Fünftel der Chromlösung zufließen, das man wiederum 2 Stunden lang einwirken läßt.

Die gesamte Gerbdauer beträgt somit nach diesem Verfahren 9 Stunden, wonach die Häute gut ausgegerbt sein müssen.

Im Laufe dieser Operation empfiehlt es sich, das Faß von Zeit zu Zeit zu lüften und das Walken nicht kontinuierlich, sondern in Zeitabständen zu bewerkstelligen, damit man jede Gefahr vermeidet, die durch eine Temperaturerhöhung, verursacht durch die Reibung usw., entstehen kann.

Die zur Ausgerbung dieser Hautsorte zu verwendende Chrombrühe stellt man aus angesäuertem Bichromat durch Reduktion mit Glukose, **wie folgt dar:**

Man löse 100 kg Natriumbichromat in etwa 150 Liter Wasser in einem mit Blei ausgekleideten Gefäß. Man setze diesem 95 kg Handelsschwefelsäure zu und mische die Lösung gut durch. Zur Reduktion verwende man 25 kg Glukosespäne, die langsam der Chromlösung zuzufügen sind. Nach vollendeter Reduktion, nachdem die Reaktion aufgehört hat, fülle man das Ganze zu 500 Liter auf.

Für je 100 kg Blößen sind aus dieser Stammbrühe je 30—35 Liter in Anwendung zu bringen. Die Basizitätszahl dieser Brühe wird in der Nähe von 42% sein, nach der Schorlemmerschen Ausdrucksweise, oder $x = 83$, nach der englischen Ausdrucksweise[1]).

Wenn die Gerbung so weit fortgeschritten ist, daß die oben angeführte Zeitdauer zu ihrem Ende kommt, stelle man das Faß ab und nehme einen Schnitt vom dicksten Ende des Leders. Dieser Schnitt wird mit Wasser etwas abgespült und der Kochprobe unterworfen, damit man sieht, ob das Stückchen dieser Probe ohne nennenswerte Schrumpfung widersteht. Sollte eine Schrumpfung stattfinden, so ist es klar, daß die Gerbbrühe nicht genügend basisch war; in diesem Falle fügt man dem rotierenden Faß noch eine kleine Menge, etwa 250 g Waschsoda oder 100 g kalzinierte Soda für je 100 kg Blößen zu, die man zuvor in wenig Wasser löst, und fährt mit dem Walken eine weitere Zeit lang fort, worauf man die Kochprobe erneut vornimmt.

Fällt diese Probe zufriedenstellend aus, so läßt man die Leder über Nacht in der Brühe liegen, zieht sie am anderen Morgen heraus und schlägt sie auf Böcke, nachdem man sie noch etwa 30—60 Minuten lang gewalkt hat; man läßt die Leder 1 oder 2 Tage lang abtropfen, damit sie für die Falzoperation in einen günstigen Zustand kommen.

Nachdem die Häute gut abgetropft sind, werden sie entweder abgewelkt oder gepreßt und gewalkt, um sie in den halbtrockenen Zustand zu versetzen, der für das Gelingen der Falzoperation erforderlich ist.

Falzen. Das Falzen dieser Ledersorte erfolgt am besten auf der doppeltbreiten Falzmaschine (Abb. 40).

Nach ausgeführtem Falzen kommen die Leder in die Abteilung, wo das Waschen, Neutralisieren, Färben und Fettlickern erfolgt.

Waschen und Neutralisieren. Nachdem man das Gewicht der gefalzten Leder festgestellt hat, legt man sie in ein Faß, das mit Wasser von 54°C gefüllt ist, und walkt sie, vorteilhaft in warmem fließenden Wasser, ½ Stunde lang.

Inzwischen löst man für je 100 kg Leder 2 kg Borax in einem Holzgefäß, das in der Nähe des Fasses, das zum Waschen und Neutralisieren dient, aufgestellt ist.

---

[1]) Siehe S. 93.

Man füllt das Faß mit Wasser von 50⁰ C und läßt die Hälfte der
Boraxlösung durch die hohle Achse zulaufen. Man walkt die Leder
in dieser Lösung während ½ Stunde, setzt dann die Hälfte der verbleibenden Boraxlösung zu, fährt mit dem Walken noch weitere 15 Minuten lang fort und prüft dann das Leder mit Hilfe von Lackmuspapier.
Wenn die Neutralisation als eine unvollständige befunden wird, so setzt
man den Rest der Boraxlösung zu und walkt weitere 15 Minuten; nun
prüft man wieder mit Lackmuspapier und läßt — falls diese Probe zufriedenstellend ausfällt — die Brühe ablaufen und wäscht das Leder
wiederum mit heißem Wasser von 54—60⁰ C während 15—20 Minuten
lang. Nun kann das Färben erfolgen.

Färben. Für je 100 kg Falzgewicht löse man

2 kg Hämatinkristalle
1,5 ,, Nigrosinkristalle

und füge dieser Lösung

100 g Ammoniaklösung

zu.

Man füllt das Faß mit Wasser von 60⁰ C und läßt die schwach
alkalische Lösung von Hämatin und Nigrosin durch die hohle Achse
zulaufen; die Leder werden ³/₄ Stunde lang in dieser Lösung gewalkt,
worauf man

250 g Kaliumtitanoxalat,

gelöst in etwas Wasser, durch die hohle Achse zufließen läßt und während
15 Minuten weiter walkt. Hierauf werden die Leder herausgezogen,
auf den Block geschlagen, abtropfen gelassen und vor dem Fettlickern
womöglichst noch ausgepreßt.

Fettlickern. Wie früher schon beschrieben, führt man das Fettlickern am besten in einem heizbaren Schmierfaß aus (Abb. 50 und 51).
Die gepreßten oder gut abgetropften Leder werden 15 Minuten lang in
einem solchen Faß gewalkt, durch welches man heiße Luft von 70⁰ C
zirkulieren läßt, damit die Leder gründlich durchgewärmt werden.
Hierauf wird der konzentrierte Fettlicker durch die hohle Achse zu-
gegossen.

Für je 100 kg Leder vermische man:

2 kg lösliches Mineralöl
2 ,, Rizinusöl

und verdünne dieses Gemisch mit 20 Liter Wasser von etwa 70⁰ C.

Das Walken wird nach Zugabe des Fettlickers etwa ½ Stunde lang
fortgesetzt, oder jedenfalls so lange, bis der gesamte Fettlicker absorbiert worden ist, worauf man das Faß entleert, die Leder über Nacht
auf Böcken liegenläßt, morgens auf einer gummiwalzenen Ausreckmaschine (Abb. 36) ausreckt und aufhängt, damit sie zum Aussetzen
genügend trocken werden; diese letztere Operation wird auf der hori-

zontalen Tischmaschine (Abb. 52) ausgeführt. Die Leder werden hierauf in einem Heißdampfraum oder in einer Trockenmaschine getrocknet.

Die trockenen Leder werden vor dem Stollen 1 oder 2 Tage lang in einer kalten Atmosphäre gehalten und dann angefeuchtet, indem man sie entweder mit Wasser bespritzt, in Haufen legt und mit einem Teertuch bedeckt, oder indem man sie in feuchtes Sägemehl einlegt.

Wenn die Leder genügend und gleichmäßig durchfeuchtet sind, können sie gestollt werden. Nach zufriedenstellender Durchführung der Stolloperation werden die Leder aufgenagelt und in gespanntem Zustande getrocknet.

Nach dem Trocknen werden die Leder zum zweiten Male gestollt und — falls dies nicht schon nach dem ersten Stollen stattfand — mit der Schleifmaschine auf der Fleischseite abgeschliffen. Nun kann das Reinigen des Narbens und das Appretieren erfolgen.

Reinigen des Narbens. Man behandelt das Leder mit folgendem Gemisch:

1,5 kg Milchsäure werden mit 50 Liter Wasser verdünnt, in welchem man zuvor 125 g Natriumbichromat gelöst hat. Diese Lösung wird entweder von Hand oder mit Hilfe einer Appretiermaschine (Abb. 83 bis 86) aufgetragen.

Nach dieser Operation werden die Leder an den Halsenden aufgehängt und getrocknet. Hierauf folgt das Appretieren.

Appretieren. Man löse

1 kg Blutalbuminschuppen und
190 g   Glyzerin

in 25 Liter Wasser.

Man lasse dieses Gemisch über Nacht einweichen und schöpfe dann den ungelösten Anteil ab.

Man löse gesondert:

250 g Orangeschellack

in 5 Liter Wasser, zu welchem man 190 g Ammoniak zugegeben hat.

250 g Nigrosinkristalle

werden ebenfalls separat in 5 Liter kochenden Wassers gelöst und erkalten gelassen.

Die drei Lösungen werden nun gut miteinander vermischt und das Ganze zu 50 Liter aufgefüllt.

Man trägt die Appretur am besten mit der Maschine auf, läßt die Leder trocknen und nimmt dann das Glanzstoßen vor.

Die Leder werden auf einer Glanzstoßmaschine mit horizontalem Tische zweimal glanzgestoßen, auf der Krispelmaschine gekrispelt und womöglichst wiederum appretiert, glanzgestoßen, gekrispelt und auf einer Preßmaschine, die mit einer polierten Platte versehen ist, gebügelt (Abb. 95—96). Schließlich werden die Leder mit einem Gemisch gleicher

Abb. 101. Abölmaschine und kontinuierliche Trockenanlage.

Mengen von Walratöl und Mineralöl abgeölt, was mit der Maschine oder von Hand bewerkstelligt werden kann, worauf sie gemessen, sortiert und gebündelt werden können.

XVII. Farbiges Boxkalbleder.

In der Fabrikation von schwarzem oder farbigem Boxkalbleder steht dem Gerber eine große Auswahl an Rohmaterial zur Verfügung, die sich von der frisch geschlachteten Ware bis zu den tropischen oder halbtropischen Provenienzen erstreckt.

Das beste Chromkalbleder wird aus frisch geschlachteten Fellen, das zweitbeste aus naß gesalzener Ware hergestellt; die Qualität des fertigen Leders büßt aber an Wert ein, wenn man trocken gesalzene oder scharf getrocknete Ware als Rohmaterial verwendet. Für die Erzeugung von Boxkalbleder allererster Qualität eignet sich am besten das Fell eines Tieres, das speziell auf Kalbfleisch mit Milch und mehligen Substanzen ernährt worden ist. Das Futter des Tieres hat in der Tat einen bedeutenden Einfluß auf die Qualität der Haut. Das Fell eines Kalbes, das auf Grünfutter gehalten wurde, liefert ein dünneres Leder mit groberem Narben als die Haut eines Tieres, das mit Milch, Hafermehl oder ähnlichem gefüttert wurde. Infolgedessen sind die Felle aus solchen Ländern, wo das Kalbfleisch als gewöhnliches Nahrungsmittel von den Einwohnern konsumiert wird, denjenigen Fellen vorzuziehen, die aus solchen Ländern stammen, wo das Kalbfleisch nur selten auf den Tisch kommt.

Eine Verschiedenheit im Charakter und im Verhalten der Haut während der Fabrikation ist besonders bei solchen Fellen zu bemerken, die von größeren Tieren herstammen und etwa 8—11 kg wiegen. Kalbfelle dieser Gewichtsklasse von auf Grünfutter gehaltenen Tieren weisen im Vergleich zu den Fellen von Milchkälbern große Verschiedenheiten auf. Da das Kalbfleisch von den Bewohnern Frankreichs, Deutschlands und Österreichs sehr hoch bewertet wird, sind die Kalbfelle dieser Länder für die Fabrikation von Boxkalbleder bester Qualität am meisten geeignet.

Im folgenden sind die für die Herstellung dieser Ledersorte geeigneten Provenienzen der Qualität nach geordnet.

Frische und naß gesalzene Ware	Naß und trocken gesalzene Ware	Trockene Ware
Frankreich	Neuseeland	Ostindien
Deutschland	Australien	China
Österreich	Kap	Nordafrika
Holland		Rußland
England		
Amerika		
Dänemark		
Schweden		

Weichen. Die frische und naß gesalzene Ware wird am besten auf die Weise von Salz, Blut und Schmutz befreit, daß man sie während 3—4 Stunden in einer mit frischem, kaltem Wasser gefüllten Haspelgrube behält, bis sie erschlafft, und daraufhin in frischem, fließendem Wasser so lange haspelt, bis das Waschwasser praktisch genommen klar ist und bis die Häute völlig durchfeuchtet, sauber und salzfrei sind. Eine 3—4stündige Behandlung ist gewöhnlich ausreichend, um die Felle in den erwünschten Zustand zu bringen.

Die trocken gesalzene Ware wird am besten wie die trocken gesalzenen Häute behandelt: man legt sie in eine Grube, enthaltend klares frisches Wasser, beläßt sie darin 6—8 Stunden, bis sie erweicht sind, schlägt sie dann auf und setzt sie für 24 Stunden in frisches Wasser zurück; wenn die Felle nach Ablauf dieser Zeit genügend erweicht sind, werden sie gewalkt und zwecks Vollendung der Weichoperation für weitere 24 Stunden in frischem Wasser behalten.

Scharf getrocknete und auf der Sonne getrocknete Felle behandelt man am besten ganz ähnlich, wie dies für die getrockneten Häute empfohlen worden ist: man weicht die Ware in einer verdünnten Ätznatronlösung 2—3 Tage lang, bis die Fasern gequollen und geschwellt sind, unter zeitweisem Walken, zwecks Erleichterung der Operation.

Wenn die Felle gut durchweicht sind, nimmt man am besten das Entfleischen auf der betreffenden Maschine in diesem „grünen" Zustande vor; hierauf kann das Äschern folgen.

Äschern. Die grün entfleischten Felle werden zunächst gewogen. Das Äschern führt man nach dem „Dreiäschersystem" oder nach dem „Zweiäschersystem" aus.

Für je 100 kg abgetropfter Ware löse man

2 kg kristallisiertes Schwefelnatrium

in einem Gefäß von 200 Liter Inhalt.

Man setze dann

1 kg gelöschten Kalk

hinzu.

Man fülle das Gefäß mit Wasser, lasse die Flüssigkeit einige Stunden zwecks Absitzen stehen und gieße die überstehende Lösung in eine Grube, die eine bereits zweimal verwendete Kalkbrühe enthält (in die sogenannte „Mittelbrühe", die für die vorausgehende Partie gedient hat).

Die Äscherlösung wird gründlich durchgemischt und die Felle so rasch wie möglich hineingelegt; sie verbleiben über Nacht in dieser Lösung. Am nächsten Tage schlägt man die Felle auf, läßt sie etwa 1 Stunde abtropfen und setzt sie in dieselbe Grube zurück. Nachdem man das Äschern 2 Tage lang auf diese Art fortgeführt hat, übersetzt man die Ware in eine andere Grube, deren Inhalt bereits für eine etwa gleich schwere Partie als Äscherflüssigkeit gedient hat; diese Brühe wird durch Zusatz von

1 kg kristallisiertem Schwefelnatrium

für je 100 kg Haut auf die oben beschriebene Weise mit einem kleinen Zusatz von gelöschtem Kalk (etwa 0,5 kg) zugebessert.

Die Felle verbleiben insgesamt 48 Stunden in dieser Brühe und werden nach je 24 Stunden aufgeschlagen; hierauf kommen sie in eine frische Kalklösung, die man am besten in der Grube ansetzt, in welcher die Felle zuerst geäschert worden sind; der Inhalt dieser Grube wurde bereits dreimal gebraucht und wird jetzt als erschöpft angesehen, kann also abgelassen werden.

Die frische Kalkbrühe wird hergestellt, indem man 15 kg Kalk guter Qualität (aus Kalkstein gebrannt) für je 100 kg Grüngewicht in der gewohnten Weise ablöscht und mit der erforderlichen Menge Wassers verdünnt.

Die Ware kommt aus der „Mittelbrühe" in die starke, d. h. frische Kalklösung und verbleibt hier etwa 48 Stunden, wobei sie zweimal während dieser Zeit aufgeschlagen wird.

Diese Kalkbrühe dient als „Mittelbrühe" für die nächste Warenpartie und als „milde" Brühe für die dritte Partie, indem sie in jedem Falle mit der erforderlichen Menge Schwefelnatrium zugebessert wird.

Es ist von Vorteil, die Felle nach dem Heraustreten aus der „Mittelbrühe" und vor dem Eintreten in die starke Kalkbrühe zu enthaaren. Man wird finden, daß die oben empfohlenen Mengen an Schwefelnatrium genügend sind, um die Haarlockerung so weit zu befördern, daß man die Enthaarungsoperation bereits nach der „Mittelbrühe" erfolgreich durchführen kann.

Nachdem die Felle die letzte schwellende Kalkbrühe verlassen haben und enthaart worden sind, werden sie entweder von der Hand oder mittels Maschine ausgestrichen.

Nun sind die Blößen zum Entfleischen bereit, falls diese Operation nicht schon im grünen Zustande vorgenommen wurde. Hierauf kann das „Nacken" (Ausdünnen des Nackens) erfolgen, entweder auf der Bandmesserspaltmaschine oder auf einer Spezialmaschine von dem Typus der Union-Kopfspaltmaschine. Die Blößen werden hierauf gewaschen.

Waschen. Das Waschen erfolgt entweder in der Haspel oder in einem Waschfaß mit fließendem, kaltem Wasser, das man zu Beginn durch einen kleinen Zusatz von klarer Kalklösung leicht alkalisch macht. Die Temperatur des Wassers wird dann am besten stufenweise, in dem Maße wie das Waschen fortschreitet, auf etwa 34° C gesteigert. Nach völligem Auswaschen werden die Blößen entkälkt.

Entkälken. Es sind mannigfaltige Entkälkungsverfahren in gewöhnlichem Gebrauche. Es wird sehr darauf gesehen, daß die Ware

an Fülle so wenig wie nur möglich einbüßt, und daß aus der Faserzwischensubstanz nur so viel entfernt wird, was unbedingt notwendig
ist, damit man ein volles und kräftiges Produkt erzeugt, entsprechend
den Anforderungen der jetzigen Kundschaft.

Eine der besten Methoden besteht nach des Verfassers Meinung in
einem einfachen Entkälken mit einer schwachen Säure, wie Borsäure,
oder mit einem reaktionsfähigen Salz, wie Ammonchlorid.

Für je 100 kg abgetropfter Blöße nach dem Auswaschen verwende
man 0,75 kg Borsäure oder 0,5 kg Ammonchloridkristalle.

Die Blößen werden mit einer genügenden Menge Wassers von
32—33° C in ein Walkfaß gebracht. Die gelöste Borsäure oder das gelöste
Ammonchlorid wird während des Walkens in zwei gleichen Portionen
— in einem Zeitabstande von etwa 15 Minuten — durch die hohle
Achse zugegeben.

Nach einem dreiviertelstündigen Walken dürften die Felle oberfläch-
lich entkälkt sein, wovon man sich mittels der Phenolphthaleinprobe überzeugt. Ist die Operation zufriedenstellend durchgeführt, so läßt man die
Entkälkungsbrühe ablaufen und wäscht die Blößen mit frischem Wasser
von 32—33° C etwa 5—10 Minuten lang. Hierauf kann das Pickeln erfolgen.

Pickeln. Für je 100 kg gewaschener und entkälkter Blöße setzt man
150 l Wasser in das Walkfaß, fügt 10 kg Salz zu und walkt bis zur vollständigen Auflösung.

Inzwischen wird 1 kg Schwefelsäure mit 30 l Wasser in einem Holzbottich, der sich in der Nähe des Walkfasses befindet, verdünnt. Man
gießt die Hälfte der verdünnten Säurelösung der Salzlösung im Fasse
zu, legt die Blößen möglichst rasch hinein und läßt das Faß laufen. Nach
einer Walkdauer von 10—15 Minuten wird die verbleibende Hälfte der
verdünnten Säurelösung durch die hohle Achse zugegeben und das
Walken während weiterer 20 Minuten fortgeführt. Nach Ablauf dieser Zeit
dürften die Blößen befriedigend gepickelt sein und können zwecks Abtropfen aus dem Faß gezogen werden, bevor sie in die Gerbbrühe kommen.

Gerben. Die Gerboperation wird, wie im Falle von anderen Hautsorten, bestens im Gerbfaß durchgeführt.

Man fülle das Faß mit etwa 200 l Wasser für je 100 kg Haut, setze
10 kg Salz zu und walke nach Auflösung des letzteren die Felle in der
Salzlösung ohne irgendwelche Zugabe etwa 10—15 Minuten lang, damit
alle Falten und Runzeln, die beim Liegen auf dem Bock in die Haut ein-
gepreßt wurden, entfernt werden.

Eine passende Chrombrühe für die Gerbung unter diesen Bedingungen ist eine solche, die die Basizitätszahl $B = 41$ oder $x = 85$
besitzt[1]). Unter diesem Vorbehalt kann eine jede der früher vorge-

---

[1]) S. S. 93.

schlagenen Einbadchrombrühen verwendet werden, namentlich solche, die mittels eines organischen Reduktionsmittels, wie Zucker, Melasse, Glukose, Mehl usw., bereitet wurden.

Die für die vollständige Ausgerbung von 500 kg Blößen ausreichende Chrombrühe stellt sich wie folgt zusammen: 25 kg Natriumbichromat, angesäuert mit 24 kg Schwefelsäure und reduziert mit $6^1/_4$ kg eines organischen Reduktionsmittels; das Gesamtvolumen soll 100 l betragen.

Man beginnt die Gerbung durch Zufließenlassen von 25 l der konzentrierten Chrombrühe für je 500 kg Blößen und erhöht stufenweise die Konzentration der Gerbbrühe, indem man dem rotierenden Faß die verbleibenden 75 l in kleinen Portionen und gleichen Zeitabständen zufügt. Für eine einmalige Zugabe soll die Menge von etwa $12^1/_2$ l empfohlen werden, und zwar in Zeitabständen von etwa je einer Stunde.

Nach der letzten Zugabe wird das Walken noch eine kurze Zeit lang fortgeführt und ein Schnitt von der dicksten Partie der Haut der Kochprobe unterworfen. Wenn das Lederstückchen eine merkliche Schrumpfung erleidet und somit die Basizität der Gerbbrühe für die vollständige Umwandlung der Haut in Leder nicht ausreicht, so ist es notwendig, die Basizität durch eine geringe Zugabe von Natriumbikarbonat oder von kristallisierter oder kalzinierter Soda zu erhöhen. Die Verwendung des letzteren ist am wirtschaftlichsten. Man gebe zunächst $1^1/_4$ kg ($^1/_4$%) kalzinierte Soda zu, gelöst in etwas Wasser, walke die Felle eine halbe Stunde lang und nehme dann die Kochprobe vor. Wenn das Verhalten des Lederstückchens gegenüber kochendem Wasser noch immer nicht befriedigend sein sollte, so setze man der Gerbbrühe eine weitere Menge von kalzinierter Soda $^1/_4$% ($1^1/_4$ kg), zu.

Nachdem die Gerboperation zufriedenstellend vollendet worden ist, werden die Leder aus dem Faß gezogen, ohne Waschen auf den Bock geschlagen und nachtsüber abtropfen gelassen.

Falzen. Die Leder werden vor dem Falzen auf der Maschine abgewelkt oder ausgepreßt und flach in Haufen gelegt, damit die Feuchtigkeit sich gleichmäßig verteilt.

Hierauf werden die Leder gefalzt und können nun gewaschen und neutralisiert werden.

Waschen und Neutralisieren. Man bringt die Leder in ein Waschfaß und wäscht sie möglichst mit fließendem Wasser von etwa 55° C vor dem Neutralisieren.

Die Neutralisation erfolgt entweder mittels Borax, Waschsoda oder kalzinierter Soda, oder mittels Natriumbikarbonat (siehe S. 116). Man walkt die Ware etwa eine halbe Stunde lang, bis sie in einen neutralen oder schwach sauren Zustand gelangt, wäscht sie dann wiederum mit heißem Wasser zwecks vollständiger Entfernung der löslichen Salze und nimmt hierauf unmittelbar die Operationen des Beizens und des Färbens vor.

Beizen und Färben. Die für das Beizen und Färben zu verwendenden Materialien hängen von dem zu erzielenden Farbton ab (siehe S. 132). Für farbiges Boxkalbleder kommen gewöhnlich helle, mittlere oder dunkle braune Töne in Betracht. Für diese Farbtöne bedient man sich am besten des Gambiers als Beize.

Für je 100 kg Falzgewicht löse man

4 kg Würfelgambier zusammen mit
0,2 ,, Malzferment.

Der Grund, weshalb die letztgenannte Substanz mitverwendet werden soll, muß im folgenden etwas näher erläutert werden.

Der Würfelgambier wird mit außerordentlicher Sorgfalt bereitet und ist praktisch frei von Verfälschungen, die die Gleichmäßigkeit der Farbe beeinträchtigen könnten; der Blockgambier dagegen ist ein sehr rohes Erzeugnis, der zur Fleckenbildung Veranlassung geben kann. Aus diesen Gründen ist der Würfelgambier dem Blockgambier vorzuziehen.

In der Fabrikation des Würfelgambiers ist es allgemein üblich, dem Gerbstoffe etwas Reis- oder Stärkemehl zuzusetzen, um die Herstellung eines festen, trockenen Produktes zu erleichtern. Die Zugabe von Stärke übt einen härtenden Einfluß auf das Leder aus, wenn dieses selbst nur mit geringen Mengen dieses Produktes in Berührung kommt. Man macht sich nun die Tatsache zunutze, daß das im Malzferment enthaltene Enzym (die sogenannte Maltase) die schwer lösliche Stärke in einen löslichen Zucker umsetzt, und bewirkt durch die Zugabe dieses Fermentes zum Würfelgambier einen weichmachenden Effekt, während man das Hartwerden des Leders verhütet.

Man bringt die Ware mit genügend Wasser, von der Anfangstemperatur von 60° C, in das Walkfaß, läßt dieses 5—10 Minuten lang laufen und fügt dann den gelösten Gambier hinzu. Nach einer Walkdauer von $^3/_4$ Stunden gießt man die Farblösung, falls man mit sauren Farbstoffen arbeitet, durch die hohle Achse dem rotierenden Faß zu.

Für einen mittleren braunen Farbton ist die erforderliche Menge des sauren Farbstoffes gewöhnlich in der Nähe von 2—3% vom Falzgewicht des Leders.

Zwecks Entwicklung der Farbe setze man dem Farbbade ein Drittel der Menge des angewandten Farbstoffes an Natriumbisulfat zu.

Für je 100 kg Leder löse man

2—3 kg Farbstoff und
0,6—1 ,, Natriumbisulfat.

Zunächst wird die Hälfte des gelösten Farbstoffes dem Faßinhalt zugefügt. Nach einem Walken von 15 Minuten setze man das Natriumbisulfat zu, walke weitere 15 Minuten und gebe schließlich den verbleibenden Anteil an Farbstoff zu. Das Walken soll insgesamt bis auf 1 Stunde ausgedehnt werden.

Eine Zugabe von etwa 1 kg Kaliumtitanoxalat (1% vom Falzgewicht) als Ersatz für eine gleiche Menge von Teerfarbstoff ist anzuraten, insbesondere wenn helle oder mittlere braune Töne zur Ausfärbung kommen.

Nach dem Färben werden die Leder herausgeholt, mit Wasser gespült und kurze Zeit lang abtropfen gelassen. Hierauf kann das Fettlickern erfolgen.

Fettlickern. Das Fettlickern wird am besten in einem vorgewärmten, heizbaren Walkfaß (Abb. 50—51) durchgeführt. Die Leder werden 5—10 Minuten lang im heizbaren Walkfaß bewegt, bis sie gut angewärmt sind, und wird die Fettlickeremulsion erst dann zugegeben.

Für je 100 kg Falzgewicht löse man

> 1 kg Neutralseife in etwa 20 l Wasser.

Zu der gelösten Seife gebe man

> 1 kg neutralen Degras und
> 1 „ lösliches Mineralöl

und bringe das Ganze zu einer Emulsion. Diese Emulsion verdünne man mit etwa 60 l Wasser von 60° C, gebe diesen Fettlicker dem Faßinhalte zu und walke die Leder darin 1 Stunde lang; die Leder werden dann aus dem Faß geholt, zwecks Abtropfen auf den Bock geschlagen, ausgereckt und zwecks Trocknen im Trockenraume aufgehängt oder durch eine Trockenmaschine geschickt. Die getrockneten Leder werden 2—3 Tage lang in einem Lagerraum kalt gelagert und dann entweder in feuchtes Sägemehl verlegt oder angefeuchtet, nach der auf S. 170 beschriebenen Methode, bis sie für die Operation des Stollens in einen geeigneten Zustand gelangen. Die Leder werden nun gestollt, getrocknet, wiederholt gestollt und auf der Fleischseite abgeschliffen. Sie sind dann zum Appretieren bereit.

Appretieren. Man appretiert die Leder am besten mit einer schwachen Albuminlösung, zu der man eine geringe Menge von Milch und Glyzerin, sowie eine hinreichende Menge von Farbstoff zusetzt, um einen vollen und satten Farbton zu erzielen.

Man löse

> 2 kg Eialbumin in 50 l Wasser.

Die ungelöste Substanz wird abgeschöpft und

> ½ kg Glyzerin
> 5 l Milch und
> 250 g Farbstoff,

ähnlich dem beim Färben verwendeten, separat in heißem Wasser gelöst, zugegeben.

Das ganze Gemisch wird zu 100 l mit Wasser aufgefüllt.

Wenn die Farbe des gefärbten Leders nicht genügend einheitlich ist, so setze man zwecks Ausgleichen eine kleine Menge eines Deckfarbstoffes (Pigmentfarbstoffes) der Appretiermischung zu. Der Verfasser ist sehr abgeneigt, das Pigmentieren dieser Ledersorte zu befürworten und empfiehlt die Verwendung eines Pigmentfarbstoffes nur in dem Maße, daß die Farbe des Leders eben nur ausgeglichen wird, ohne dem Leder ein bemaltes Aussehen zu verleihen.

Die Leder werden appretiert, und wenn sie in geeignetem Zustande sind, glanzgestoßen; man wiederholt das Appretieren mit etwa einer halb so starken Lösung, wie oben angegeben, nimmt das Glanzstoßen wiederholt vor und bügelt schließlich die Leder auf der Maschine.

XVIII. Chromgares Schwedenleder aus Schaffellen.

Die Fabrikation von chromgarem Schwedenleder aus Schaffellen hat in der Chromlederindustrie eine sehr große Bedeutung erlangt. Die Felle, die für die Fabrikation von auf der Fleischseite zugerichtetem Schwedenleder am besten geeignet sind, entstammen der grobhaarigen oder grobwolligen Warensorte:

> Arabische Felle
> Mochas
> Kapfelle
> Ostindische Schaffelle
> Griechische Schaffelle usw.

Diese Ledersorte muß eine geeignete Geschmeidigkeit und eine dichte, geschlossene Struktur besitzen, damit nach der Zurichtung eine samtartige, geschlossene Oberfläche erzielt wird, frei von einem „wolligen" Aussehen.

Weichen. Die für diese Ledersorte dienende Rohware besteht ausnahmslos aus getrockneten oder trocken gesalzenen Fellen und muß folglich sorgfältig in der Weiche behandelt werden.

Die Felle werden in eine Weichgrube gelegt, die klares Wasser enthält, und der man, falls das Weichen in einer verhältnismäßig kurzen Zeitperiode nur unbefriedigend durchgeführt werden kann und mit manchen Schwierigkeiten verbunden ist, vorteilhaft etwas Natriumbisulfit zusetzt. Dieser Zusatz kann 0,5 kg für je 1000 l Weichflüssigkeit betragen.

Nachdem die Felle genügend erweicht sind, was ungefähr 24 bis 48 Stunden in Anspruch nimmt, werden sie aus der Weiche gezogen und auf der Entfleischmaschine ausgestreckt; hierauf schickt man sie, wenn nötig, wiederholt durch eine Ausreckmaschine und legt sie für

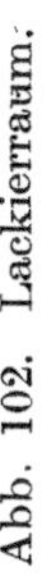

Abb. 102. Lackierraum.

eine weitere Dauer von 24 Stunden, zwecks Vervollständigung der
Weichoperation, in klares, frisches Weichwasser zurück.

Anschwöden. Die Felle sind nun zum Anschwöden bereit. Man
legt sie in Haufen, Fleischseite nach oben, etwa drei Dutzend Felle in
einem Haufen und bestreicht sie mit einem Schwödebrei aus Arsenik
und Kalk, den man, wie folgt, bereitet:

Man gebe in ein Gefäß von etwa 200 l Inhalt

> 56 kg Kalk und
> 7,5 „ roten Arsenik

abwechselnd aufeinandergeschichtet, und lösche das Gemisch durch
Zugabe einer hinreichenden Menge warmen Wassers ab, worauf man das
gelöschte Gemisch zu 200 l auffüllt.

Die Felle werden auf der Fleischseite mittels einer Bürste aus vegetabilischer Faser bestrichen; jedes bestrichene Fell wird über die Rückenlinie zusammengefaltet, und die gefalteten Felle acht- oder zehnweise
in einen Haufen gelegt, wo sie 24 Stunden lang verbleiben. Wenn die
Wolle genügend gelockert ist, werden die Felle entweder von Hand auf
dem Baume oder auf der vertikalen Tischenthaarmaschine entwollt;
die gewählte Arbeitsmethode hängt von dem Wert der Wolle oder des
Haares ab.

Die entwollte Ware wird unmittelbar darauf in ein Haspelgeschirr
gebracht und womöglich mit fließendem Wasser etwa eine halbe Stunde
lang gewaschen, damit jede anhaftende Spur der Sulfidschwöde entfernt
wird. Hierauf kann das Äschern erfolgen.

Äschern. Der allgemeinen Meinung nach ist das Äschern von dieser
Warensorte mittels Arsenik und Kalk in der Grube einem Äscherprozeß, mittels einer starken Schwefelnatriumkalkmischung, vorzuziehen.

Man legt die Felle in eine Kalkbrühe, die bereits für zwei vorausgehende Partien gedient hat, und setzt dieser 2,5 kg Schwefelarsen zu,
das man mit etwa 5—7,5 kg Kalk abgelöscht hat; dieser Zusatz erfolgt
vor dem Einlegen der Felle in die Grube. Nach Ablauf von 2 Tagen
übersetzt man die Felle in eine „mittlere“ Kalkbrühe, d. h. eine Brühe,
die bereits für eine vorausgehende Partie gedient hat, und welcher man
kein Sulfid oder Kalk zuzusetzen braucht. Die Ware verbleibt 2 Tage
lang in diesem Kalkäscher und wird täglich aufgeschlagen.

Schließlich werden die Felle in eine frische Kalklösung gebracht;
man bereitet diese durch Ablöschen von 16,7 kg Kalk für je 100 kg
Blößen. Die Felle verbleiben in dieser frischen, starken Kalklösung
48—72 Stunden lang und werden nach Ablauf von je 24 Stunden aufgeschlagen, wobei man sie auf den Rand der Grube schlägt und 4 bis
5 Stunden lang abtropfen läßt, bevor man sie in den Äscher zurückversetzt.

Diese frische Kalklösung wird darauffolgend noch für zwei Hautpartien verwendet, zuerst als „Mittelbrühe" und zweitens als eine „schwache" oder „milde" Kalkbrühe, zu der man die erforderliche Menge an Schwefelarsen und Kalk zusetzt, bevor man die Felle in sie hineinlegt.

Wenn die Felle gut durchgeäschert sind und den erwünschten Schwellungsgrad erreicht haben, werden sie aus der Grube gezogen und in ein Haspelgeschirr gelegt, wo sie 1—2 Stunden lang mit frischem, kaltem Wasser gewaschen werden; hierauf folgt das Entfleischen. Es ist auch vorteilhaft, die Blößen in diesem Stadium auszustreichen.

Nach dem Entfleischen sind die Blößen zum Entkälken und Beizen bereit.

Entkälken. Die Blößen werden zunächst in einer Haspel etwa 2 Stunden lang in frischem, klarem Wasser gehaspelt, dessen Temperatur man vorteilhaft während der Waschoperation stufenweise bis auf Maximum 33^0 C steigert. Wenn das Waschwasser klar abläuft und soviel Kalk, wie nur durch diese Behandlung möglich, entfernt worden ist, setzt man dem Inhalte der Haspel Salzsäure zu.

Für ein Haspelgeschirr, das etwa 500 kg entfleischte Blößen aufzunehmen vermag, ist ein Zusatz von etwa $2\frac{1}{2}$ l Handelssalzsäure nötig, um ein befriedigendes Entkälken herbeizuführen. Die Menge der nötigen Salzsäure hängt jedoch von dem Grade des Auswaschens und von dem Kalkgehalte der Felle ab; die Operation soll infolgedessen mit Sorgfalt vorgenommen werden, und man bediene sich der Phenolphthaleinprobe als Kontrolle beim Säurezusatz. Nach der Behandlung der Blößen mit Säure läßt man klares, lauwarmes Wasser zufließen und wäscht die Blößen von den löslichen Salzen frei. Die Felle sind dann zum Beizen bereit.

Beizen. Das Beizen kann mit Hilfe von künstlichen Beizmitteln, wie „Oropon", „Pankreol" usw., wirksam durchgeführt werden. Man benötigt für je 100 kg Blößen etwa 0,5—0,75 kg von einem dieser Beizpräparate.

Man legt die Felle in die Haspel mit Wasser von $35—36^0$ C; das zuvor gelöste synthetische Beizmittel wird dann zusammen mit ein oder zwei Eimer gebrauchter Beizbrühe zugesetzt und die Blößen etwa 2 Stunden lang in dieser Brühe gehaspelt oder jedenfalls so lange, bis sie genügend verfallen sind.

Hierauf werden die Blößen herausgezogen und ausgereckt (falls diese Operation nicht schon vor dem Entkälken stattgefunden hat) und können jetzt gepickelt werden.

Pickeln. Für je 100 kg Blößen bringe man in das Faß

150 l Wasser und
10 kg Salz.

Nachdem das Salz gelöst ist, füge man

0,5 kg Handelsschwefelsäure

zu, rühre die Mischung gut durch und lege die Felle so rasch wie möglich hinein.

Man walke die Blößen 10 Minuten lang in dieser Lösung, setze dann weitere 0,5 kg Schwefelsäure, die man zuvor in 8—10 l Wasser verdünnt hat, durch die hohle Achse zu und führe das Walken insgesamt 1 Stunde lang fort; die Blößen werden dann herausgeholt und abtropfen gelassen. Nun kann das Gerben erfolgen.

Gerben. Man führt die Gerboperation am besten vermittels der Einbadmethode aus.

Für je 100 kg Blößen setze man

100 l   Wasser und
5 kg Salz

in das Faß und lasse das letztere auflösen.

Man lege die Felle ein und setze das Faß in Bewegung. Nach einer Walkdauer von 15 Minuten gieße man durch die hohle Achse 2 kg zuvor gelöstes Aluminiumsulfat zu und walke 1 Stunde lang weiter. Nach Ablauf dieser Zeit kann die Chrombrühe dem Faßinhalt zugegeben werden.

Eine Chrombrühe, die sich für die Ausgerbung dieser Hautsorte gut eignet, ist die mittels Thiosulfat reduzierte Brühe, beschrieben auf S. 100.

Für je 100 kg Blößen benötigt man 5 kg Bichromat, das man auflöst und mit 4,1 kg Schwefelsäure ansäuert; zur Reduktion verwendet man 6,8 kg Natriumthiosulfat und füllt das Ganze zu 50 l auf.

Man gebe die Chrombrühe in vier gleichen Portionen in Zeitabständen von etwa je einer halben Stunde zu und lasse das Faß nach der letzten Zugabe so lange laufen, bis die Blößen vollständig in Leder verwandelt sind. Es ist von Vorteil, die Felle über Nacht in der Lösung zu belassen und erst am nächsten Tage aus dem Fasse zu ziehen, auf den Bock zu schlagen und vor dem Falzen abtropfen zu lassen.

Die Falzoperation soll bloß in einem Saubermachen der Fleischseite bestehen. Es ist nicht erwünscht, das Falzen so weit zu betreiben, daß die unmittelbar unter der Fleischoberfläche sich befindende faserige Ledersubstanz in Mitleidenschaft gezogen wird.

Nach dem Falzen werden die Leder gewaschen und mittels Borax oder kalzinierter Soda entsäuert (siehe S. 116); hierauf werden sie wiederum gewaschen und können nun als Vorbereitung für das Färben gebeizt werden.

Beizen vor dem Färben. Das passendste Beizmittel für die meisten Farbtöne ist der Gambier. Die Leder werden in das Faß gelegt, welches mit Wasser von 50° C gefüllt worden ist. In der Zwischenzeit löst man für je 100 kg gefalztes Leder 5 kg Gambier und gibt der abgekühlten

Lösung, deren Temperatur 35⁰ C nicht übersteigen soll, 200 g Malzextrakt zu man lasse das Gemisch 15—20 Minuten vor dem Gebrauche stehen (siehe S. 226).

Man walkt die Leder in dieser Beizlösung bei einer Anfangstemperatur von 50⁰ C 1 Stunde lang, entfernt sie dann aus dem Faß, läßt sie abtropfen und hängt sie zwecks Trocknen auf.

Das Trocknen der Ware in diesem Stadium der Fabrikation kann aus folgenden Gründen empfohlen werden:

1. Die Ware kann bezüglich ihrer Eignung zu einem Zurichten auf der Narben- bzw. auf der Fleischseite sortiert werden.

2. Das Leder kann gestollt und vor dem Färben auf der Fleischseite abgeschliffen werden.

3. Man besitzt mittels dieser Prozedur stets einen Vorrat an Leder, das zum Färben bereit ist, so daß man das Färben und Zurichten je nach Belieben in verhältnismäßig kleinen Partien vornehmen kann.

4. Wenn die Ware viel Fett enthält, so kann sie in diesem Stadium entfettet werden.

Die getrockneten Leder müssen vor dem Stollen in einen geeigneten feuchten Zustand gebracht werden. Nach dem Stollen werden die Leder auf der Fleischseite abgeschliffen. Das Abschleifen nimmt man am besten auf einem gewöhnlichen Bimsrad vor, welches eine hohe Tourenzahl besitzt und mit einer Karborundumschicht bedeckt ist. Die Leder werden zweimal abgebimst, zuerst auf einer mäßig groben Schmirgelscheibe zwecks Säuberung der Fleischseite, und zweitens auf einem feinen Schmirgelrad, mit Hilfe dessen man dem Leder die erwünschte feine, samtartige Oberfläche verleiht. Wenn das Abbimsen auf diese Weise vollbracht worden ist, können die Leder gefärbt werden.

Färben. Die Leder werden mit verhältnismäßig wenig Wasser von 60⁰ C in das Farbfaß gelegt und etwa eine halbe Stunde lang oder jedenfalls so lange gewalkt, bis sie völlig durchfeuchtet sind. Es ist im allgemeinen ratsam, das Beizen zu erneuern, weshalb man eine weitere Menge eines Beizmittels dem Faßinhalt zusetzt. Für dunkelbraune Töne, wie z. B. „Negerfarbe" oder „Schokoladenbraun", eignet sich am besten ein Gemisch aus Blauholz- und Rotholzextrakt.

Für je 100 kg trockenes Leder löse man

8 kg Hämatinkristalle
2 „ festes Rotholzextrakt.

Man fügt das gelöste Beizmittel dem Faß zu, nachdem die Leder gut durchfeuchtet sind, und walkt dieselben in der Beizlösung 1 Stunde lang; hierauf wird das Faß entleert, die Leder mit Wasser gespült und die Färboperation mit basischen Farbstoffen vorgenommen.

Wenn man volle und sehr echte Farbtöne erzielen will, so verwendet man am besten ein Gemisch von basischen Farbstoffen.

Man legt die Leder in das Faß mit einer frischen Wassermenge von der Temperatur von 60⁰ C.

Für je 100 kg trockenes Leder löse man

4 kg basischen Farbstoff mit
125 g   Essigsäure.

Man gebe zunächst die Hälfte der Farbstofflösung zu, walke die Leder darin 20 Minuten lang, füge dann den verbleibenden Anteil der Farblösung zu und dehne das Walken auf die Dauer von 1 Stunde aus. Nach Ablauf dieser Zeit setze man ein geeignetes Metallsalz als Fixierungsmittel zu, und zwar 0,5 kg Natriumbichromat oder 1 kg Kaliumtitanoxalat und lasse das Faß eine weitere halbe Stunde laufen. Hiernach kann das Fettlickern erfolgen.

Fettlickern. Wenn die Leder bereits einen ziemlichen Grad an natürlicher Weichheit besitzen, verwendet man am besten für das Fettlickern ein lösliches Mineralöl. Wenn aber die Leder anderseits nicht die tuchartige Geschmeidigkeit aufweisen, die von ihnen heutzutage verlangt wird, so ist es notwendig, eine kleine Menge einer Eigelbemulsion zur Hilfe zu nehmen. Es ist außerordentlich wichtig, welches Material man auch zum Fettlickern verwenden mag, stets mit der kleinstmöglichsten Menge auszukommen, da sonst die große Gefahr besteht, daß die Leder während der darauffolgenden Zurichtoperation, beim Abbimsen, einen Glanz bekommen, der durch das heraustretende Fett verursacht wird und zu ernsthafter Beanstandung Veranlassung geben kann.

Die nach dem Fettlickern getrockneten Leder werden zuerst leicht angefeuchtet und gestollt. Sehr geschmeidige Leder können allein durch trockenes Walken in einem sauberen Walkfaß weicher gemacht werden, doch müssen die Leder, die etwas steif aufgetrocknet sind, auf der Stollmaschine gestollt werden. Nachdem die Leder genügend erweicht sind, werden sie, zwecks Erreichung der erforderlichen Feinheit auf der Fleischseite, wiederholt abgebimst.

Der hierbei nötige Grad des Abbimsens hängt von dem samtartigen Aussehen des Leders ab, das ihm bereits vor dem Färben verliehen worden ist. Wenn diese Arbeit vor dem Färben bereits wirksam durchgeführt worden ist, so genügt es, die Fleischseite ganz leicht mit einer trockenen Karborundumscheibe abzubimsen.

Manche Fabrikanten ziehen es vor, diese Zurichtoperation mit Hilfe eines Karborundumblockes vorzunehmen, den sie an Stelle der einen Kautschukklinge in den oberen Kopf der Stollmaschine einsetzen. Diese Methode kann von geschickten Händen sehr wirkungsvoll durchgeführt werden, falls das ursprüngliche Abbimsen einwandfrei ausgeführt worden ist, und besitzt den Vorteil, daß die Farbe des Leders durch diese Behandlung keinen nennenswerten Schaden erleidet, wie dies beim Abschleifen auf dem gewöhnlichen, rotierenden Bimsrad leicht der Fall sein kann.

XIX. Die Gerbung von Häuten für Sohl-, Riemen- und technisches Leder.

Für die Fabrikation von chromgaren Sohlenleder, Croupons und Bänder dienen gewöhnlich gut entwickelte Häute von kräftiger Struktur.

Es ist üblich, das Sortieren der Ware auf der Crouponniertafel vorzunehmen, falls der Fabrikant sowohl vegetabilisches wie auch chromgares Unterleder herstellt; die kräftigsten und schwersten Häute werden hierbei für die mit Chrom auszugerbende Ware genommen. Dieses Sortieren ist aus dem Grunde notwendig, weil die mit Chrom gegerbten Leder nur etwa 50% von derjenigen Ledersubstanz ergeben, die mittels des vegetabilischen Gerbverfahrens erzielt wird.

Abgesehen von einem sorgfältigen Sortieren der Häute auf diese Weise eignen sich im allgemeinen für diesen Zweck die schweren italienischen oder die naß gesalzenen südamerikanischen Hautsorten.

Weichen. Die gesalzenen Rohhäute werden zunächst etwa 5 bis 6 Stunden lang geweicht, damit sie von der größten Menge des Salzes befreit werden; man legt sie dann in frisches klares Wasser über, wo sie etwa 24 Stunden verbleiben, bis die Häute den geeigneten weichen Zustand erlangt haben.

Äschern. Das Äschern wird am besten mittels der gewöhnlichen Grubenmethode bewerkstelligt, wobei man die Handhabung der Häute bedeutend erleichtert, wenn man dieselben mittels Ketten in die Grube einhängt.

Nach Meinung des Verfassers beginnt man am besten den Äscherprozeß mit einer geringen Menge von Schwefelnatrium und vervollständigt ihn in einem frischen Schwelläscher. Das Äschern kann nach irgendeiner der früher dargelegten Methoden erfolgen, doch ist das „Dreiäschersystem" in diesem Falle vorzuziehen.

Die geweichten Häute werden zunächst in eine bereits für zwei Warenpartien gebrauchte milde, schwache Kalkbrühe verlegt, zu der man zu Beginn ½% kristallisiertes Schwefelnatrium, vom Weichgewicht der Ware, zusetzt. Man äschert die Häute in dieser schwachen Sulfidkalkbrühe 2 Tage lang, setzt sie dann für die Dauer von weiteren 2 Tagen in eine „Mittelbrühe" (d. h. einmal gebrauchte Kalkbrühe) über und führt den Prozeß in einer frischen Schwellkalkbrühe zu Ende, die man durch Ablöschen von 8—10% Kalk, vom Weichgewicht der Ware, bereitet.

Nach beendetem Äschern werden die Häute herausgeholt, durch kalkhaltiges Wasser gezogen, enthaart, entfleischt und hiernach in Croupons oder Bänder geschnitten.

Es sei erwähnt, daß die beste Arbeitsweise die ist, die Häute in Crouponstücken auszugerben und diese letzteren erst nach dem Neutralisieren in Hälften zu zerlegen; diese Arbeitsweise vermindert um etwa

50% die Zeit und Umstände, die mit dem Aufhängen der Ware während des Waschens, Neutralisierens und Gerbens verbunden sind.

Die enthaarten und entfleischten Häute werden ausgestrichen und können nun entkälkt werden.

Entkälken. Das Entkälken erfolgt ausnahmslos durch Einhängen der Häute in eine schwache Säurelösung. Man kann die Häute in einer Lösung von Borsäure, Salz- oder Essigsäure oder auch in einer Ammonchloridlösung entkälken.

Die ersterwähnte Säure ist vielleicht am meisten vorzuziehen. Die Häute werden in eine Entkälkungsgrube eingehängt, in der sich eine Lösung von Borsäure befindet, die etwa $\frac{1}{2}$% gelöste Borsäure vom Blößengewicht der Ware enthält.

Die Häute sollen zu Beginn der Operation, etwa in der ersten Stunde, fast kontinuierlich bewegt werden, worauf sie dann über Nacht in der Lösung verbleiben. Es ist nicht erwünscht, die Häute völlig zu entkälken, und die Menge der angewandten Borsäure soll so bemessen werden, daß ein Schnitt von der dicksten Partie der Haut nach dem Entkälken noch eine stark alkalische Reaktion mit Phenolphthalein aufzeigt.

Gerben. Das Gerben kann durch Aufhängen in der Gerbbrühe, mittels Walken im Faß oder in einer Gerbmaschine von dem Wilson-Typ erfolgen; die gewöhnlichste Methode ist das Einhängen in die Gerbgrube, denn sie führt zu einem etwas geschlossenerem, flacherem Fertigprodukt.

Das Gerben kann entweder mittels des Einbadverfahrens, welches in diesem Falle vielleicht geeigneter ist, oder mittels des Zweibadverfahrens ausgeführt werden.

Gerben mittels des Einbadverfahrens. Die Gerbung kann in zwei oder mehreren Gerbbrühen erfolgen; die Häute werden zunächst in eine Brühe eingehängt, die wenig Chrom enthält und verhältnismäßig wenig basisch ist; hierauf kommen die Häute in eine stärkere und basischere Chrombrühe, und man vervollständigt den Prozeß am besten in einer dritten Lösung von hohem Chromgehalt und verhältnismäßig hoher Basizität.

Die Dauer der Behandlung hängt von der Konzentration der Lösung ab. Das gelegentliche Bewegen der Häute in der Brühe ist zwecks Erreichung einer einheitlichen Farbe unerläßlich, und es ist zur Erreichung dieses Zweckes von Vorteil, irgendeine mechanische Vorrichtung, wie z. B. Rührer, zu Hilfe zu nehmen.

Basische Chromsulfatbrühen sind den basischen Chromchloridbrühen vorzuziehen, da sie ein volleres Leder liefern.

Als Beispiel für diese Gerbmethode sei die folgende Vorschrift gegeben:

Man beginne die Gerbung in dem oben angedeuteten Sinne und bereite in der ersten Grube eine Brühe für je 100 kg Blößen durch Zugabe von:

5 l einer Chrombrühe, die aus 50 kg Natriumbichromat, angesäuert mit 64 kg Schwefelsäure (95%ige), reduziert mittels 12,5 kg Glukose, und aufgefüllt das Ganze zu 250 l, bereitet worden ist; diese Chrombrühe wird etwa die Basizitätszahl $B = 16,6$ oder $x = 120$ besitzen.[1]

Man legt die Häute in diese Chrombrühe, bewegt sie gelegentlich, und beläßt sie darin während 5—6 Stunden; hierauf bessert man die Brühe durch weitere Zugabe von 5 l der obigen Chrombrühe zu (für je 100 kg Blößen) und beläßt die Häute in dieser Lösung, bis die gesamte Gerbdauer 24 Stunden erreicht hat; die Häute werden dann herausgezogen, abtropfen gelassen und in Grube 2 gelegt, welche eine Chrombrühe enthält, die wie folgt bereitet wird:

Für je 100 kg Blößen setze man der Grube 10 l der folgenden Chrombrühe zu:

50 kg Natriumbichromat werden mit 52,5 kg Schwefelsäure (95%ige) angesäuert, mit 25 kg Glukoseschuppen reduziert und das Ganze zu 250 l aufgefüllt. Die Basizität dieser Brühe wird etwa $B = 30,5$ oder $x = 100$ betragen (l. c.).

Die Häute werden 5—6 Stunden lang in dieser Brühe belassen, worauf man die Lösung durch Zusatz von weiteren 10 l der Chrombrühe (für je 100 kg Blößen) zubessert und die Häute insgesamt 24 Stunden lang in dieser Grube behandelt.

Man vollendet die Gerbung, indem man die Häute in die Grube 1 zurücklegt, dessen ursprünglichen Inhalt man inzwischen ablaufen ließ, und man bereitet eine frische Brühe durch Zugabe von

20 l einer Chrombrühe (für je 100 kg Blößen),

die man, wie folgt, herstellt:

100 kg Natriumbichromat werden gelöst, mit 92,5 kg 95%iger Schwefelsäure angesäuert und mittels 25 kg Glukoseschuppen reduziert; das Gesamtvolumen der Brühe beträgt 500 l. Die Basizitätszahl dieser Brühe ist etwa $B = 44,4$ ($x = 80$).

Nach einer Einwirkungsdauer von 5—6 Stunden verstärkt man die Lösung durch Zugabe weiterer 20 l der obigen Chrombrühe für je 100 kg Blößen. Man beläßt die Häute so lange in dieser Brühe, bis sie vollständig durchgegerbt sind.

Die darauffolgende Hautpartie wird in die Grube 2 gelegt, ohne daß man ihr eine Chromlösung zusetzt, und wird darauffolgend in die Grube übersetzt, aus welcher die fertig gegerbte Ware entfernt worden ist; schließlich kommt diese Partie in eine frische Chrombrühe, die man,

---

[1]) Siehe S. 93.

wie zuletzt beschrieben, bereitet und deren Basizitätszahl $B = 44,4$, bzw. $x = 80$ beträgt.

Wenn man die Chrombrühen, nach der Gerbung auf der oben beschriebenen Weise, analysiert, so wird man finden, daß sie annähernd dieselben Basizitätszahlen besitzen, die für sie ursprünglich empfohlen wurden, d. h. die zweite, etwas saure Brühe (in der Grube 2) wird eine Basizitätszahl etwa $B = 17$ ($x = 120$) aufweisen und folglich ein rasches Durchdringungsvermögen besitzen, während die dritte Brühe eine Basizitätszahl in der Nähe von $B = 31$ ($x = 100$) ergeben wird; die Häute kommen schließlich, wie bereits erwähnt, in eine stark basische Brühe von der Basizitätszahl $B = 44,4$ oder $x = 80$.

Die Gerbdauer hängt von der Geschwindigkeit ab, mit welcher die Chrombrühe die Blößen durchdringt. Es ist im allgemeinen ratsam, die Einwirkungsdauer der Brühen insgesamt nicht weniger als 3 Tage zu bemessen.

Die völlig durchgegerbten Häute müssen der Einwirkung von kochendem Wasser ohne nennenswerte Schrumpfung widerstehen.

Gerbung von Croupons mittels des Zweibadverfahrens. Die Gerbung von chromgarem Sohl-, Riemen- und technischem Leder kann auch vermittels des Zweibadverfahrens, durch Einhängen der Häute in Gruben, bewerkstelligt werden.

Im Falle von Häuten, die für technisches Leder zugerichtet werden sollen und von denen eine Widerstandsfähigkeit gegen hohe Temperaturen verlangt wird, wie dies früher bereits auseinandergesetzt wurde, ist das Zweibadverfahren dem Einbadverfahren vorzuziehen, falls die Häute vor dem Ausgerben nach der letztgenannten Methode nicht schon eine Vorbehandlung mit Schwefel bekommen haben.

Die Methode wird, wie folgt, ausgeführt:

Für je 100 kg Blößen löse man

> 8 kg Natriumbichromat zusammen mit
> 8 „ Salz

in einer hinreichenden Menge von Wasser in der Grube, damit die Häute voll bedeckt werden.

Man setze dieser Lösung

> 2,8 kg Schwefelsäure (95% ig)

zu und mische die Brühe gut durch.

Die Häute werden nun so rasch wie möglich in diese Lösung eingehängt, zeitweise bewegt und so lange in der Grube belassen, bis die dicksten Partien der Haut vollständig von der Chromsäure durchgebissen sind. Die Chromsäure besitzt ein bedeutend rascheres Diffusionsvermögen in der Blöße als eine basische Chromsulfatbrühe; eine Einwirkungsdauer von 12 Stunden wird gewöhnlich ausreichen, um eine befriedigende Absorption und ein völliges Durchdringen der Chromsäure feststellen zu können.

Wenn diese Bedingung erfüllt worden ist, werden die Häute herausgezogen, in Haufen gelegt und während einiger Stunden abtropfen gelassen, wonach sie in das Reduktionsbad versetzt werden können.

Das zweite Bad bereitet man wie folgt:

Für je 100 kg Blößen löse man

20 kg Natriumthiosulfat zusammen mit
8 „ Salz

in der Grube in einer hinreichenden Menge Wassers, damit die eingehängten Häute vollständig bedeckt werden. In der Zwischenzeit verdünne man 4 kg Schwefelsäure durch Eingießen in etwa die vierfache Menge ihres Volumens an Wasser; diese Operation nimmt man in einem Holzbottich vor, der sich in unmittelbarer Nähe der Grube befindet.

Man setze zunächst ein Drittel der verdünnten Säure dem gelösten Thiosulfat und Salz zu, rühre den Inhalt der Grube nach dieser Zugabe gründlich durch und hänge dann die Häute möglichst rasch hinein.

Nach Ablauf von etwa einer halben Stunde werden die Häute herausgezogen und abtropfen gelassen, während man dem Reduktionsbad ein weiteres Drittel der Säurelösung zufügt, den Grubeninhalt gut durchmischt und dann die Häute in die Brühe zurückversetzt. Nach einer Einwirkungsdauer von etwa $1\frac{1}{2}$ Stunden fügt man das verbleibende Drittel der Säurelösung zu und beläßt die Häute so lange in der Lösung, bis die Reduktion selbst in den dicksten Hautpartien eine vollständige ist; zur Erreichung dieses Zweckes verbleiben die Häute insgesamt etwa 24 Stunden lang im Reduktionsbad eingehängt.

Die Lösungen, aus welchen die Häute entfernt worden sind, können unter Zubesserung für eine zweite Warenpartie verwendet werden, und zwar verstärkt man das

erste Bad, für je 100 kg Blößen, mit

5 kg Natriumbichromat und
1,7 „ Schwefelsäure,

das zweite Bad, für je 100 kg Blößen, mit

15 kg Natriumthiosulfat und
3 „ Schwefelsäure.

Die Lösungen können wiederholt für 6—8 Partien verwendet werden, bevor man sie vollständig frisch ansetzt.

Nach völlig durchgeführter Reduktion ziehe man die Häute heraus, lege sie in Haufen und lasse sie während 24 Stunden abtropfen, wonach man die Operationen des Waschens und Neutralisierens vornehmen kann.

Waschen. Das Waschen kann durch Einhängen in die Grube oder durch Walken im Waschfaß bewerkstelligt werden; im letzteren Falle ist es erwünscht, vor Ausführung dieser Operation die Croupons in Bänder zu zerlegen.

Das Waschen wird am besten durch Einlegen der Häute in fließendes Wasser ausgeführt, dessen Temperatur man gegen das Ende der Operation erhöht, damit die löslichen Salze, die in der Haut enthalten sind, erfolgreich herausgelöst werden. Wenn man das Waschen in der Grube vornimmt, so ist erwünscht, für das Waschen in fließendem Wasser, wie eben erwähnt, eine passende Vorrichtung zu treffen und die Temperatur des Waschwassers gegen das Ende der Operation bis zu 40⁰ C zu steigern. Nach vollständigem Auswaschen der Häute werden dieselben neutralisiert.

Neutralisieren. Die Neutralisation kann mittels Borax, Waschsoda oder kalzinierter Soda ausgeführt werden. Da die für diesen Zweck zu verwendende Menge des Alkalis etwas erhöht und folglich kostspielig ist, kann man aus Gründen der Sparsamkeit bei genügend sorgfältiger Arbeitsweise die Neutralisation teilweise mit Ammoniak bewerkstelligen und dann entweder mit wasserfreier Soda oder mit Borax zu Ende führen.

Die anzuwendende Menge des Alkalis ist natürlich von der Azidität des Leders abhängig wie auch von dem Grade des Auswaschens, das vor dem Neutralisieren stattfand.

Wenn man die Neutralisation mit Hilfe von Ammoniak beginnt, so muß man sehr langsam und mit peinlichen Vorsichtsmaßregeln ans Werk gehen, indem man das Ammoniak in sehr kleinen Portionen zufügt und sowohl die Lösung wie auch das Leder kontinuierlich gegen Lackmuspapier prüft, damit eine leicht eintretende Überneutralisation vermieden wird.

Die Menge des anzuwendenden Alkalis beträgt gewöhnlich etwa 2% Borax, 1½% Waschsoda oder ½% kalzinierter Soda.

Wenn man an Stelle von 2% Borax ein Gemisch von Ammoniak und Borax in Anwendung bringt, so beträgt die Menge an Ammoniak, die den dreiviertel Teil der Säure zu neutralisieren vermag, ½%; die Neutralisation wird dann mit ½% Borax vervollständigt.

Nachdem die Neutralisation zufriedenstellend ausgeführt worden ist, werden die Häute wiederum gewaschen, aus dem Bad gezogen, abgewelkt und sind dann zum Trocknen bereit.

Trocknen. Das Trocknen von Bändern für Sohl- oder Riemenleder geschieht im allgemeinen mittels Ausspannen derselben auf Brettern oder Rahmen. Das Ausspannen der Leder in diesem Stadium bezweckt die Verminderung der Dehnbarkeit im Falle von Riemenleder, und die Gefahr der Verbreiterung beim Tragen im Falle von Sohlenleder.

Das Leder muß mit Hilfe von Kneifzangen sehr straff ausgespannt werden. Das Trocknen erfolgt bei mäßig hoher Temperatur.

Imprägnieren von Sohlleder. Man imprägniert das Leder durch
Eintauchen in geschmolzenes Wachs, zu welchem man eine kleine
Menge an Harz zusetzt, um die Faserzwischenräume auszufüllen und
damit die Wasserundurchlässigkeit des Leders zu erhöhen; im Falle
von Sohlenleder wird es auch hierdurch ermöglicht, daß dasselbe im
Tragen eine gewisse Menge von Sand aufnimmt, womit das Ausgleiten
des Leders verringert wird.

Im folgenden seien zwei typische Rezepte für diesen Zweck gegeben:

      1. 80 Teile Paraffinwachs von hohem Schmelzpunkt
         15 ,,   Harz
          5 ,,   fester Talg.

      2. 70 Teile Paraffinwachs von hohem Schmelzpunkt
         30 ,,   Carnaubawachsrückstände.

Das ,,Einbrennen'' erfolgt in einem Behälter, der mit passender
Dampfzuführung versehen ist und in welchen die Häute womöglich
eingehängt werden sollen. Das Leder wird in einem Heißdampfraum
aufgehängt, damit es von Feuchtigkeit weitmöglichst befreit wird; das
Wachsgemisch wird geschmolzen und zu einer Temperatur von 80—85⁰ C
erhitzt; man hängt das Leder in das geschmolzene Wachs ein und beläßt es so bis zu vollständiger Imprägnierung. Dies wird dadurch angezeigt, daß die Luftbläschen aufhören, auf die Oberfläche aufzusteigen;
die Luftbläschen werden nämlich durch das Wachs aus den Faserzwischenräumen verdrängt. Das Einbrennen geht sehr rasch vor sich,
und 2—3 Minuten der Einwirkung reichen gewöhnlich aus, um eine
vollständige Imprägnierung herbeizuführen.

Das Leder wird nun so auf eine geneigte Tafel gelegt, daß es in
das Eintauchgefäß abtropft; man streift das Leder noch heiß ab und
entfernt dann rasch mittels eines Zeuges das überflüssige Wachs, worauf
man es zwecks Abkühlen aufhängt. Die letzte Zurichtoperation für
Sohlleder besteht in einem heißen Pressen des Leders, auf einer ,,She-
ridan'' oder hydraulischen Presse. Dies macht das Leder fest und
flach und verleiht ihm ein präsentierbares Aussehen.

XX. Chromlackleder.

Die ältere Herstellungsweise von Lackleder bestand in einer aufeinanderfolgenden Behandlung des Leders mit einem Leinöllack, der
durch Kochen von Leinsamenöl mit einem ,,Sikkativ'' bereitet wurde.
Dieser Lack ist infolge Mangel an Elastizität für die Behandlung von
chromgarem Leder nicht geeignet, da dieses im Gegensatz zu vegetabilischem Leder eine gewisse natürliche Elastizität besitzt, die im
Laufe der Fabrikation nicht völlig beseitigt werden kann.

Abb. 103. Sonnenbestrahlung von Lackleder.

Die Fabrikation des Lackleders dieser Art hat in den letzten Jahren bedeutende Vervollkommnung erfahren, indem das Leinölgemisch teilweise durch Nitrozellulose, gelöst in einem geeigneten Lösungsmittel, ersetzt worden ist. Dieser Zusatz erhöht bedeutend die Biegsamkeit der Lackschicht und ruft auch einen prächtigen Glanz hervor.

Die Zugabe der gelösten nitrierten Zellulose zum gekochten Leinöllack bewirkt auch eine Verminderung der Brüchigkeit der Lackschicht, die die Oberfläche des Leders bedeckt, wenn dieses extremen Temperaturen ausgesetzt wird.

Die Fabrikation von Chromlackleder, namentlich von lackiertem Schafleder und von Lackchevreau hat in den Vereinigten Staaten und in Deutschland eine bedeutende Verbreitung erlangt. In England hat die Fabrikation dieser Ledersorten, hauptsächlich infolge der klimatischen Verhältnisse, keine sehr große Fortschritte gemacht.

Chromgares Leder stellt infolge seiner Elastizität und infolge seiner im Vergleich zu vegetabilischem Leder größeren, natürlichen Zügigkeit dem Chromlacklederfabrikanten viel größere Schwierigkeiten entgegen, als dies bei der älteren Arbeitsmethode der Fall war.

Die hauptsächlichen Punkte, die bei der Vorbereitung des Leders von Bedeutung sind, sind die folgenden:

1. Befreiung des Leders von seinem natürlichen Fett.

2. Herabminderung der natürlichen Zügigkeit des Leders bis zu einem Grade, der praktisch erreichbar ist.

Das ersterwähnte geschieht entweder durch Entfettung des Leders mit Hilfe eines Fettlösungsmittels (gewöhnlich leichtes Petroläther) in einem geeigneten Apparat, oder durch Entfernung des Fettes mittels Abstreichen mit einer Paste aus Fullererde — oder durch Behandlung des Leders mit einem passenden Pigment in flüssiger Form und darauffolgendes Trocknen bei hoher Temperatur in einem Trockenschrank. Das Fett wird nämlich im Trockenschrank verflüssigt und geht in die Pigmentschicht über. Nach dieser Behandlung wird das fettige Pigment durch Abschaben entfernt und, wenn nötig, das Leder wiederholt mit dem Pigment behandelt und die Operation so oft wiederholt, bis das gesamte natürliche Fett entfernt worden ist.

Das Leder muß gut durchgegerbt sein und muß den etwas hohen Temperaturen, welchen es nach dem Auftragen der verschiedenen Lackshcichten im Trockenschrank ausgesetzt wird, gut widerstehen.

Die Operation des Fettlickerns weicht hier von der Arbeitsweise etwas ab, die den glanzgestoßenen oder anderweise zugerichteten Ledersorten gewöhnlich zuteil wird. Die für das Fettlickern gebrauchten Materialien dürfen mit dem Lackbelag nicht unverträglich sein und dürfen auch gegen die Einverleibung des letzteren in die Narbenschicht des Leders nicht den geringsten Widerstand leisten.

16*

Die Anwesenheit von ungeeignetem oder natürlichem Fett im Leder widerstreitet dem völligen Anhaften der Lackschicht auf der Lederfläche und bringt die Gefahr mit sich, daß der Lackbelag sich abschält, oder daß eine Art von Blasenbildung auf diesem stattfindet. Der geeignetste Fettlicker stellt sich aus einer Emulsion von einem sulfurierten, trocknenden Öl, wie löslichem Tran oder Leinsamenöl, zusammen.

Der wesentlichste Faktor für das Gelingen des Lackleders ist, falls das Leder für diesen Zweck zufriedenstellend vorbereitet wurde, die Bereitung des Lackes.

Wie oben erwähnt, besteht die Grundsubstanz des Lackes aus Leinsamenöl. Die Auswahl und das Lagern von Leinöl vor dem Gebrauche ist von außerordentlich großer Bedeutung. Das Öl muß die beste Qualität, die nur zu beschaffen ist, darstellen und muß unter geeigneten Bedingungen für eine sehr lange Zeitdauer aufbewahrt werden können. Das Lagern des Öls in passenden Gefäßen bezweckt in erster Linie die Entfernung der Feuchtigkeit und soll, falls das Öl nicht schon früher gelagert wurde, zur Abscheidung der stets vorhandenen schleimigen Substanzen, welche dann abgeschöpft werden, eine genügende Zeitdauer zur Verfügung stellen. Während des Lagerns finden außerdem zweifellos gewisse Oxydationsvorgänge statt, die von günstiger Einwirkung auf das Öl sind. Manchmal wird auch das Öl durch Behandlung mit einer kleinen Menge Schwefelsäure einer abermaligen Raffination unterworfen.

Das Kochen des Leinöls wird nach dem Prozeß von Worden[1], wie folgt, ausgeführt:

„Eine passende Menge des Öls, sagen wir 500 Liter, wird in einen eisernen Fettkochkessel gebracht, der auf Rädern montiert und auf einem Gleise verschiebbar ist, so daß der Kessel und sein Inhalt vom Feuer wegbewegt werden kann; als Brennstoff verwendet man am besten Koks oder Holzkohle. Ein geeignetes Thermometer wird auf der Innenseite des Kessels befestigt, der nur etwa bis zur Hälfte seines Inhaltes an Öl gefüllt ist. Nachdem man das Feuer angesetzt hat, läßt man die Temperatur des Öls auf 37—38° C steigen, wobei dieses zu schäumen beginnt, was durch das Entweichen der Feuchtigkeit in Form von Dampf verursacht wird; das Sikkativ, das vor einigen Stunden mit etwas Leinöl vermischt worden ist, wird nun unter fortwährendem Rühren in kleinen Portionen zugesetzt. 320 g rohes Umbra und 400 g Chinesischblau für je 100 l Öl wird gute Resultate liefern. Man erhitzt das Gemisch nun weiter, womöglich unter kontinuierlichem Umrühren, indem man die Temperatur um je 5° pro 15 Minuten bis

---

[1] E. C. Worden, Nitro-Cellulose Industry 1911, Vol. I, S. 446.

zum Maximum von 135⁰ C steigen läßt. Das Öl besitzt bei dieser Temperatur gewöhnlich eine dicke, melassenartige Konsistenz; ist dies noch nicht der Fall, so fährt man mit dem Erhitzen unter ständigem Umrühren fort und entzieht den Kessel dem Feuer, um die Temperatur von 135⁰ C nicht zu übersteigen, bis das fortwährend gerührte Ölgemisch um einige Celsiusgrade abgekühlt ist. Dieses aufeinanderfolgende Erhitzen und Abkühlen wird so lange fortgesetzt, bis das Ölgemisch die erforderliche Viskosität erlangt hat. Hierauf wird der Kessel samt Inhalt vom Feuer gezogen, bedeckt, und bis 37—38⁰ C erkalten gelassen, wonach man dem Öl 20% von seinem ursprünglichen Volumen an Amylazetat in einer Portion zufügt und dieses gründlich in das Öl einverleibt. Das Amylazetat soll rasch und unter gutem Umrühren zugesetzt werden, so daß es das Öl möglichst schnell abkühlt, damit eine Verflüchtigung des Lösungsmittels vermieden wird. Wenn man das Öl vor der Zugabe des Azetats weiter erkalten läßt, so wird dieses selbst nach einer Filtration eine leicht körnige Beschaffenheit aufweisen, während man durch eine Zugabe in warmem Zustande eine völlig homogene Lösung erzielt. Die gewöhnliche Prüfung des Lackes besteht darin, daß man aus dem Kessel eine geringe Menge des Öls mittels eines Spatels herausholt und dieses zwischen dem Daumen und Zeigefinger auseinanderziehend auf Zügigkeit prüft. In manchen Fällen wird 5—10% des Amylazetats durch Terpentinöl ersetzt. Nach der Zugabe des Lösungsmittels bedeckt man sofort den Kessel und läßt seinen Inhalt auf gewöhnliche Temperatur abkühlen, worauf man den Kessel entleert und den Lack durch Papier in einer Filterpresse hindurchfiltriert; eine Probe des Gemisches, auf eine Glasplatte gebracht, darf keine Spur von festen Partikeln oder Körnern aufzeigen, wenn sie vom Beobachter gegen das Sonnenlicht gehalten betrachtet wird. Das Gemisch wird nun bis zum Gebrauche in einem Behälter aufbewahrt."

Worden empfiehlt die Bereitung der Nitrozelluloselösung, wie folgt:

„Die nitrierte Baumwolle wird im allgemeinen als sehr geeignet für diesen Zweck angesehen, wenn sie in folgenden Proportionen verwendet wird: 375 g Nitrozellulose in 10 l Lösungsmittel, deren 60% aus Amylazetat (6 l) und 40% aus Benzin (4 l) besteht. Dieses Gemisch besitzt etwa die Viskosität des Rübenöls. Für die beste Zusammensetzung des Lösungsmittels ist viele Forschungsarbeit aufgewendet worden, und die größten Autoritäten stimmen darin überein, daß der Betrag an Amylalkohol (raffiniertes Fuselöl) etwa 20—22% betragen soll. Es wird aber auch etwas Holzgeist, doch kein Azeton oder Äther verwendet.

Die höher siedenden Lackbenzine sind den niedriger siedenden Produkten vorzuziehen. Das Amylazetat soll womöglichst rektifiziert und der höher siedende Anteil verwendet werden, welcher praktisch

genommen kein Propylazetat enthalten darf. Als Farbstoff nimmt man
ein modernes, spritlösliches Nigrosin von höchster Konzentration und
völligem Freisein von Dextrin wie auch von wahrnehmbaren Mengen
an Salzen. Der Farbstoff wird in gleichen Mengen von Amylazetat und
von Benzin gelöst und dann filtriert. Ein typischer Lackbelag besitzt
etwa die folgende Zusammensetzung:

Nitrozellulose   300 g
Amylalkohol   975 „
Amylazetat   2600 „
Lackbenzin, auffüllen zu 5 l.

Die Menge des anzuwendenden Nigrosins hängt von der Marke
und Stärke des Farbstoffes wie auch von der zu erzielenden Farbtiefe
ab. Der Lackbelag soll einige Tage vor dem Gebrauche fertiggestellt
und womöglichst durch Papier in einer flachen Presse durchfiltriert werden.

Das Öl (enthaltend 20% Amylazetat) wird mit der Nitrozelluloselösung vermischt, und zwar gibt man das letztere dem ersteren zu, und
nicht umgekehrt. Die Proportionen variieren mit den verschiedenen
Belägen, die man dem Leder erteilt; falls man eine harte Oberfläche
erzielen will, gibt man dem ersten Belage mehr Öl und setzt dem letzten
gar kein Öl zu. Zufriedenstellende Resultate sind erhalten worden, indem der erste Belag aus 1 Teil Ölgemisch und 3 Teilen Nitrozelluloselösung bestand und die entsprechenden Zusätze beim zweiten Belage
1 bzw. 6 betrugen. Es wird angenommen, daß man bessere Resultate
erhält, wenn man das Leinöl mit der Nitrozellulose mehrere Tage vor
dem Gebrauche vermischt.

Um festzustellen, ob die Mischung völlig homogen ist, gieße man
eine kleine Menge derselben auf eine Glasplatte und halte die Probe
gegen das Licht. Wenn das Öl und die Nitrozellulose nicht einwandfrei
miteinander vermischt sind, so wird die Masse leicht körnig erscheinen.
Man sollte mit bloßem Auge keine Partikelchen im Lack wahrnehmen.
Ist dies doch der Fall, so filtriere man das Gemisch durch Papier. Es
ist wohl überflüssig, darauf hinzuweisen, daß dieses Gemisch sorgfältigst
vor Staub geschützt werden muß. Wenn das Leinöl nur schwierig mit
der Nitrozellulose eine homogene Verbindung eingeht, so ist es gewöhnlich üblich, dem Gemisch eine geringe Menge (die 0,5% nicht
übersteigen soll) an Essigsäure oder Salpetersäure zuzusetzen und das
Ganze heftig durchzurühren; das Gemisch verliert hierbei oft sein
körniges Aussehen und wird homogener. Der Grund hierfür ist dem
Verfasser nicht einleuchtend, und die freie Säure muß die Viskosität
der Mischung merklich herabsetzen, falls diese eine längere Zeit hindurch vor dem Gebrauche stehengelassen wird.“

Das Auftragen des Lackes. Nachdem das Leder von Fett befreit
worden ist, wird es straff in Rahmen gespannt, entweder mit Hilfe von

Klammern (S. 179) oder mittels Aufnageln, und wird dann im Lackofen bei etwa 35⁰ C getrocknet. Nach dem Trocknen werden die Rahmen einzeln aus dem Trockenschrank herausgenommen und die Leder auf der Narbenseite gründlich mit einer harten Bürste abgebürstet; dies hat den Zweck, die Lederoberfläche leicht aufzurauhen, um ein besseres Anhaften des Nitrozellulose-Leinöllackes zu ermöglichen.

Worden empfiehlt für das Auftragen des Lackes die folgende Arbeitsweise:

„Mit Hilfe eines ‚Schlickers‘ wird eine kleine Menge der Nitrozellulose-Leinöllösung, die auf 30—32⁰ erwärmt worden ist, aufgenommen; die Menge hängt von der Gewandtheit des Arbeiters ab und soll so viel betragen, daß sie vollständig in das Leder einverleibt werden kann, bevor die Nitrozellulose, infolge Verdampfung des Lösungsmittels, bei einem bestimmten Punkte auszuflocken beginnt. Das Gemisch wird gründlich und gleichmäßig in das Leder eingerieben, bis dieses anscheinend nichts mehr aufzunehmen vermag. Die Menge des anzuwendenden Lackes variiert in weiten Grenzen, da sie von dem Umfang und von der Aufnahmefähigkeit des Leders abhängig ist. Die Bürste ist für das Auftragen der Lackschicht nicht geeignet, da man durch das Einbürsten kein so völliges Eindringen erzielen kann wie durch ein wirkliches Einreiben. Nach einem teilweisen Trocknen auf der Tafel werden die Leder — stets noch in Rahmen gespannt — über die Heizröhren des Lackofens gelegt, dessen Temperatur 35⁰ C nicht übersteigen soll, und werden zwecks Trocknen gewöhnlich 24 Stunden lang so belassen. Die Lackschicht wird dann leicht mit Bimsstein zwecks „Polieren“ der Oberfläche abgerieben, bevor man den zweiten Belag aufträgt. Diese zweite Schicht enthält, wie erwähnt, etwa halb soviel Leinöl als die erste und wird mittels einer langborstigen Bürste, weniger oft auch mit einem Schwamm, auf das Leder aufgetragen. Wenn manche Stellen der Haut darauf hinzeigen, daß der erste Lackbelag zu dünn aufgetragen wurde, oder daß das Bimsen zu weit gegangen ist, so gibt man beim zweiten Auftragen einen dickeren Belag; dieser soll nämlich der Hauptsache nach für den letzten Belag einen gleichmäßigen, glatten Grund darbieten. Das Leder wird auf der Tafel gelassen, bis die Lackschicht erstarrt, und wird dann, wie vorher, auf dem Ofen getrocknet. Man betrachtet diese Schicht als getrocknet, wenn man beim Abschälen des Lackes mittels eines stumpfen Werkzeuges keinen Geruch des Lösungsmittels mehr wahrnehmen kann. In manchen Fällen gibt man dem Leder zwei sehr dünn ausgebreitete Zwischenschichten, doch besitzt das Leder nach dem Trocknen der einmaligen Zwischenschicht schon das Aussehen des fertigen Lackleders, falls der erste Belag sauber aufgetragen und derselbe gleichförmig abgebimst worden ist; dieser Zwischenbelag wird, bei reflektiertem Lichte betrachtet, von Wellen und festen Partikelchen vollständig frei sein. Der letzte Belag besteht für narbiges Lackleder gewöhnlich aus Nitrozellulose ohne Ölzusatz, während man für Lackleder, das einen hohen Glanz aufweisen soll, auch eine geringe Menge an Leinöl der Nitrozelluloselösung zusetzt. Die letzte Schicht soll sehr dünn sein und soll eine hinreichende Menge an hochsiedendem Lösungsmittel besitzen, damit sie beim Auftragen ein wiederholtes Aufbürsten gestattet, ohne daß die Bürste Spuren auf der Fläche hinterläßt; ferner soll sie sich zu einer ebenen Fläche von hohem Glanze ausbreiten lassen. Anderseits muß aber der letzte Lackbelag mit einer solchen Geschwindigkeit aufgetragen werden, daß die frühere Schicht nicht vom Lösungsmittel erweicht oder von der Bürste aufgerieben wird. Nach dem letzten Trocknen, das ebenfalls bei mäßiger Temperatur geschieht, wird das Leder von dem Rahmen abgenommen; sollte es dann keine genügende Geschmeidigkeit besitzen, so gibt man ihm auf der Rückseite einen Auftrag von Leinöl oder von Rizinusöl. Das fertige Leder soll vor Ablauf einer Woche nicht beschnitten oder in Arbeit gezogen werden, damit für die Verdampfung der letzten Spuren von Lösungsmittel und für die Sicherung der maximalen Härte der Lackschicht eine genügende Zeitdauer zur Verfügung gestellt wird. Bei Verwendung von sauber gegerbten Häuten und mit gebührender Aufmerksamkeit in der Ausführung der Einzelheiten liefert dieses Verfahren ein Lackleder, das sich den strengen Anforderungen der Kundschaft gegenüber in jeder Hinsicht behauptet."

Es ist im allgemeinen ratsam, das Leder nach der zweiten und dritten Schicht der Einwirkung von Sonnenstrahlen auszusetzen. Dies geschieht dadurch, wenn die Möglichkeit dazu vorhanden ist, daß das in Rahmen gespannte Leder mehrere Tage hindurch unter freiem Himmel der Einwirkung der Sonne und der Luft ausgesetzt wird, wie dies aus der beiliegenden Abbildung ersichtlich ist. (S. 242.)

Es ist auch öfters versucht worden, das Bestrahlen durch die Sonne mit Hilfe von anderen, künstlichen Mitteln zu besorgen. Eine Methode, die unter diesen Vorschlägen in den praktischen Gebrauch übergegangen ist, besteht in der Bestrahlung des Leders mit ultraviolettem Lichte, das mittels einer Quecksilberdampflampe hervorgerufen wird, und es wird behauptet, daß dieses Verfahren ebenso wirkungsvoll ist wie das natürliche Bestrahlen durch die Sonne.

XXI. Das Spalten.

Das Spalten kann in drei verschiedenen Stadien der Fabrikation vorgenommen werden:

1. Spalten der Ware in geäschertem Zustande.
2. Spalten in gepickeltem Zustande.
3. Spalten nach dem Gerben.

Die Auswahl des Stadiums, in welchem diese Operation ausgeführt werden soll, hängt von der Organisation des Betriebes ab. Die Vorteile und Nachteile des Spaltens in den verschiedenen Stadien der Fabrikation mögen im folgenden aufgezählt werden:

Spalten in geäschertem Zustande. Der Vorteil des Spaltens der Häute in diesem Zustande besteht darin, daß der Fleischspalt darauffolgend in jeder gewünschten Weise behandelt werden kann, indem man ihn entweder vermittels des vegetabilischen Prozesses oder mittels des Alaun- oder Chromverfahrens ausgerben kann, je nachdem eines dieser Verfahren als geeigneter betrachtet wird und eine Nachfrage nach der betreffenden Ledersorte besteht. Dünne Narbenspalten, die für die Herstellung von Leder nicht zu gebrauchen sind, werden am besten in diesem geäscherten Zustande an Handschuhlederfabriken verkauft und bedürfen keiner besonderen Vorbehandlung für den Verkauf, außer daß man sie so lange in einer starken Kalklösung behält, bis sich eine genügende Menge angesammelt hat.

Wenn die Häute im Äscher gut angeschwollen sind, so verläuft die Operation des Spaltens, im Vergleich zum Spalten in gepickeltem Zustande, verhältnismäßig leicht, falls man die Operation auf einer geeigneten Spaltmaschine vornimmt. Die Nachteile, im Vergleich zum Spalten in gegerbtem Zustande, sind die folgenden: 1. Der Narbenspalt ist nicht so gleichförmig in der Dicke; und 2. die Operation erfordert viel geschicktere Arbeitskräfte und Beaufsichtigung, damit die Häute nicht zu dünn gespalten werden, da doch große Verschiedenheiten in der Dicke des fertigen Leders und der geäscherten Blöße bestehen.

Spalten in gepickeltem Zustande. Die Ausführung der Spaltoperation in diesem Zustande geschieht in Amerika in größerem Maßstabe als in England. Die Nachteile des Spaltens in diesem Zustande überwiegen, nach Meinung des Verfassers, sämtliche Vorteile. Die

Ware ist im gepickelten Zustande dünner als in der geschwollenen, geäscherten Form und besteht infolgedessen ein größerer Spielraum für die Veränderungen in der Dicke des fertigen Leders. Die Ware ist nicht so leicht zu behandeln und hält infolge ihrer weicheren Beschaffenheit dem Spaltmesser während der Operation nicht so gut stand. Ferner befindet sich die Ware in einem stark sauren Zustande; das Messer wird folglich kontinuierlich abgenutzt und erfordert daher ein konstantes Schleifen im Laufe der Operation. Der einzige Vorteil, der zugunsten des Spaltens in diesem Stadium spricht, ist die weniger schlüpfrige Beschaffenheit der Häute im Vergleich zu der geäscherten Ware und können diese deshalb befriedigender in die Maschine eingesetzt werden.

Spalten in gegerbtem Zustande. Vom Gesichtspunkte der Gleichförmigkeit geschieht die Spaltoperation am besten in fertig gegerbtem Zustande.

Der Nachteil des Spaltens in dieser Kondition besteht darin, daß der Fleischspalt im allgemeinen keinen großen Wert besitzt, insbesondere wenn leichtere Hautsorten bearbeitet werden; man verbraucht ferner für die Ausgerbung eine beträchtliche Menge an Gerbmaterialien, die in den meisten Fällen einen Verlust an diesen bedeuten. Die Arbeit und die Beaufsichtigung, die mit dem Spalten in diesem Zustande verbunden sind, sind auch größer als beim Spalten in geäschertem oder gepickeltem Zustande.

Wenn die Ware ganz der Länge nach gespalten werden soll, bedient man sich ausschließlich der Bandmessermaschine. Das „Kopfspalten", wobei man die dickere Halspartie im Falle von Kalbfellen und manchen Sorten von Hälften verdünnen will, geschieht gewöhnlich auf der „Union"-Kopfspaltmaschine oder auf anderen Kopfspaltmaschinen, deren Konstruktion auf demselben Prinzip beruht.

Spalten auf der Bandmesserspaltmaschine. Das Spalten der geäscherten oder gepickelten Ware auf der Bandmesserspaltmaschine ist eine sehr heikle Operation und erfordert die genaueste Anpassung und Einstellung der Maschine, um das beste Resultat zu erreichen. Die Konstruktion der Maschine, die für das Spalten von geäscherten Häuten dient, weicht etwas von der Maschine ab, die man für gegerbte Leder gebraucht; die Maschine, die für das Spalten gegerbter Häute angewendet wird, besitzt eine glatte Metallwalze, während die Maschine für das Spalten aus dem Kalk mit einer geriffelten Transportwalze ausgerüstet ist. Die Notwendigkeit für diese Verschiedenheit in der Konstruktion wird dadurch bedingt, daß die geäscherte Haut infolge ihres schlüpfrigen nassen Charakters leicht zwischen den Walzen ausrutschen kann, und falls sie von der geriffelten Transportwalze nicht stets festgehalten wird, besteht ständig die Gefahr, daß das Spalten unregelmäßig vor sich geht und die Haut beschädigt wird; in der Tat

ist es außerordentlich schwierig, eine geäscherte Haut, selbst unter
günstigen Konditionen, durch die gewöhnliche Art von Bandmesserspaltmaschine zu schicken, die nur mit der glatten Transportwalze ausgerüstet ist.

Die Einstellung des Messers auf die bestgegebene Entfernung von
den Führungswalzen und der Schneidfläche ist eine Aufgabe, die eine
konstante Beaufsichtigung seitens des Spalters erfordert.

Die Beschaffenheit der zu spaltenden Ware ist von großer Bedeutung. Es ist im allgemeinen anzuraten, die Häute nach dem Entfleischen abzuspülen und über Nacht in Haufen liegenzulassen, damit

Abb. 104. Werkstatt mit Bandmesserspaltmaschinen.

sie vor dem Spalten in einen so trockenen Zustand gelangen, wie dies
nur möglich ist. Während des Lagerns in Haufen müssen die Häute
sorgfältig mit einem nassen Packleinen bedeckt werden, welches man
durch Eintauchen in Kalkwasser angefeuchtet hat, damit man dem
Schaden vorbeugt, der durch die Karbonatisierung des Kalkes durch
die Kohlensäure der Luft entstehen kann und welche dann zur Bildung von sog. „Kalkflecken" Veranlassung gibt. Anderseits darf man
die Häute nicht allzu lange in Haufen belassen, insbesondere bei warmem
Sonnenwetter oder in einer ungeeigneten warmen Atmosphäre, auch
soll der Haufen nicht allzu große Dimensionen besitzen, da sonst eine
Beschädigung der Ware durch Überhitzung zu befürchten ist.

Vor der Ausführung des Spaltens ist es ratsam, die Häute nach
ihrer Dicke zu sortieren; die kräftigen Häute werden in einen Haufen

gelegt, die mittleren bilden einen zweiten Haufen und die leichten Häute werden in einen dritten Haufen aufgestapelt. Diese Prozedur erlaubt das Spalten, ohne wiederholte Verstellung der Maschine, viel rascher auszuführen. Wenn man nach dieser Methode arbeitet, so spaltet man zunächst die leichten Häute, hierauf die mittleren und schließlich die kräftigen Häute.

Die Ware soll zu einer gleichförmigen Dicke gespalten werden, worüber man sich mittels eines geeigneten Meßinstrumentes überzeugt.

Die Abb. 104 und 105 stellen moderne Typen von Bandmesserspaltmaschinen dar.

Das Spalten des Kopfes von Kalbfellen und leichten Häuten zu der Dicke der Schulterpartien kann auch auf der Bandmessermaschine, in gekälktem Zustande der Ware, erfolgen, doch wird dies gewöhnlich auf der oben bereits erwähnten „Union"-Kopfspaltmaschine vorgenommen. In diesem Falle wird das Fell kräftig gegen ein feststehendes Messer gezogen. Diese Methode ist im Vergleich zu der Arbeit auf der Bandmessermaschine langsam, doch erfordert sie weniger gewandte Arbeit und wird allgemein, besonders in kleineren Fabriken, für diesen Zweck angewendet.

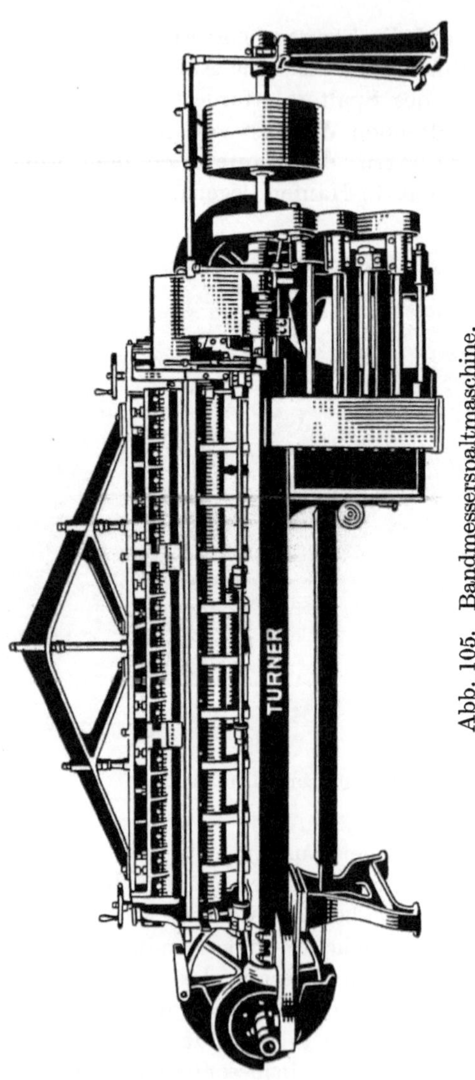

Abb. 105. Bandmesserspaltmaschine.

Anhang A.

Abkürzungen für die Namen der Farbstoffabriken:

(A) Aktiengesellschaft für Anilinfabrikation, Berlin SO 36.
(B) Badische Anilin- und Sodafabrik, Ludwigshafen a. Rh.
(By) Farbenfabriken vorm. Friedr. Bayer & Co., Elberfeld.
(C) Leopold Casella & Co., Frankfurt a. M.
(G) Chemische Fabrik Griesheim-Elektron, Frankfurt a. M.
(M) Farbwerke vorm. Meister Lucius & Brüning, Höchst a. M.
(W) Chemische Fabriken vorm. Weiler ter Mer, Ürdingen a. Rh.

Im folgenden seien die gangbarsten Farbstoffe der größten deutschen Farbenfabriken, für die Ausfärbung von Chromleder geeignet, mitgeteilt.

Das Leder wird nach dem Gerben gewaschen, mit Borax, Natriumbikarbonat oder Soda neutralisiert, wiederum gewaschen und dann in einer Tanninlösung mittels Haspeln oder Walken gebeizt. Für die verschiedenen Farbtöne werden folgende Ansätze empfohlen:

Dunkelbraune Töne	2% Gambier,	1%	Gelbholzextrakt
Mittelbraune „	1½% „	1½%	„
Hellbraun „	1% „	2%	„
Blasse Kunst- oder Pastellfarben .	2% Sumachextrakt		
Dunkle Töne, Schokoladenbraun, Blau oder Grün	1% Hämatinkristalle, 2% Gambier.		

(Siehe die S. 123—135.)

Das Leder wird unmittelbar nach dem Beizen gefärbt. Das Fettlickern erfolgt erst nach ausgeführtem Färben.

Saure Farbstoffe.

Braun.

Azidollederbraun TG	(W)	Hellnußbraun	(B)
Azidoltiefbraun	(W)	Lederbraun 33	(A)
Alphanolbraun B	(C)	„ S 441, SS 2649 . .	(G)
Azolederbraun D, 8322 . . .	(M)	„ S 5303, SS 5213	(G)
Dunkelnußbraun	(B)	Naphthylaminbraun.	(B)
Echtbraun G für Leder . . .	(A)	Resorzinbraun	(A)
„ D	(C)	„	(G)
„ O	(M)	„ HL	(M)
Grundierbraun GT	(B)	Säureanthrazenbraun R, RH	
„ G, R	(W)	extra	(By)
Havannabraun G, 5 G . . .	(B)	Säuregrundierbraun II . . .	(W)
„ S konz. . . .	(C)	Säurelederbraun EG, O, OO.	(M)
„ HS konz. . .	(M)	„ G, 2 G, W .	(M)
		Walkbraun 3 G	(A)

Gelb und Orange.

Azidolgrundiergelb R . . . . (W)
Amidogelb E . . . . (M)
Azoflavin RS neu, SGR extra (B)
„　　H konz. . . . . . (M)
„　　3R . . . . (W)
Azosäuregelb . . . . (A)
Azowalkgelb 5 G . . . . . . (G)
Chinolingelb extra . . . . . (G)
Chromgelb R extra . . . . . (By)
Citronin G und RR . . . . (G)
Curcumein extra . . . . . . (A)
Echtbeizengelb G . . . . . . (B)
Grundiergelb GG, GT . . . (B)
„　　　H . . . . . . (M)
Guineaechtgelb RL . . . . . (A)
Indischgelb R . . . . (By)
„　　　„ . . . . . . (C)
Ledergelb GS . . . . (G)
Mandarin G extra . . . . . (A)
Naphtholgelb S . . . . (C)
Orange G . . . . (A)
Orange II . . . . (B)
„　　P, RN, LG . . . . . (G)
„　　II . . . . (M)
„　　I, II . . . . (W)
Papiergelb RRNX . . . . . (B)
Ponceau 4 GB . . . . (A)
Resorzingelb . . . . (A)
Säurephosphin JO . . . . . (C)
Walkgelb GA . . . . (A)

Rot und Rotbraun.

Azidolbordeaux . . . . (W)
Alphanolbraun R . . . . . . (C)
Azowalkrot 2 R . . . . (G)
Baumwollscharlach extra . . (B)
Bordeaux G . . . . (By)
„　　B . . . . (M)
„　　R . . . . (W)

Brillantkrozein MOO . . . . (C)
„　　　　MD . . . . . (G)
„　　　　extra konz. . (W)
Echtbraun 3 B . . . . (A)
Echtrot AV, ANSX . . . . (B)
„　　E, B . . . . (G)
„　　O . . . . (M)
„　　A . . . . (W)
Kastanienbraun . . . . (G)
Lederbraun SS . . . . (G)
Lederrot S . . . . (M)
Neubordeaux RX . . . . . (B)
Neurot B für Leder . . . . (C)
Ochsenblutfarbe B . . . . . (A)
Ponceau BO extra . . . . . (A)
„　　3 RB extra für Leder (A)
Säureanthrazenrot G . . . . (By)
Scharlach für Leder R, RR . (M)

Schwarz.

Beize: 3% Blauholzextrakt.

Azidolchromlederschwarz B . (W)
Äthyllederschwarz T . . . . (B)
Agalmaschwarz 10 B . . . . (B)
Azosäureschwarz TL extra . (M)
Naphthylaminschwarz 4 BK . (By)
Nerazin G, BR . . . . . . (C)
Neutralschwarz für Leder . . (C)
Nigrosin WL Pulver . . . . (B)
„　　konz. Körner . . . (B)
„　　WLG Körner . . . (B)
„　　WLA „ . . . . (B)
„　　NT . . . . (By)
„　　KS . . . . (G)
„　　LA, LG . . . . . (M)
„　　2 B, TR 2 N . . . . (W)
Velourlederschwarz A . . . . (A)
„　　　　S, B . . (G)
Velourschwarz 5791 . . . . . (M)
Wollschwarz GR . . . . . . (A)

Basische Farbstoffe.

Braun.

Basilenoliv FGN . . . . . . (W)
Bismarckbraun extra . . . . (A)
„　　　FR extra . . (By)
Canelle FL, BB . . . . . . (M)
Schokoladenbraun GX, RX . (B)
„　　　　T . . . . (W)

Chrysoidin AS, CS . . . . . (M)
Coriphosphin OX, BG, T . . (By)
Diamantphosphin D . . . . . (C)
Direkttiefbraun G für Leder . (A)
Flavophosphin H . . . . . . (M)
Havannabraun I neu . . . . (A)
Lederbraun 5 GX, 6 G, 10 GX,
　　5 RTX . . . . (B)

Lederbraun A, B . . . . . . (C)
„ . . . . (G)
„ G, 4 G . . . . . (M)
„ N . . . . (W)
Phenylenbraun G konz. . . . (W)
Phosphin 3 R . . . . (A)
„ LM . . . . (M)
Phönixbraun D extra . . . . (A)
Tabakbraun G, R . . . . . (G)
„ HN . . . . . . (M)
Vesuvin extra B konz. . . . (B)
„ BLX, OOO extra . (B)

Gelb und Orange.

Auramin O . . . . (A)
„ konz., G . . . . . (B)
„ O . . . . (W)
Aurophosphin G, 4 G . . . . (A)
Azophosphin GO . . . . . . (M)
Brillantphophin G extra . . (A)
Cannelle ALX, OF . . . . . (B)
Chrysoidin extra . . . . . . (A)
„ J krist., RL . . (B)
„ G, R . . . . . . (G)
„ GG . . . . (W)
Citroflavin 8 G . . . . (G)
Corioflavin GG, G, 876, 2626 (G)
„ R, RR . . . . . (G)
Diamantphosphin GG, PG, R (C)

Euchrysin GGNX, GNX, GRX (B)
„ R, RRX, 3 RX . . (B)
Flavoorange FL . . . . . . (M)
Flavophosphin 4 GO, GGO, RO (M)
Ledergelb O extra . . . . . (By)
„ L, 1496, G, R . . (G)
„ 3 G . . . . (M)
Phosphin 20466 . . . . . . (A)
„ AL, 3 R . . . . . (B)
„ LB. . . . . (G)
„ GR, RE . . . . . (W)
Rheonin AL konz., RT . . . (B)
Rhodulinorange NO . . . . (By)
Vitolingelb G, R . . . . . . (W)
Vitolinreingelb 6 G . . . . . (W)

Schwarz.

Beize: 3% Blauholzextrakt.

Basisches Lederschwarz . . . (By)
Corvolin B, BB, BT, TM . . (B)
Lederschwarz BK, BT . . . (A)
„ TBO, TGO . . (C)
„ B, R . . . . . (G)
„ AR, TM, TMB,
5068 . . . . (M)
Phönixschwarz F . . . . . . (A)
Vitolinschwarz N, BT, 3 T . (W)
„ B, NE, V . . (W)

Substantive Farbstoffe.

Braun.

Baumwollbraun GN I, RVN (B)
Benzobraun MC . . . . . . (By)
Benzochrombraun B, R, 3 R. (By)
Chromlederbraun G,R . . . (A)
„ GX, GTX, RX (B)
„ 3 G extra, B
extra, RN extra. . . . . (C)
Chromlederbraun B, 5466 . . (G)
„ V, VI . . . (M)
Chromlederdunkelbraun G, GT (B)
Chromlederechtbraun GB, M,
R, D. . . . . (C)
Congobraun G . . . . (A)
Dianilbraun B . . . . (M)
Dianilechtbraun B . . . . . (M)
DianiljaponinG . . . . . . (M)
Direktbraun 3 G extra . . . (W)
Neutoluylenbraun GG, G, B (G)

Renollederbraun T extra . . (W)
Spezialchromlederbraun G,GM (M)
Toluylenbraun GG . . . . . (G)

Gelb und Orange.

Chromlederechtgelb GG, G, R (C)
Chromledergelb GX. . . . . (B)
„ R konz., B
extra, FF extra . . . . . (C)
Chromledergoldgelb HW . . (A)
Chromlederorange 2 RL, 4 HW (A)
„ RT . . . . (B)
Chrysophenin G . . . . . . (A)
Curcumin SB . . . . (A)
Dianildirektgelb S . . . . . (M)
Dianilechtorange O . . . . . (M)
Dianilorange G. . . . . . . (M)
Direktgelb R extra . . . . . (By)
Direktgelb G, R . . . . . . (G)

Direktorange 2R . . . . . . (G)
Renolgelb R, 2R . . . . . . (W)
Renolorange G . . . . (W)
Spezialchromledergelb G, R . (M)
Toluylenorange G, R . . . . (G)
Triazolgelb G . . . . (G)

Rot und Rotbraun.

Bordeaux G, B . . . . . . (By)
Chromlederbordeaux COV . . (A)
       „   BXX . . (B)
Chromlederbraun M . . . . . (A)
Chromlederechtbraun MA . . (C)
Chromlederechtrot F . . . . (A)
       „   A . . . . (C)
Diaminbraun R . . . . . . (C)
Diaminechtscharlach GG . . (C)
Dianilbraun R . . . . (M)
Dianilechtrot PH . . . . . . (M)
Neutoluylenbraun O . . . . (G)
Renolbordeaux B extra . . . (W)
Renolechtscharlach 4B . . . (W)
Spezialchromlederbraun GR,
   RM . . . . (M)
Triazolbraun MC . . . . . . (G)

Grün.

Chromledergrün G, B . . . . (A)
Diamingrün G . . . . (C)
Diaminschwarzgrün N . . . . (C)
Dianilgrün BBN . . . . . . (M)
Oxamingrün B . . . . (B)
Renolgrün 2GA . . . . . . (W)
Renoldunkelgrün N pat. . . (W)
Spezialchromledergrün G . . (M)
Triazolgrün G, B . . . . . . (G)

Blau.

Chromlederblau FF . . . . . (A)
Chromlederechtblau CH . . . (C)
Congo-Echtblau B . . . . . (A)

Dianilblau B . . . . (M)
Dianilechtblau GL . . . . . (M)
Lederechtblau 1408 . . . . . (By)
Oxaminblau BG . . . . . . (B)
Triazolblau 4B, B, R, RR . . (G)
Triazoldunkelblau BH, 3R . (G)
Triazolreinblau 6B . . . . . (G)

Violett.

Brillant-Congoblau 5R . . . (A)
Diaminechtviolett FFRN . . (C)
Dianilviolett H . . . . (M)
Renolviolett . . . . (W)
Triazolviolett B, R, RR . . (G)

Schwarz.

Brillantchromlederschwarz ex-
   tra doppelt konz. . . . . (M)
Chromlederkarbon IE, IE I . (C)
Chromlederechtschwarz F, T
   konz. . . . . (C)
Chromlederschwarz EA extra,
   WA extra, 84480 . . . . (A)
Chromlederschwarz E extra
   konz., R Wextra konz. . (B)
Chromlederschwarz RW extra,
   E extra . . . . (By)
Chromlodorschwarz D, 1813 . (G)
       „   TG extra,
   GER extra, BT extra . (W)
Chromlederschwarz 2BG ex-
   tra, TB extra konz. . . . (W)
Chromledertiefschwarz . . . (B)
Renolschwarz G extra . . . (W)
Spezialchromlederschwarz V
   extra konz. . . . . . . (M)
Spezialchromlederschwarz G
   extra konz. . . . . (M)
Triazolschwarz G, 2G . . . (G)

Anhang B.

Spezifische Gewichte verschiedener Lösungen.

Albumin.

% Albumin	Spez. Gew.	% Albumin	Spez. Gew.	% Albumin	Spez. Gew.
1	1,0026	15	1,0384	40	1,1058
2	054	20	515	45	204
3	078	25	644	50	352
5	130	30	780	55	511
10	261	35	919		

Aluminiumsulfat.

% $Al_2(SO_4)_3$	Spez. Gew.	% $Al_2(SO_4)_3$	Spez. Gew.	% $Al_2(SO_4)_3$	Spez. Gew.
1	1,0170	10	1,1071	19	1,1971
2	270	11	171	20	1,2074
3	370	12	270	21	168
4	470	13	369	22	274
5	569	14	467	23	375
6	670	15	574	24	473
7	768	16	668	25	572
8	870	17	770		
9	968	18	876		

Ammoniumchlorid.

% NH_4Cl	Spez. Gew.	% NH_4Cl	Spez. Gew.	% NH_4Cl	Spez. Gew.
1	1,00316	10	1,03081	19	1,05648
2	0632	11	3370	20	5929
3	0948	12	3658	21	6204
4	1264	13	3947	22	6479
5	1580	14	4325	23	6754
6	1880	15	4524	24	7029
7	2180	16	4805	25	7304
8	2481	17	5086	26	7575
9	2781	18	5367	26,3	7658

Borax.

% $Na_2B_4O_7$ + $10 H_2O$	% $Na_2B_4O_7$	Spez. Gew.	% $Na_2B_4O_7$ + $10 H_2O$	% $Na_2B_4O_7$	Spez. Gew.
1	0,5288	1,0049	4	2,1152	1,0199
2	1,0576	099	5	2,6439	249
3	1,5864	149	6	3,1727	299

Borsäure.

% H_3BO_3	Spez. Gew.	% H_3BO_3	Spez. Gew.
1	1,0034	3	1,0106
2	1,0069	4	1,0147

Chromalaun.

°/o Krist. Salz	Ammonsalz (grün) Spez. Gew.	Kaliumsalz Spez. Gew.		°/o Krist. Salz	Ammonsalz (grün) Spez. Gew.	Kaliumsalz Spez. Gew.	
5	—	1,0272	(violett)	40	1,197	1,225	(grün)
10	1,044	510	(grün)	50	1,255	1,295	,,
		550	(violett)	60	1,317	1,371	,,
15	1,091	835	,,	70	1,384	1,453	,,
20	—	1,103	(grün)	80	1,456	1,541	,,
30	1,142	1,161	,,	90	1,532	1,635	,,

Kaliumbichromat.

°/o $K_2Cr_2O_7$	Spez. Gew.	°/o $K_2Cr_2O_7$	Spez. Gew.	°/o $K_2Cr_2O_7$	Spez. Gew.
1	1,007	6	1,043	11	1,080
2	15	7	50	12	87
3	22	8	56	13	92
4	30	9	65	14	1,102
5	37	10	73	15	110

Natriumbichromat.

°/o $Na_2Cr_2O_7$	Spez. Gew.	°/o $Na_2Cr_2O_7$	Spez. Gew.	°/o $Na_2Cr_2O_7$	Spez. Gew.
1	1,007	20	1,141	40	1,280
5	1,035	25	1,171	45	1,313
10	1,071	30	1,208	50	1,343
15	1,105	35	1,245		

Glyzerin.

°/o Glyzerin	Spez. Gew.	°/o Glyzerin	Spez. Gew.	°/o Glyzerin	Spez. Gew.
100	1,2653	75	1,1990	50	1,1290
99	628	74	962	49	263
98	602	73	934	48	236
97	577	72	906	47	209
96	552	71	878	46	182
95	526	70	850	45	155
94	501	69	822	44	128
93	476	68	794	43	101
92	451	67	766	42	074
91	425	66	738	41	047
90	400	65	710	40	020
89	373	64	682		
88	346	63	654	35	1,0885
87	319	62	626		
86	292	61	598	30	750
85	265	60	570		
84	238	59	542	25	620
83	211	58	514		
82	184	57	486	20	490
81	157	56	458		
80	130	55	430	15	367
79	102	54	402		
78	074	53	374	10	245
77	046	52	346		
76	018	51	318	5	122

Natriumchlorid (gewöhnliches Kochsalz).

% NaCl	Spez. Gew.	% NaCl	Spez. Gew.	% NaCl	Spez. Gew.
1	1,00725	10	1,07335	19	1,14315
2	1450	11	8097	20	5107
3	2174	12	8859	21	5931
4	2899	13	9622	22	6755
5	3624	14	1,10384	23	7580
6	4366	15	1146	24	8404
7	5108	16	1938	25	9228
8	5851	17	2730	26	1,20098
9	6593	18	3523	26,395	0433

Kristallisiertes Schwefelnatrium.

% Na$_2$S + 9 H$_2$O	Spez. Gew.	Barkometer	% Na$_2$S + 9 H$_2$O	Spez. Gew.	Barkometer
1	1,003	3	31	1,095	95
2	1,006	6	32	1,098	98
3	1,010	10	33	1,100	100
4	1,013	13	34	1,103	103
5	1,017	17	35	1,106	106
6	1,020	20	36	1,109	109
7	1,023	23	37	1,112	112
8	1,027	27	38	1,115	115
9	1,030	30	39	1,118	118
10	1,033	33	40	1,120	120
11	1,036	36	41	1,123	123
12	1,039	39	42	1,126	126
13	1,042	42	43	1,129	129
14	1,045	45	44	1,132	132
15	1,049	49	45	1,134	134
16	1,052	52	46	1,137	137
17	1,055	55	47	1,139	139
18	1,058	58	48	1,141	141
19	1,061	61	49	1,144	144
20	1,064	64	50	1,146	146
21	1,066	66	51	1,149	149
22	1,068	68	52	1,152	152
23	1,071	71	53	1,155	155
24	1,074	74	54	1,158	158
25	1,077	77	55	1,161	161
26	1,080	80	56	1,164	164
27	1,083	83	57	1,167	167
28	1,086	86	58	1,169	169
29	1,089	89	59	1,172	172
30	1,092	92	60	1,175	175

Kalkmilch.

g CaO per l	Gewicht von 1 l in g	% CaO	g CaO per l	Gewicht von 1 l in g	% CaO
7,5	1007	0,745	65	1052	6,18
16,5	1014	1,64	75	1060	7,08
26	1022	2,54	84	1067	7,87
36	1029	3,54	94	1075	8,74
46	1037	4,43	104	1083	9,60
56	1045	5,36	115	1091	10,54

Kalkmilch

g CaO per l	Gewicht von 1 l in g	% CaO	g CaO per l	Gewicht von 1 l in g	% CaO
126	1100	11,45	229	1180	19,40
137	1108	12,35	242	1190	20,34
148	1116	13,26	255	1200	21,25
159	1125	14,13	268	1210	22,15
170	1134	15,00	281	1220	23,03
181	1142	15,85	295	1231	23,96
193	1152	16,75	309	1241	24,90
206	1162	17,72	324	1252	25,87
218	1171	18,61	339	1263	26,84

Kalkmilch bei 20° C.

% CaO	g CaO per l	Baumé-Grade	% CaO	g CaO per l	Baumé-Grade
0,99	10	1,50	14,30	160	15,55
1,96	20	2,70	15,10	170	16,40
2,93	30	3,70	15,89	180	17,20
3,88	40	4,70	16,67	190	18,00
4,81	50	5,70	17,43	200	18,80
5,74	60	6,70	18,19	210	19,60
6,65	70	7,60	18,94	220	20,35
7,54	80	8,50	19,68	230	21,10
8,43	90	9,50	20,41	240	21,85
9,30	100	10,35	21,12	250	22,65
10,16	110	11,20	21,84	260	23,30
11,01	120	12,10	22,55	270	24,10
11,86	130	13,00	23,24	280	24,80
12,68	140	13,90	23,92	290	25,50
13,50	150	14,70	24,60	300	26,20

Natriumkarbonat-(Soda-)Lösungen.

Spez. Gew.	Baumé	Gewichts-Prozent		1 l enthält g	
		Na_2CO_3	$Na_2CO_3 + 10 H_2O$	Na_2CO_3	$Na_2CO_3 + 10 H_2O$
1,007	1	0,63	1,70	6,30	16,90
1,014	2	1,29	3,48	13,10	35,30
1,022	3	2,00	5,39	20,40	55,10
1,029	4	2,83	7,64	29,00	78,60
1,036	5	3,42	9,23	35,40	95,60
1,045	6	4,16	11,22	43,50	117,30
1,052	7	4,93	13,30	51,90	139,90
1,060	8	5,65	15,24	59,90	161,60
1,067	9	6,36	17,16	67,90	183,10
1,075	10	7,08	19,10	76,10	205,30
1,083	11	7,85	21,18	85,00	229,40
1,091	12	8,57	23,12	93,50	252,30
1,100	13	9,31	25,12	102,40	276,30
1,108	14	10,08	27,20	111,70	301,30
1,116	15	10,85	29,27	121,10	326,70
1,125	16	11,67	31,49	131,30	354,20
1,134	17	12,46	33,62	141,30	381,20
1,142	18	13,25	35,75	151,30	408,30
1,152	19	14,09	38,02	162,30	437,90

Natriumthiosulfat.

% $Na_2S_2O_3$ + 5 H_2O	% $Na_2S_2O_3$	Spez. Gew.	% $Na_2S_2O_3$ + 5 H_2O	% $Na_2S_2O_3$	Spez. Gew.
1	0,637	1,0052	26	16,564	1,1440
2	1,274	105	27	17,201	499
3	1,911	158	28	17,838	558
4	2,584	211	29	18,475	617
5	3,185	264	30	19,113	676
6	3,822	317	31	19,750	738
7	4,459	370	32	20,387	800
8	5,096	423	33	21,024	862
9	5,733	476	34	21,661	924
10	6,371	529	35	22,298	986
11	7,008	584	36	22,935	1,2048
12	7,645	639	37	23,572	110
13	8,282	695	38	24,209	172
14	8,919	751	39	24,846	234
15	9,556	807	40	25,484	297
16	10,193	863	41	26,121	362
17	10,830	919	42	26,758	427
18	11,467	975	43	27,395	492
19	12,105	1,1031	44	28,032	558
20	12,742	087	45	28,669	624
21	13,379	145	46	29,306	690
22	14,016	204	47	29,943	756
23	14,653	263	48	30,580	822
24	15,290	322	49	31,218	888
25	15,927	381	50	31,855	954

Anhang C.

Annähernde Volumengewichte verschiedener handelsüblicher Chemikalien.

		kg
1 l Ammoniak (spezifisches Gewicht 0,880) wiegt		0,88
1 „ Eisessig	„	1,06
1 „ Essigsäure (30%)	„	1,04
1 „ Ameisensäure (40%)	„	1,09
1 „ „ (60%)	„	1,14
1 „ Milchsäure (50%)	„ etwa	1,20
1 „ Salzsäure (30%)	„	1,15
1 „ Salpetersäure (63%)	„	1,39
1 „ Schwefelsäure (96%)	„	1,84
1 „ „ (60° Bé)	„	1,71
1 „ Natriumbisulfit (29° Bé)	„	1,25
1 „ „ (41° Bé)	„	1,40
1 „ Natronlauge (45° Bé)	„	1,45
1 „ Glyzerin (spezifisches Gewicht 1,265) .	„	1,26
1 „ Spiritus	„	0,83
1 „ Rizinusöl	„ etwa	0,95
1 „ Dorschlebertran	„ „	0,92
1 „ Leinöl	„ „	0,94
1 „ Klauenöl	„ „	0,92
1 „ Walratöl	„ „	0,88

Erforderlicher Lagerraum für verschiedene Materialien.

	kg per m³	m³ per Tonne
Chlorkalk	800	1,25
Kalk in Stücken	990	1,01
„ gesiebt	550	1,82
Kalzinierte Soda	1200	0,84
Koks	475	2,10
Kristallsoda	1020	0,98
Natriumbikarbonat	950	1,05
Schlacke	700	1,43
Salz	840	1,19
Sand	1600	0,62
Steinkohle	800	1,25

Spezifische Gewichte und Beaumé-Grade.

Spez. Gew.	Beaumé	Spez. Gew.	Beaumé	Spez. Gew.	Beaumé
1,000	0	1,195	23,5	1,390	40,5
005	0,7	200	24,0	395	40,8
010	1,4	205	24,5	400	41,2
015	2,1	210	25,0	405	41,6
020	2,7	215	25,5	410	42,0
025	3,4	220	26,0	415	42,3
030	4,1	225	26,4	420	42,7
035	4,7	230	26,9	425	43,1
040	5,4	235	27,4	430	43,4
045	6,0	240	27,9	435	43,8
050	6,7	245	28,4	440	44,1
055	7,4	250	28,8	445	44,4
060	8,0	255	29,3	450	44,8
065	8,7	260	29,7	455	45,1
070	9,4	265	30,2	460	45,4
075	10,0	270	30,6	465	45,8
080	10,6	275	31,1	470	46,1
085	11,2	280	31,5	475	46,4
090	11,9	285	32,0	480	46,8
095	12,4	290	32,4	485	47,1
1,100	13,0	295	32,8	490	47,4
105	13,6	1,300	33,3	495	47,8
110	14,2	305	33,7	1,500	48,1
115	14,9	310	34,2	505	48,4
120	15,4	315	34,6	510	48,7
125	16,0	320	35,0	515	49,0
130	16,5	325	35,4	520	49,4
135	17,1	330	35,8	525	49,7
140	17,7	335	36,2	530	50,0
145	18,3	340	36,6	535	50,3
150	18,8	345	37,0	540	50,6
155	19,3	350	37,4	545	50,9
160	19,8	355	37,8	550	51,2
165	20,3	360	38,2	555	51,5
170	20,9	365	38,6	560	51,8
175	21,4	370	39,0	565	52,1
180	22,0	375	39,4	570	52,4
185	22,5	380	39,8	575	52,7
190	23,0	385	40,1	580	53,0

Spezifische Gewichte und Beaumé-Grade.

Spez. Gew.	Beaumé	Spez. Gew.	Beaumé	Spez. Gew.	Beaumé
1,585	53,3	1,675	58,2	1,760	62,3
590	53,6	680	58,4	765	62,5
595	53,9	685	58,7	770	62,8
1,600	54,1	690	58,9	775	63,0
605	54,4	695	59,2	780	63,2
610	54,7	1,700	59,5	785	63,5
615	55,0	705	59,7	790	63,7
620	55,2	710	60,0	795	64,0
625	55,5	715	60,2	1,800	64,2
630	55,8	720	60,4	805	64,4
635	56,0	725	60,6	810	64,6
640	56,3	730	60,9	815	64,8
645	56,6	730	60,9	820	65,0
650	56,9	735	61,1	825	65,2
655	57,1	740	61,4	830	65,4
660	57,4	745	61,6	835	65,7
665	57,7	750	61,8	840	65,9
670	57,9	755	62,1		

Sachverzeichnis.

Abölen 200.
— von Hand 201.
— mit Maschine 201.
Abölmaschinen (*Abb. 85 bis 86*) 184, (*Abb. 98*) 201.
Abschleifen 195.
— von Velourleder 234.
Abschleifmaschinen (*Abb. 91—92*) 194 bis 195.
Abwelken 109.
Abwelkmaschinen (*Abb. 3*) 18, (*Abb 38*) 109.
Ätzkali in der Seifenbereitung 138.
Ätznatron in der Weiche 15.
— in der Seifenbereitung 138.
Alaun im Gerbprozeß 81.
Alizarinfarbstoffe 2, 126.
Alkalien für die Weiche 15.
Alkalikarbonate für Fettlicker-Emulsionen 138
Alkohol als Lösungsmittel für Farbstoffe 129.
Aluminiumsulfat im Gerbprozeß 81.
Ammonsalze, Entkälken mit 62.
Anfeuchten 168.
Anschwöden 36—43.
— mittels „Überschwemmen" 41.
— von Ziegenfellen 46, 205.

Anschwöden von Schaffellen 230.
Anthrazenfarbstoffe 126.
Antimonsalze als Beizmittel 122.
Appretieren 179.
— auf der Maschine 182.
— von Chevreauleder 210.
— von Boxkalbleder 227.
— von Rindboxleder 219.
Appretiermaschinen (*Abb. 85—86*) 184.
Appretur, Anwendung der 182.
— -Vorschriften 185.
— Zusammensetzung von 181.
Arsensulfid 22.
Äschern 20—55.
— Allg. Grundsätze des 43.
— von Ziegenfellen 46, 206.
— von Häuten 214, 235.
— von Kalbfellen 43, 222.
— von Schaffellen 49, 230.
„Ausbluten", Verhüten des 85.
Ausrecken 82.
— nach dem Fettlickern 151.
Ausreckmaschinen (*Abb. 3*) 18, (*Abb. 38*) 109, (*Abb. 26*) 52, (*Abb. 35*) 83, (*Abb. 52*) 153.

Ausschlag auf Leder 118.
Aussetzen 153.
Aussetzmaschine (*Abb. 52*) 153.
Ausspannen 175.
— von Lackleder 246.

Baker Stollmaschine (*Abb. 76*) 174.
Bariumazetat oder Chlorid in der Chromsulfat-Gerbbrühe 108.
Basische Chromsulfatbrühe 96.
Basische Farbstoffe 124.
— — Auflösung von 127.
— — Filtration von 128.
Basizität 92.
Basizitätsgrad, Einfluß auf die Haut 91, 105.
Basizitätszahl, Definition der 93.
— Einstellung der 98, 105.
Beizen, Künstliche 69.
— vor dem Gerben 64—72.
— mit Hundekot 66.
— mit Vogelmist 68.
— mit Kleie 71.
— von Schaffellen 231.
— von Ziegenfellen 207.
— vor dem Färben 120.
— von Kalbfellen 226.
— von Schaffellen 232.
Bespritzen von Hand 170.
— mit Maschine 170.
Blanc, C. Patent von 98.

Blauholz 120.

Bleiazetat-Chromsulfat-
Brühe 107.

Bolegs Patent 144.

Borsäure, Entkälken mit
60.

Boxkalbleder 221—228.

— Färben von 132, 226.

— Fettlickern von 146,
227.

— Gerben von 224.

— Appretieren von 186,
227.

— Krispeln von 196.

Braune Farbtöne, Bei-
zen für 132.

— — Färben von 132
bis 133.

Brechweinstein als Fi-
xierungsmittel 122.

Bügeln 199.

Bügelmaschine (*Abb.*
97) 200.

Champagnefarbe 134.

Chevreauleder 203.

Chromalaun 5.

— Gerbbrühe 94.

— -Thiosulfat-Gerb-
brühe 102.

Chrombrühen, Einbad-
94—103.

— Zweibad- 76—90.

Chromgerbung, Defini-
tion der 5.

Chromlackleder 241 bis
248.

Chromlederfalzspäne als
Reduktionsmittel 99.

Chromsulfat-Gerbbrühe
96.

— -Bleiazetat-Gerb-
brühe 107.

„Concertina"-Weich-
verfahren 17.

Dennis, Martin 3, 5, 91.

Direkte Farbstoffe 126.

— — Auflösung von 127.

Dolieren 192.

— von Velourleder 243

Doliermaschine (*Abb.*
91) 194.

„Dope"-Appretur 228.

Dreiäschersystem 27.

Eigelb 136.

Einbadbrühen 90—103.

Einbadgerbverfahren 90.

Einbadmethode kombi-
niert mit Zweibad-
methode 107.

Einbadpickel 73.

Eitner 5, 16, 23, 73, 79,
86.

Emulgierungsmittel
136.

Emulsifikator 141.

— Hand- (*Abb. 48*) 141.

— Maschine 141.

— — (*Abb. 49*) 142.

„Entfetten" der Narbe
179.

— von Chevreau 210.

— von Rindbox 219.

— von Lackleder 243.

Entfleischen 49.

Entfleischmaschinen
(*Abb. 22—24, 27 bis*
28) 50—54.

Enthaaren 49.

Enthaarmaschinen
(*Abb. 22—27*) 50 bis
53.

Entkälken 55.

— von Häuten 215,
236.

— von Kalbfellen 223.

— von Schaffellen 231.

— von Ziegenfellen 206.

Erodin 70.

Esco-Beize 70.

Exhaustoren 157.

— (*Abb. 55*) 158.

Exhaustor mit Heiz-
körper 159. (*Abb.*
56—58) 159—161.

Falzen 108.

— von Häuten 217.

— von Boxkalb 225.

Falzmaschinen (*Abb. 40*
bis 43) 111—114.

Farbfaß (*Abb. 44*) 115.

— heizbares (*Abb. 50*
bis 51) 148—150.

Farbiges Boxkalbleder,
Herstellung von 221
bis 228.

— — Fettlickern von
227.

— — Appretieren von
227.

Farbstoffe, basische 124.

— saure 124.

— direkte oder sub-
stantive 126.

— Beizen- 126.

— Einteilung der 123.

— Auflösung der 127.

— Filtrieren der 128.

— Alyzarin- 2, 126.

— Anthrazen- 126.

Farbstofflösung, Filter
für (*Abb. 45*) 128.

Färben 119—135.

— von Boxkalbleder
226.

— von Chevreauleder
209.

— von Rindboxleder
218.

— von Velourleder 233.

— im Faß 129.

Faß, Auswasch- (*Abb.*
31) 58.

— Schmier- (*Abb. 50*
bis 51) 148—150.

— Weich- (*Abb. 2*) 18.

Faßgerbung 104.

Faule Weiche 12.

Fäulnis von getrockne-
ten Fellen 12.

Felle, Einteilung der 8.

Fettlicker, Herstellung
von 146.

— Anwendungsver-
fahren von 147.

— Vorschriften 146.

Fettlickern 135—154.

— von Chevreauleder
209.

— von farbigem Box-
kalbleder 227.

— von Lackleder 243.

— von Rindboxleder
218.

— von Schaf-Velour-
leder 234.

Filter für Farblösungen 128
— — — (*Abb. 45*) 128.
Fixierungsmittel 122.
„Forsare"-Äscherprozeß 34.
Frische Ware, Weichen von 8.

Gambier 120, 226.
Gelbholzextrakt 120.
Gerbbeizen vor dem Färben 120.
Gerbbrühen 94—103.
Gerben 76—108.
— von Häuten 216, 236.
— von Kalbfellen 224.
— von Schaffellen 232.
— von Ziegenfellen 207.
Gerbfaß 104.
— (*Abb. 37*) 89.
Gepickelte Ware, Spalten von 249.
„Gezogene" Narbe 105, 106.
Glanzchevreauleder, Herstellung von 203 bis 211.
— Farben von 209.
— Fettlickern von 209.
— Appretieren von 210.
— Trocknen (*Abb. 62*) 165, (*Abb. 81*) 178.
Glanzstoßen 189.
— von Chevrauleder 210.
— von Rindboxleder 219.
Glanzstoßmaschinen (*Abb. 88—90*) 191 bis 193.
Glukose-Chrombrühe 96.
Glyzerin als Lösungsmittel für Farbstoffe 129.
— als Zusatz zum Fettlicker 151.
Gruben, Kalk- 21, 26.
Grubenäscher 25.
— (*Abb. 4*) 21, (*Abb. 5*) 26.

Grubenziehen mit der Rolle 34.
— (*Abb. 12*) 34.
Grüne Farbtöne 135.

Hämatin 120.
Haspel, Äscher- (*Abb. 6*) 29.
— Beiz- (*Abb. 29—30*) 56—57.
— — (*Abb. 33*) 67.
— Reduktion in der 85.
Häute, Einteilung der 8, 212.
— Weichen von 212, 235.
— Äschern von 214, 235.
— Gerben von, für Sohl-, Riemen- und techn. Leder 236.
Heinzerling 1.
Heizröhren für Trockenanlagen 160, 167.
— — (*Abb. 57—59*) 160—162.
Hemlock-Extrakt 120.
Historisches und Allgemeines 1.
Hummel 2.
Hydraulische Presse (*Abb. 39*) 110. (*Abb. 96*) 199.
Hygrometer 156.
— (*Abb. 53—54*) 156.

Imprägnieren von Sohlleder 241.

Japanlack, Herstellung von 244.
— Anwendung von 246.

„Käfig", Äschern im 32.
Kalbfelle, Einteilung von 221.
— Äschern von 43, 222.
— Gerben von 224.
— Färben von 226.
— Fettlickern von 227.
Kalk 20.
— Löschen von 21.
— Spalten aus dem 249.

Kalkflecken 55, 251.
Kalkgruben, Konstruktion von (*Abb. 4*) 21, (*Abb. 5*) 26.
Kasein 137.
Kauschke-Patent 99.
Kipse, Weichen von 11, 213.
Kipsboxleder 212.
Kleienbeize 71.
Knapp 1, 3.
Kochen von Leinöl 244.
Kochsalz, Löslichkeit von 11.
Kombinationsgerbungen 107.
Kontinuierliche Äschermethode 28.
— Trockenanlagen 162.
— — (*Abb. 60—70*) 163—167.
Kopfspalten 252.
Krispeln 196.
Krispelmaschine (*Abb. 93*) 196.
Künstliche Beizmittel 69.
— Farbstoffe, Einteilung der 123.

Lack Bereitung des 244.
Lackieren 247.
— Vorbereitung des Leders zum 241.
Lackleder 241.
Lagern im Borkenzustande 168.
Lohfarbe, Färben auf 132.
Lösliche Öle 142.
Lüftung von Trockenräumen 155, 157.

Marrs Trockenanlage 166.
— — (*Abb. 66—67*) 166.
Mechanische Äschermethoden 30.
— Weichmethoden 17.
Milchsäure, Entkälken mit 60.
Mineralöle 144.

Mischvorrichtungen für Fettlicker
— fürHandbetrieb(*Abb. 48*) 141.
— für Maschinenbetrieb (*Abb. 49*) 142.
Mittelbraune Töne, Färben von 133.
„Multistage" Trockenanlage 163.
— — (*Abb.63—65*)165.
„Multivan"-Exhaustor 157.
— — (*Abb. 55*) 158.

Narbenziehen 90, 105, 106.
Naß gesalzene Ware, Weichen von 10.
Natriumsulfid in der Weiche 15.
— im Äscher 23.
Natriumthiosulfat-Chrombrühe 99.
Natronlauge in der Weiche 15.
Natronseife 140.
Neutralisieren 116.
— im Faß (*Abb.44*) 115.
— die temp. Härte des Wassers 55, 127.
— von farbigem Boxkalb 225.
— von Häuten 217, 240.
— von Ziegenleder 208.
Neutralseife 138.
Nitrozelluloselösung, Herstellung von 245.

Organische Reduktionsmittel 98.
Oropon, Zusammensetzung von 70.
Öle in der Seifenbereitung 140.
— sulfurierte 142.
— lösliche 144.
— Einfluß des Sulfurierens auf 144.

Pickeln 72—75.
— als Vorbereitung zur Gerbung 81, 105.

Pickeln von Häuten 216.
— von Kalbfellen 224.
— von Schaffellen 231.
— von Ziegenfellen 207.
Presse hydraulische (*Abb. 96*) 199.
— zum Abwelken (*Abb. 39*) 110.
Pressen von Leder 197.
— — — (*Abb. 94—96*) 198—199.
Procter, H. R. 4, 75, 91.
Purgatol 70.

Reduktionsmittel, anorganische 89.
— organische 98.
Reinigen des Narbens 179.
— von Chevreauleder 210.
— von Rindboxleder 219.
Riemenleder 235.
Rindboxleder, Herstellung von 212—221.
— Färben von 218.
— Appretieren von 219.
— Krispeln von 219.
Rizinusöl, Sulfurieren von 142.
Rotholzextrakt 120
Röhms Patent 69.
Rühräscher, mechanische 30.
— — (*Abb. 7, 8, 9*) 31—32

Salz, Löslichkeit von 11.
Salzsäure, Entkälken mit 60.
Saure Farbstoffe 124.
— — Auflösung von 127.
Saure Salze für das Weichen 16.
Säuren für das Entkälken 57.
— für das Reinigen der Narbe 180.
— für die Weiche 14.
— Tabelle der 58, 64.

Satinieren 199.
Sägespäne, Anfeuchten in 168.
— als Reduktionsmittel 98.
Schaffelle, Äschern von 49, 230.
— Fettlickern von 234.
— für Velourleder 228.
Schorlemmer 93.
Schultz 2, 6, 78.
Schwarzfärbung von Leder 129.
Schwedenleder aus Schaffellen, Herstellung von 228—234.
Schwefel-Ablagerung in der Gerbung 5, 88, 101.
Schwefeldioxydbrühe 101.
Schwefelnatrium in der Weiche 15.
— als Enthaarungsmittel 23.
Seife
— Herstellung von harter und weicher 140.
— Neutral- 140.
Seymour-Jones-Vorrichtung 113.
— — — (*Abb. 42*) 114.
„Sirocco"-Exhaustor 159.
„Slocomb"-Stollmaschine 172.
— — (*Abb. 73*) 171.
Sohlleder, Gerben von 236.
— Trocknen von 240.
Sonnenbestrahlung von Lackleder 248.
Spalten 249.
— auf der Maschine 250.
— in geäschertem Zustande 249.
— in gegerbtem Zustande 250.
— in gepickeltem Zustande 249.
Spaltmaschinen (*Abb. 104—105*) 251—252.
Spannen von Leder 176.

Spiritus als Lösungsmittel für Farbstoffe 129.
Stephan-Fawsitt-Vorrichtung 113.
— — — (*Abb. 43*) 114.
Stiasny, E. 94, 100, 118.
Stollen von Hand 171.
— mit der Maschine 171.
Stollmaschinen (*Abb. 73 bis 76*) 171—174.
— Handhabung der 172.
„Sturtevant"-Trockenanlage 160.
Substantive Farbstoffe 126.
— — Auflösung von 127.

„Tanolin" 3, 91.
Technisches Leder 235.
Teerfarbstoffe 123.
Teeröle, lösliche 144.
Temperatur, Einfluß der, im Trocknen 155.
Temporäre Härte des Wassers 55, 127.
Thermometer als Hygrometer 156.
Thiosulfat-Chrombrühe 99, 102.
Tilston-Melbourne-Äscherprozeß 36.
Titansalze als Fixierungsmittel 122.
„Totgerben" der Narbe 92, 105.

Trockene Felle, Weichen von 11, 212.
Trocken gesalzene Ware, Weichen von 11.
Trocknen 154—168.
— Maschinen für das 158—168.
— von Sohlleder 240.
Trocknungsvermögen der Luft 155.
Tunneltrockner 162.
— (*Abb. 60—70*) 163 bis 167.
Türkischrotöl, Herstellung von 142.

Velourleder 228—234.
Ventilation v. Trockenräumen 157, 167.
Ventilator mit Heizkörper 159.
— — — (*Abb. 56—58*) 159—161.
„Vici Kid" 3.

Walratöl 201.
Waschen nach dem Äschern 55.
— im Faß (*Abb. 44*) 115.
— nach dem Falzen 114.
— nach dem Neutralisieren 117.
— von Ziegenfellen 208.
— von Kalbfellen 225.
— von Häuten 217, 240.
Waschhaspel (*Abb. 29 bis 30*) 56—57.

Wasser, Enthärten von 55, 127.
Weiche, Faule 12.
Weichen 8—20.
— Mechanische Methoden des 17.
— von Ziegenfellen 204.
— von Kalbfellen 222.
— von Schaffellen 228.
— von Häuten 212, 235.
Weichfaß (*Abb. 2*) 18.
Wollige Felle, Weichen von 16—17.
Wood, J. T. 64, 69, 70.
Worden, E. C. 244.

Ziegenfelle, Beschaffungsquellen von 203.
— Einteilung der 203 bis 204.
— Äschern von 205.
— Färben von 209.
— Fettlickern von 209.
— Trockenmaschine für (*Abb. 62*) 165.
— — — (*Abb. 81*) 178.
Zubesserungsmethode 26.
Zucker, Löslichkeit von 11.
Zurichtprozesse 189 bis 202.
Zweiäschersystem 27.
Zweibadgerbmethode 76.
— kombiniert mit Einbadmethode 107.
Zweibadpickel 74.

Taschenbuch für die Färberei mit Berücksichtigung der Druckerei. Von **R. Gnehm.** Zweite Auflage, vollständig umgearbeitet und herausgegeben von Dr. **R. v. Muralt,** dipl. Ing.-Chemiker, Zürich. Mit 50 Abbildungen im Text und auf 16 Tafeln. (227 S.) 1924.
Gebunden 13.50 Goldmark

Praktikum der Färberei und Druckerei. Für die chemisch-technischen Laboratorien der Technischen Hochschulen und Universitäten, für die chemischen Laboratorien höherer Textil-Fachschulen und zum Gebrauch im Hörsaal bei Ausführung von Vorlesungsversuchen. Von Professor Dr. **Kurt Braß,** Stuttgart. Mit 4 Textabbildungen. (92 S.) 1924.
3.30 Goldmark

Grundlegende Operationen der Farbenchemie. Von Dr. **Hans Eduard Fierz-David,** Professor an der Eidgenössischen Technischen Hochschule in Zürich. Dritte, verbesserte Auflage. Mit 46 Textabbildungen und einer Tafel. (283 S.) 1924. Gebunden 16 Goldmark

Chemie der organischen Farbstoffe. Von Dr. **Fritz Mayer,** a. o. Hon.-Professor an der Universität Frankfurt a. M. Zweite, verbesserte Auflage. Mit 5 Textabbildungen. (272 S.) 1924.
Gebunden 13 Goldmark

Kenntnis der Wasch-, Bleich- und Appreturmittel. Ein Lehr- und Hilfsbuch für Technische Lehranstalten und die Praxis von Ing.-Chemiker **Heinrich Walland,** Professor an der Techn.-gewerbl. Bundeslehranstalt, Wien I. Zweite, verbesserte Auflage. Mit 59 Textabbildungen. (347 S.) 1925. Gebunden 16.50 Goldmark

Lunge-Berl, Chemisch-technische Untersuchungsmethoden. Unter Mitwirkung zahlreicher Fachmänner herausgegeben von Ing.-Chem. Dr. **Ernst Berl,** Professor der Technischen Chemie und Elektrochemie an der Technischen Hochschule zu Darmstadt. Siebente, vollständig umgearbeitete und vermehrte Auflage. In 4 Bänden.
Erster Band: Mit 291 in den Text gedruckten Figuren, einem Bildnis und 85 Tafeln. (1132 S.) 1921. Gebunden 36 Goldmark
Zweiter Band: Mit 313 in den Text gedruckten Figuren und 19 Tafeln. (1456 S.) 1922. Gebunden 48 Goldmark
Dritter Band: Mit 235 in den Text gedruckten Figuren und 23 Tafeln. (1393 S.) 1923. Gebunden 44 Goldmark
Vierter Band: Mit 125 in den Text gedruckten Figuren und 56 Tafeln. (1164 S.) 1924. Gebunden 40 Goldmark

Lunge-Berl, Taschenbuch für die anorganisch-chemische Großindustrie. Herausgegeben von Professor Dr. **Ernst Berl,** Darmstadt. Sechste, umgearbeitete Auflage. Mit 16 Textfiguren und 1 Gasreduktionstafel. (350 S.) 1921. Gebunden 9.60 Goldmark

Der Betriebs-Chemiker. Ein Hilfsbuch für die Praxis des chemischen Fabrikbetriebes. Von Fabrikdirektor Dr. **Richard Dierbach.** Dritte, teilweise umgearbeitete und ergänzte Auflage von Dr.-Ing. **Bruno Waeser,** Chemiker. Mit 117 Textfiguren. (344 S.) 1921. Gebunden 12 Goldmark

Die Gaufrage. Das Einpressen von Mustern in Textilien, Papier, Leder, Kunstleder, Zelluloid, Gummi, Glas, Holz und verwandte Stoffe. Von **Wilhelm Kleinewefers.** Mit 59 Textabbildungen. (117 S.) 1925.
Gebunden 15 Goldmark

Die Chemie des Kautschuks. Von **B. D. W. Luff,** F. I. C., wissenschaftlicher Chemiker, The North British Rubber Company, Limited, Edinburgh. Deutsch von Dr. **Franz C. Schmelkes,** Prag. Mit 32 Abbildungen. (220 S.) 1925.
Gebunden 13.20 Goldmark

Der Kautschuk. Eine kolloidchemische Monographie. Von Dr. **Rudolf Ditmar,** Graz. Mit 21 Figuren im Text und auf einer Tafel. (148 S.) 1912.
6.30 Goldmark; gebunden 8.40 Goldmark

Fortschritte der Teerfarbenfabrikation und verwandter Industriezweige. An der Hand der systematisch geordneten und mit kritischen Anmerkungen versehenen Deutschen Reichs-Patente dargestellt von Professor Dr. **P. Friedlaender,** Dozent an der Technischen Hochschule in Darmstadt.

I. Teil. 1877—1887. Unveränderter Neudruck. (624 S.) 1920.
73 Goldmark

II. Teil. 1887—1890. Unveränderter Neudruck. (591 S.) 1921.
73 Goldmark

III. Teil. 1890—1894. Unveränderter Neudruck. (1053 S.) 1920.
121 Goldmark

IV. Teil. 1894—1897. Unveränderter Neudruck. (1387 S.) 1920.
161 Goldmark

V. Teil. 1897—1900. Unveränderter Neudruck. (1006 S.) 1922.
147 Goldmark

VI. Teil. 1900—1902. Unveränderter Neudruck. (1382 S.) 1920.
161 Goldmark

VII. Teil. 1902—1904. Unveränderter Neudruck. (840 S.) 1921.
100 Goldmark

VIII. Teil. 1905—1907. Unveränderter Neudruck. (1452 S.) 1921.
161 Goldmark

IX. Teil. 1908—1910. Unveränderter Neudruck. (1278 S.) 1921.
161 Goldmark

X. Teil. 1910—1912. Unveränderter Neudruck. (1430 S.) 1921.
161 Goldmark

XI. Teil. 1912—1914. Unveränderter Neudruck. (1292 S.) 1921.
161 Goldmark

XII. Teil. 1914—1916. Unveränderter Neudruck. (994 S.) 1922.
140 Goldmark

XIII. Teil. 1916—1. Juli 1921. (1185 S.) 1923.　　　150 Goldmark